数学文化
与高等数学课堂构建研究

宁先林　杨 敏　武瑞芳　著

吉林科学技术出版社

图书在版编目（CIP）数据

数学文化与高等数学课堂构建研究 / 宁先林，杨敏，武瑞芳著. -- 长春 : 吉林科学技术出版社，2023.7
ISBN 978-7-5744-0774-9

Ⅰ. ①数… Ⅱ. ①宁… ②杨… ③武… Ⅲ. ①高等数学-课堂教学-教学研究-高等学校 Ⅳ. ①013

中国国家版本馆CIP数据核字(2023)第157210号

数学文化与高等数学课堂构建研究

著　宁先林　杨　敏　武瑞芳
出版人　宛　霞
责任编辑　鲁　梦
封面设计　王　哲
制　版　北京星月纬图文化传播有限责任公司
幅面尺寸　185mm×260mm
开　本　16
字　数　318千字
印　张　19
印　数　1-1500册
版　次　2023年7月第1版
印　次　2024年2月第1次印刷

出　版　吉林科学技术出版社
发　行　吉林科学技术出版社
地　址　长春市福祉大路5788号
邮　编　130118
发行部电话/传真　0431-81629529 81629530 81629531
81629532 81629533 81629534
储运部电话　0431-86059116
编辑部电话　0431-81629518
印　刷　三河市嵩川印刷有限公司

书　号　ISBN 978-7-5744-0774-9
定　价　81.00元

作者简介

宁先林，女，汉族，1979 年 3 月出生，籍贯为山西阳城。2002 年毕业于山西师范大学数计系，获理学学士学位，2011 年毕业于太原理工大学理学院应用数学专业，获理学硕士学位。现就职于长治幼儿师范高等专科学校，讲师，主要从事数学方面的教学教育工作。在《太原科技大学学报》《太原师范学院学报》《西南民族大学学报》等期刊发表学术论文多篇。

杨敏，女，汉族，1981年9月出生，籍贯为山西沁源。2004年毕业于忻州师范学院数学与应用数学专业，获理学学士学位，2016年毕业于扬州大学应用数学专业，获理学硕士学位。现就职于长治幼儿师范高等专科学校，讲师，主要从事数学分析、概率论与数理统计、高等数学、数学文化等课程的教学以及数学教学部的教学管理工作。在《牡丹江师范学院学报》《太原师范学院学报》等期刊发表学术论文多篇，获山西省第十一届职业院校教学技能大赛中二等奖等荣誉奖项。

武瑞芳，女，汉族，1982年8月出生，籍贯为山西长治。2006年毕业于大同大学数学系，获学士学位，2017年毕业于山西大学，获硕士学位。现就职于长治幼儿师范高等专科学校，讲师，主要从事数学方面的教学教育工作。在《湖南城市学院学报》《淮南职业技术学院学报》等期刊发表学术论文多篇，获山西省职业院校技能大赛三等奖、山西省长治市教学技能大赛二等奖等荣誉奖项，获优秀教师、模范教师等荣誉称号。

前　言

数学文化是国家文化素质教育的重要组成部分，以数学科学为核心，以数学的思想、精神、方法、内容等所辐射的相关文化领域，是以其为有机组成部分的一个具有特定功能的动态系统，它是一种理性思维方法在实践过程中不断探索并形成的数学史、数学精神及其应用。高等数学是发生于高等教育领域中的数学教育活动，注重从课堂教学入手，通过实行教学结构的开放、教学方法的探索、教学内容的重组、学习思维的引导、现代化教学手段运用，构建起新课程理念下的高等数学教学现代课堂结构。为此，高等数学教师要以学生为中心、关注学生的身心健康，积极构建有效课堂，为学生的长足进步做准备。将数学文化融入高等数学教学中，不仅可很好地传播数学文化，还可以有效地增强高等数学教学效果。

鉴于此，笔者以“数学文化与高等数学课堂构建研究”为题，首先阐述数学文化与高等数学教育理论，其中包括数学文化的理论审视、数学文化与数学思想、数学文化与高等数学教育；其次分析高等数学课堂中数学文化的渗透，其中包括高等数学的课堂教学及主体构建、高等数学课堂的教学设计与实施、高等数学课堂教学方法及文化渗透；最后从数学文化融入高等数学课堂的实践进行研究，其中包含数学文化融入高等数学课堂的教学模式、数学文化融入高等数学课堂的构建策略、数学文化融入高等数学课堂的教学实践。

本书有两大特点：第一，结构严谨，逻辑性强。本书主要探讨数学文化融入高等数学课堂教学中的价值及策略等，可为高等数学教学内容提供理论依据。第二，理论与实践紧密结合。本书对数学教学策略与教学实践应用进行了详细介绍，可使读者对数学教学策略有更深入的了解。

本书由长治幼儿师范高等专科学校的宁先林、杨敏、武瑞芳共同写作统稿，具体章节分工如下：

宁先林：第一章、第三章、第五章，共计约 10.6 万字；

杨敏：第二章、第四章、第六章、第八章，共计约 10.6 万字；

武瑞芳：第七章、第九章，共计约 10.6 万字。

作者在写作本书时参考了很多相关专家的研究文献，也得到了许多专家和教师的帮助，在此真诚地表示感谢。虽然在成书过程中，作者翻阅了无数资料，进行了多次修改与校验，但由于作者水平有限，书中难免会有疏漏，恳请广大读者批评指正。

目　录

第一篇　数学文化与高等数学教育理论

第二篇　高等数学课堂中数学文化的渗透

第三篇　数学文化融入高等数学课堂的实践研究

第一篇
数学文化与高等数学教育理论

第一章　数学文化的理论审视

数学文化是提高数学教学内容延伸性与教学方法多元化的主要措施，也是激发学生数学学习热情与实现新时期数学教学目标的重要途径，更对学生数学思维与文化修养等产生了深远影响，因此，对数学文化的审视对于学生学好数学有着重要意义。本章主要探讨数学文化的内涵与特点、数学文化的内容与形态、数学文化的学科体系与价值。

第一节　数学文化的内涵与特点

一、数学文化的内涵

“数学文化的含义是指在一定历史发展阶段，由数学共同体在从事数学实践活动过程中所创造的物质财富和精神财富的总和”[①]。数学文化的内涵应体现在其历史性、主体性，可从三个层面来理解：最高层面、与其他科学关系层面、与社会生活关系层面。此外，数学的文化还包括了数学推理方法、归纳方法、抽象方法、整理方法和审美方法等，数学具有丰富的文化内涵，也具有独特的精神领域。

数学文化是客观看待世界的文化，也是量化描述世界的文化，数学对事物的认识角度比较客观。数学角度认识世界即用抽象的角度认识世界，数学具有数学的规则体系，数学家总是在探究用数学语言描述世界的方式，数学

① 陈克胜．基于数学文化的数学课程再思考［J］．数学教育学报，2009，18（1）：3.

家也在找寻用数学方法量化世界的模式。数学不仅仅可以应用于对客观事物的描述，也可以应用于对精神事物的描述。数学具有推理的能力、规划的能力和抽象事物的能力。数学作为一种文化在人类文化中占据重要的地位。

数学的学科门类可以归为自然科学，也可以归为文化学科。数学文化不同于艺术文化和技术类的文化，数学文化包含在广义的科学文化范畴之内。数学文化这个概念是近年兴起的，过去数学文化的提法是“数学与文化”，这个提法将数学和文化作为了两个事物，割裂了数学与文化的关系。其实数学与文化是一个有机的组合体，数学本身就具有深厚的文化，因此可以说数学文化。

数学文化包含的内涵广泛，常见的有从广义角度和狭义角度两个角度定义数学文化。广义的数学文化包括了数学家、数学发展历史、数学的学科审美、数学的相关教育等，数学的人文内容被纳入了广义的数学文化之中，数学文化与其他学科的文化有着密切的联系。狭义的数学文化主要包括数学的观点、数学的学科精神、数学的解决方法、数学的学科语言和数学形成与发展的历程。

人类具有抽象思维的能力，数学就是人类这一能力创造性发展的成果，数学属于精英文化，具有高层次的特性。数学文化重视探索精神，数学文化推动着人类社会的发展。

二、数学文化的特点

数学文化内容具有丰富性，数学文化下的技术系统具有强应用性。数学文化组合了各个分支的基本观点，综合了众多的思想方法。因此，数学文化的特点具有多面性。

第一，思维性特点。思维是数学文化的根本，数学文化在很大程度上反映为数学思维。数学的研究就是通过数学思维来展示现实世界的量化关系和空间关系。数学研究的成果大都体现在数学思维成果，数学思维贯穿整个数学文化之中。

第二，独特性特点。数学文化的思想结构是以理性认识为主的，理性思维是数学文化思维的核心，数学的理性思维较为多元，包含了多种思维类型，例如，数学逻辑思维、数学直觉思维、数学想象思维、数学潜意识思维等。数学思维是对多类型思维的综合运用，多类型思维在数学思维的框架下协调配合，这使得数学思维具有独特的价值。

第三，发展性特点。数学文化的研究存在于一个不断发展的过程之中，数学家寻找完备的模型，又打破完备的数学模型，然后再度寻找完备的数学模型，这种发展性的循环使得数学文化的不断得到拓宽和加深，数学应用的范围不断增大。数学文化的学科魅力存在于不断的发展之中，发展性赋予数学文化强大的生命力。

第四，实用性特点。数学是一门应用性很强的学科，数学具有强大的实用价值。在现实生活中，数学是人人都用得着的一种学科工具。数学具有简洁和有效的特点，在许多学科的研究中都离不开数学的辅助，数学和很多学科都有着深度的交融。

第五，数量化特点。一个人数学素养如何很大程度上取决于其数量化处理能力如何。数学文化下的事物都是被数字量化的，数量化是数学文化区别于其他文化的独特之处。任何一种数学方法的应用皆是首先把所研究的客观对象数量化处理，对其进行数量分析、测量和计算，使用数学符号、数学式子以及数量关系抽象、概括出数学结构。数量化处理能力包括有良好的数字信息感觉、良好的数据感以及具有可量化描述知识的技术和技能，其中包含有最为关键的发现数量关系的能力。所谓发现数量关系就是力求寻找到序列化、可测度化、可运算化描述客观事物的系统。数量化处理是数学的生命。它的具体而广泛的应用促进了数学的发展。数学文化的一个重要内容就是展示如何通过数量化处理来解决具体问题的。

第六，育人性特点。数学能够帮助人们养成良好的个性，可以构建人们的世界观，数学学科和文化学科一样充当着育人的重要职责。

第七，高雅性特点。数字具有博大精深的美，但是数学的美需要独特的审美方式才能感知到。数学具有独特的美学结构、美学特征和美学功能。数学美学作为数学的一个分支，详尽地展现着数学之美。数学具有“真、善、美”的特质，“真”表达着数学的科学之美，数学求真务实，以客观的视角认识世界；“善”表达着数学的社会价值之美；“美”表达着数学的学科价值之美，数学具有精妙的结构，具有深厚的理性之美。数学美学主要体现在数学语言、数学体系、数学结构、数学模式、数学形式、数学思维、数学方法、数学创新和数学理论等方面，数学美学具有丰富的内在含义和外在表现形式。数学之美是数学真理性的一个外化的表现。数学就具有深厚的和谐性，因此在探究数学之美的时候，不能抛开数学的真、善、美，不能以唯美主义倾向来认识数学之美。数学的美是通过本书的规律和结构加以体现的。

第八，真理性特点。数学不仅仅包含着自然的真理，数学还包含着多重的真理，数学是一个多重的真理体系。数学在人类客观描述世界的过程中发挥着重要的作用，数学自古以来就作为人类描绘世界的图式而存在着。数学学科往往通过各种抽象的数学符合、数学概括、数学形式来实现对数学真理的表述，数学的真理价值具有广泛的社会意义，指导着人类的发展和进步。

第九，连续性特点。数学知识是明确量化的知识，数学文化遵循一定的数学规律，具有连续性的意义。很多数学家都说过，数学是自律性很强的一门学科。跟其他学科相比，数学在漫长的发展和演变的过程中始终保持着稳定和连续的发展状态，数学被认为是最具确定性和真理性的学科。

第二节　数学文化的内容与形态

一、数学文化的内容

“数学是一种种历史悠久又博大精深，值得终身学习、受用的文化，数学文化是数学作为人类认识世界和改造世界的一种工具、能力，是在社会历史实践中所创造的物质财富和精神财富的总和”[①]。数学文化在发展的过程中不断地扩宽着外延，加深着内涵，数学文化包括了数学思想、数学的观念、数学的精神、数学的知识、数学的技术、数学的理论、数学的历史等，这里将从以下方面分析数学文化的内容：

（一）数学知识

数学知识的学习有助于培养人们的科学文化素质，研究数学可以使人更加严谨。数学知识学习中的数学思维的训练对培育人的素质起着重要作用，数学使人明智，学习数学对个人素质培育的意义非凡。以著名的科学家牛顿和爱因斯坦为例，他们在学习数学知识中造就的品质在他们的科学研究中发挥着重要的作用，数学对他们实现自身价值起着重要的作用。

① 杨霞宏．浅谈数学文化［J］．科学咨询，2010（21）：74.

（二）数学思想

数学具有很高的文化教育意义，主要体现在数学思想的教育和数学方法的教育这两方面。只会解决数学题目，但是没有深入理解题目背后的数学方法和思想，这不能算是在学习数学。真正地理解数学是理解数学题目背后反映的数学思想和数学方法，掌握数学文化所特有的文化观念。掌握了数学文化和数学思想将大大有助于数学能力的提高。

数学的基本观点是数学思想的具体展现，数学思想主导着数学的研究和学习，数学思想也是数学文化的本质体现，在数学文化中占有较高层次的地位。数学的归化思想、数学的函数方程思想、数学的符号运算思想。数学的数形结合思想、数学的集合对应思想、数学的分类讨论思想、数学的运动变化数学等，都是数学思想中运用比较广泛，意义重大的思想。

数学方法是数学解决具体问题的办法，在数学的实践过程中扮演着重要的角色，数学的方法承载着数学的思想，展现着数学的思想。常见的数学方法有数字配方法、数字换元法、数字恒等变化法、数字判别式法、数字伸缩法、映射反演法、数字对称法等。通过数学方法的运用可以切实地解决具体的数学问题，但数学方法的意义不仅限于解决数学题目，数学方法在日常生活中也有着重要的作用。

（三）数学人文精神

数学有助于丰富人们的精神世界，提高人们的文化精神水平。数学作为一种高层次的思维，在改善人们的思维方式的同时，也完善着人们的精神品格。数学具有严整、规范的学科精神。学习数学有助于培养人们踏实细微、团结协作的做事风格。此外，数学具有深邃的学科之美，如数学图形之美、数学符号之美、数学奇异之美，因此数学也有着美育的作用。数学要求着人们以创新发展的思维来学习和研究，因此数学也有助于培养人们的创新精神。数学符合辩证唯物主义和历史唯物主义哲学的思想，数学可以帮助人们树立良好的哲学观。数学的研究具有难度，因此学习数学也有助于锻炼人们的意志力，培养人们克服困难，勇于挑战的精神。

（四）数学语言

数字语言[①]具有科学性、严谨性和准确性，具有强有力的表达能力，主要通过符号语言和图形语言来展示，数学语言常常被用来描述各种数量与数字之间的关系，描述位置变化的关系。数学语言是通过推导与演算来实现语言沟通的。

（五）数学史

数学不仅仅是数字的学科，也是文化的学科，在数学发展的漫长历史中，涌现了许多感人至深、可歌可泣的学科故事。数学发展的历史作为人类文化历史的重要组成部分，对推动视觉发展起着重要的作用。“数学的思想影响着世界，数学的大事记也影响着历史发展。数学史文化中蕴含着丰富的思维文化和创新内容”[②]。

（六）数学应用

数学是学科交融性极强的一门学科，数学的应用范围非常广泛，可见，数学无处不在，人们在研究各个领域的时候都离不开数学，数学在人们的生活中、经济活动中、科学研究中无一不发挥着巨大的作用。因此，广泛的应用性作为数字最明显的特征之一，已经在各界人士心中达成了共识。我国著名的数学家华罗庚就提到了，对整个宇宙的描述离不开数学，从广阔的星空到微小的原子，从地球的运转到生物的变化都可以用数学来演算和描述。数学贯彻一切，存在于各个学科的深处。数学对人们准确而客观地认识世界描述物体起着重要的作用。

人类的发展离不开数学，尤其是在当今的新经济时代，数学的作用日益突出，数学的应用价值日益显著，数学的文化也在新时代获得更大的丰富。

二、数学文化的形态

（一）学术形态

数学家群体产生的数学文化叫作学术形态，学术形态展现着数学家群体

---

① 数学语言是数学思维活动的外化表现，数学语言可以储存、传递、加工大量的信息。

② 孙亚洲．大学数学教学中数学文化渗透的途径［J］．当代旅游，2019（12）：160.

在数学研究钻探中展现的数学学科品质。优秀的数学品质有助于促进社会发展进步，也有助于提高等数学学家的个人品质。

数学是学术形态的数学文化的载体，学术形态表现出数学家这一特殊群体的独特文化，学术形态也展现着数学本体知识生产和运用的本质。数学家在长期的数学学习和研究中，受数学文化的影响，在不断地丰富数学学科知识的同时，也提高和改造着自身的品质。

人们对学术形态的数学文化尚未形成明确的定义，但综合来说可以分为三个维度，即人类文化学、数学史和数学活动，这三个维度代表着学术形态的三个层面的意义，即数学发展具有历史学、人为性和整体性。

（二）教育形态

教育形态的数学文化有助于数学文化的社会化活动和传播，教学形态的数学文化与社会学和传播学有一定的关系。教育形态的数学文化是学术形态数学文化的新发展，同时，教育形态的数学文化也丰富了课程形态数学文化的内涵。教育形态数学文化的主要对象是学生和教师，这一形态下学生和教师在共同的数学文化指导下从事数学教学与数学学习。

（三）课程形态

课程形态的数学文化是反映数学文化研究的成果，它是数学文化走向科学化和专门化的标志，数学文化成为一门科学课程。课程形态的数学文化的提出有助于数学文化发展的规划与实施，数学文化以课程的形态传承和发展，课程形态的数学文化加深了数学文化的课程价值，有助于数学文化的传承、传播与发展。

第三节 数学文化的学科体系与价值

一、数学文化的学科体系

数学文化作为一门学科，自然就有它的学科体系。美国文化学家克罗伯（A.Kroeber）和克拉克洪（C.Kluckhonn）对文化的界定对我们研究数学文化学科体系有启迪作用，他们认为文化由外显的和内隐的行为模式构成，这种行为模式通过象征符号获得和传递；文化代表了人类群体的显著成就，包括它们在制造器物中的体现；文化的核心部分是传统的观点，尤其是它所带的价值；文化体系既是活动的产物，也是进一步活动的决定因素。显然，按上述理解，文化的概念是与社会活动、人类群体、行为模式、传统观点等概念密切相关的。因此，数学文化的学科体系包括现实原型、概念定义、模式结构，三者缺一不可，称现实原型、概念定义、模式结构为数学文化学的三元结构。

（一）概念定义

数学概念的形成是人们对客观世界认识的科学性的具体体现。数学起源于人类各种不同的实践活动，再通过抽象成为数学概念。而数学抽象是一种建构的活动。概念的产生相对于（可能的）现实原型而言往往都包含一个理想化、简单化和精确化的过程。例如，几何概念中的点、直线都是理想化的产物，因为在现实世界中不可能找到没有大小的点、没有宽度的直线。同时，数学抽象又是借助于明确的定义建构的。具体地说，最为基本的原始概念是借助于相应的公理（或公理组）隐蔽地得到定义的，派生概念则是借助于已有的概念明显地得到定义的。也正是由于数学概念的形式建构的特性，相对于可能的现实原型而言，通过数学抽象所形成的数学概念（和理论）就具有更为普遍的意义，它们所反映的已不是某一特定事物或现象的量性特征，而是一类事物在量的方面的共同特性。

另外，数学抽象未必是从真实事物或现象直接去进行抽象，也可以以已经得到建构的数学模式作为原型，再间接地加以抽象。

（二）现实原型

数学起源于现实世界，现实世界中人与自然之间的诸多问题就是数学对象的现实原型。没有现实世界的社会活动，就没有数学文化。人们通过对现实原型的大量观察与了解，借助于经验的发展以及逻辑的非逻辑手段抽象成数学概念（定义或公理）。麦克莱恩（S.Machane）在其著作《数学：形式与功能》中，列举了经过 15 种活动产生的数学概念。显然这个过程为：由活动上升为观念，再抽象为数学概念。

可见，数学概念来源于经验。如果一门数学学科远离它的经验来源，沿着远离根源的方向一直持续展开下去，并且分割成多种无意义的分支，那么这一学科将变成一种烦琐的资料堆积。

二、数学文化的价值分析

学习数学文化有助于深入理解运用数学技术，数学文化对数学教育具有重要的意义。数学教育不仅要培养学习者的解题能力，还要培养学习者的数学文化素养，当今教育改革重提了数学文化教育的意义，加强数学文化教育将成为当今数学教育改革的重点。

数学文化教育具有高屋建瓴的作用，在数学文化的指导下，学习者更能灵活地掌握数学学习的方法、数学的基本概念和相关数学理论的背景，深入认识数学的发展规律。数学文化让学习者明确数学学习的价值，认清数学学科的社会价值和学科地位。数学文化为数学学习者提供了一个新的认识世界和事物的角度，学习者以数学的眼光去思考和解决问题。数学文化具有理性思维的特点，学习数学文化有助于培养学习者的理性认识与逻辑思维。文化视野下的数学理论教育必须重视数学文化教育的意义，数学不仅是技术的学科，还是人文的学科。数学文化的价值主要体现在以下方面：

（一）在语言中的价值

数学语言是单义的、精确的语言，科学以数学语言为第一语言。

数学语言在科学中的运用具有重要优势：第一，数学语言可以通过精确的概念表述，由此避免了自然语言多义性造成的歧义问题和逻辑混乱问题。数学语言表达可以使得科学推理首尾一致；第二，数学语言具有简洁性，简明的数学符号有助于人们更为直观地观察科学的变量，数学符号可以展示事物之间的数量联系和数量级差异，以便于人们清晰地看到事物的差异，做出明确的判断。

很多科学研究的推进都离不开数学，数学语言是很多学科研究的基础。在数学语言体系下，科学结论的表述更为简明。例如，在数学语言的支持下，经典力学复杂的运动变化被简化成了多个数学方程式。又如，孟德尔把数学语言引入了生物学，数学语言精确地描述了生物遗传性状的排雷组合关系，遗传学说在此基础上得以建立。

目前，数学的作用越来越显著，在科学研究中大量运用数学语言的同时，社会也呈现数学化的发展趋势，人们越来越多地运用数学语言交流、传输和储存信息。初等数学语言已经实现了较好的社会教育普及，高等数学也渐渐渗透到社会生活的各个角落。

（二）在科学发展中的价值

数学文化在科学发展中发挥着重要的作用，很多划时代的科学理论的提出离不开数学的支持。数学之所以对科学有重要作用，其关键在于以下两点：

第一，在哲学的观念下，物质具有质与量的双重数学，物质的质与量是统一的。每种物质都可以由量认识质，掌握了物质的量的规律，就是掌握了物质的规律。数学是以量作为基本研究对象的学科，在数学研究中，数学家总是在不断地积累和总结着各种量的规律，数学是人类认识物质的重要工具。

第二，在方法论的观念下，数学对科学发展的最大作用是科学的数学化，科学数学化之后，数学就成为科学研究中的重要工具，科学开始用数学的语言表达，用数学的方法运算。

（三）在社会经济发展中的价值

数学对经济竞争至关重要，它是一种关键的、普遍适应并授予人以能力的技术。目前的数学不仅具有科学的品质，同时也具有技术的品质，这是因为在大量高新技术中，起关键作用的正是数学。

数学不是只在重大的社会生产实践中发挥重要作用，即便是在普通的社会生活中也有着重要作用。衣、食、住、行是社会生活的基础，其中就有许多用得上数学的问题，反过来也对数学提出新的问题。例如，设计服饰并进行大规模生产时，就会涉及比例、几何学、统计学、三维空间等多方面的数学问题

第二章　数学文化与数学思想

用数学思想指导教学，有助于培养学生思维的发散性、灵活性、敏捷性、深刻性、抽象性；丰富合理的联想，是对知识的深刻理解，及类比、转化、数形结合、函数与方程等数学思想运用的必然。数学思想的自觉运用往往使学生运算简捷、推理机敏，是提高数学能力的必由之路。本章主要探讨数学思想文化的展现、数学艺术的魅力、多元化数学思想探索。

第一节　数学思想文化的展现

数学充满魅力与情趣，具有重要的文化价值。

一、数学思想文化的内涵

数学思想文化是一种深刻而丰富的人类思维方式和文化传统，它包含着广泛的数学知识与智慧，以及与数学紧密相关的哲学、艺术和历史等领域的交叉融合。数学思想文化的内涵涵盖了数学的本质、原理和应用，以及数学对人类社会的影响和作用。

第一，数学思想文化的内涵在于揭示数学的本质和原理。数学是一种独立的思考方式，它通过抽象、逻辑和推理，揭示了自然界和人类社会现象背后的规律和秩序。数学的本质在于通过符号和符号系统的运算和演绎，创造出真理和认识世界的新方法，从而推动了科学与技术的进步。数学思想文化将这些原理与方法系统化，并将其传承和发展下去。

第二，数学思想文化的内涵包含数学在不同文化背景下的发展和应用。

不同文化对数学的理解和应用方式可能存在差异，但数学思想文化通过对数学的交流和对话，促进了不同文化之间的相互理解与融合。在历史上，许多数学概念和定理都是在不同文化的交流和交融中产生和发展的，如古希腊、古印度、古中国等古代文明就都对数学有着重要的贡献。这些数学成果不仅仅是科学研究的结果，更是不同文化交流与融合的象征。

第三，数学思想文化的内涵涉及数学对社会的影响和作用。数学不仅仅是一种学科，更是人类文明发展和社会进步的推动力量。数学思想文化通过数学教育和数学普及，提高了社会的数学素养，培养了人们的逻辑思维、创造能力和解决问题的能力。数学思想文化还是促进科技创新和产业发展的重要支撑，无论是信息技术、金融工程还是人工智能等领域，都离不开数学的应用和方法。

总之，数学思想文化的内涵包含了数学的本质与原理、数学在不同文化中的发展和应用，以及数学对社会的影响和作用。数学思想文化作为一种宝贵的人类智慧和文化遗产，对于人类的发展和进步具有重要意义。通过加深对数学思想文化的理解和传承，我们可以更好地发挥数学在科学、教育和社会发展中的作用，为人类创造更美好的未来。

二、数学充满魅力

数学的魅力主要体现为以下五个方面：

第一，数学更内容丰富、历史悠久。数学是一门伟大的科学，它作为一门科学具有悠久的历史，有很多逸闻趣事，蕴含着富有启发的思想。

第二，数学充满美。数学具有简洁美、和谐美、奇异美、突变美、对称美等，数学学习与研究可以是数学美的鉴赏过程，就像欣赏艺术品一样，在其过程中得到精神的愉悦。但是，数学美并不像艺术美那么外显，以学生现有的知识水平和审美能力，很难体会出数学美的真正意蕴，这就要求我们必须深入挖掘教材的内涵，充分展示数学美的特征，才能唤起学生的审美情趣，引导他们体会数学美的独特品质，使得他们在美的体验之中获得知识，提高数学素养，促进学习兴趣由不稳定走向稳定，由低层次走向高层次。为此，我们需要挖掘数学的内涵，揭示数学的内在魅力，克服数学的枯燥无味与抽象难学，让学生陶醉、享受其中的神奇，激发数学兴趣，体会其中包含的数学思想方法。

第三，数学与其他学科联系紧密。数学与其他学科之间具有广泛而深刻的联系，相互之间共同促进，共同发展，从而对社会发展起着普遍的、巨大的推动作用。

第四，数学的应用广泛。数学在不同领域的应用以及在日常生活中的应用无处不在，日益广泛，日益深入并更加重要。

第五，数学的作用巨大。数学不仅是一种工具，更是一种思维模式；不仅是一种知识，更是一种素养；不仅是一门科学，更是一种文化。

总之，数学是人类文化的重要组成部分和不可缺少的重要力量。

第二节　数学艺术的魅力分析

“数学艺术的魅力在于它具有工具的有用性、方法的科学性、应用的广泛性、历史的悠久性、文化的渗透性，展现了数学的艺术美和科学美”[①]。

一、数学符号中的艺术

数学符号是数学抽象物的表现形式。符号语言是数学中通用的、特有的简练语言，是在人类数学思维长期发展过程中形成的一种语言表达形式。数学符号作为数学语言，因其具有艺术性而富有魅力。

（一）数学符号的选取原则

数学符号的选择遵循科学性原则、整体性原则、简明性原则、表意性原则、习惯性原则、适用性原则以及和谐性原则。

第一，科学性原则。符号选取要科学，符号指代的概念要确切、无误、严格，没有潜在的歧义，不能模棱两可，似是而非。

第二，整体性原则。随着数学的不断发展，数学符号也在不断地增多，这就要求人们不断加强对符号的审视和修订，不然有可能使符号的使用造成混乱、重复和失去控制。为了保证数学的严格的逻辑性、系统性，在数学理论体系中，要始终统一地贯彻符号的一致性，使符号系统成为统一、有序、相容的整体，这就是数学符号选择的整体性原则。

① 董毅．数学思想与数学文化［M］合肥：安徽大学出版社，2012：14.

第三，简明性原则。数学的简明性的关键在于符号和符号系统的选择上。对于符号系统，要求用它来表达的公理体系，应当是相容的、独立的和完备的。在不同的公理体系或同一问题的不同解决方案或模型中，应选择使用符号较少的系统。在基本符号的选择上，要使书写、排版方便，且用词要尽可能地短，并且容易翻译成主要的科学语言。

第四，适用性原则。为了使用方便，同一含义的符号在不同的场合下，可以用两种不同的表示形式，甚至多种表示形式。在不引起歧义的情况下，一个符号在不同的情况下可以表示不同的含义。

第五，和谐性原则。在一个数学公式、理论系统中，选择的符号要注意对称性、和谐性，使之整齐美观。

第六，表意性原则。在可能的情况下，所选择的符号应力求反映该符号所指概念、公式的思维特征，这主要包括概念、公式的由来，实质，客观现实原型，几何直观和隐含着的丰富、深刻的内容等。

第七，习惯性原则。人们习惯上使用的符号，不宜随意改动，因为它们是约定俗成的。

（二）数学符号的划分

1. 按感知规律

（1）数学符号可以按照它们所表示的数学对象的类型进行划分。例如，我们有代表实数的符号，如数字“1”“2”“3”等，它们具有特定的数值意义；有代表变量的符号，如“x”“y”“z”等，它们表示未知数或可变的数值；还有表示集合的符号，如大写字母“A”“B”“C”等，它们用于表示包含一组元素的数学对象。

（2）数学符号也可以根据它们的功能和操作进行划分。例如，有表示加法的符号“+”，表示减法的符号“−”，以及表示乘法的符号“×”。这些符号用于表示不同的数学运算，并提供了一种简明的方式来描述数学操作。

（3）数学符号还可以按照它们的结构和形式进行划分。例如，有表示等式的符号“=”，表示小于或等于的符号“≤”，以及表示大于或等于的符号“≥”。这些符号用于表达数学中的比较关系，以及方程和不等式的解。

（4）数学符号还可以按照它们的特定用途进行划分。例如，有表示求和的符号“Σ”，表示积分的符号“∫”，以及表示极限的符号“lim”。这些符号用于表示数学中的特定运算和概念，使得数学家能够更精确地描述和研究各种数学特性和现象。

2. 按结构特点

（1）数学符号可以按照它们的基本形状和组成方式进行划分。例如，有表示运算和等式的符号，如“+”“−”和“=”，它们以简单直接的线条和形状组成，传达着基本的数学运算和等式关系。还有表示比较和关系的符号，如“<”“>”和“≤”，它们通过尖锐的尖端、重叠的线条和弯曲的形状来展示数学对象之间的大小和顺序关系。

（2）数学符号还可以按照它们的排列和组合方式进行划分。有些符号以单个独立的形式出现，如表示常数的数字“1”“2”“3”等，以及表示变量的字母“x”“y”“z”等。而其他符号则以组合的方式出现，如表示乘法的符号“×”，它将两个或多个数值或变量连接起来，形成一个整体。类似地，表示指数和上下标的符号也是通过组合形式来展示数学中的幂运算和索引。

（3）数学符号还可以按照它们的复杂性和多样性进行划分。有些符号非常简单，仅由几个线条组成，如表示角度的符号“∠”，它由两条线段和一个角标组成。而其他符号则较为复杂，如表示积分的符号“∫”，它由一个弧线和两个端点组成，传达着数学中的累加和连续性概念。

3. 按关系和功能

（1）数学符号可以按照它们所表示的关系进行划分。例如，有表示相等关系的符号“=”表示不等关系的符号“≠”，以及表示大于、小于、大于等于、小于等于关系的符号“>”“<”“≥”和“≤”。这些符号用于比较和描述数值、变量或表达式之间的关系，使得我们能够准确地传达数学中的大小和顺序关系。

（2）数学符号也可以按照它们的功能进行划分。例如，有表示基本运算的符号，如加法“+”、减法“−”、乘法“×”和除法“÷”。这些符号用于表示数学中的运算操作，并提供了简洁的方式来描述数值之间的相加、相减、相乘和相除关系。此外，还有表示指数和根号的符号，如乘方符号“^”和平方根符号“√”，它们用于表示数学中的幂运算和开平方运算。

（3）数学符号还可以按照它们在数学领域中的特定功能进行划分。例如，有表示函数的符号，如“$f(x)$”“$g(x)$”和“$h(x)$”，它们用于表示数学中的函数关系，描述自变量和因变量之间的函数映射。还有表示集合的符号，如“∪”“∩”等，用于表示集合的并、交运算。这些符号在数学的各个领域中经常被使用，起到重要的作用。

二、数学中猜想的艺术

数学猜想是指依据某些已知事实和数学知识，对未知的量及其关系所作出的一种似真的推断。它既有一定的科学性，又有某种假定性。数学猜想的真伪性，一般而言，是难以一时解决的。它既是数学研究的一种常用的科学方法，又是数学发展的一种重要的思维形式。数学上的任何发现过程都是：提出猜想，否定猜想或证明猜想。否定猜想或证明猜想都是数学发现的结果。

（一）数学猜想的意义

研究数学猜想对把握数学的本质及其发展规律有着重要的意义。数学中猜想的价值有时要超过证明。数学猜想是解决数学理论自身矛盾和疑难问题的一种有效途径，它对数学理论的发展有着极其重要的意义，我们将其归纳为如下三个方面：

1. 丰富数学理论

在数学研究中，数学猜想起着“中介”和“桥梁”作用，对数学猜想的研究与解决数学猜想过程必然丰富数学理论，促进数学的发展。我们可以分三种情况加以分析：

（1）假若某个数学猜想最后被证明是正确的，那么它就转化为数学理论，从而丰富了数学内容。一般而言，数学猜想被肯定之后，即成为数学定理。例如，“四色猜想”，在它于1840年被提出后一直到1976年获得证明之前的136年间，始终以“猜想”形式存在着，但从获证那日起就转化为“四色定理”，即成为科学的数学理论了。

（2）虽然某个数学猜想被否定了，但在否定的过程中，有时却发现一些其他方面的数学理论。例如，“欧氏第五公设可证”这一猜想最后被否定了，但它的否命题：“欧氏第五公设不可证”，却被证明是正确的。并且在这一证明获得成功的同时，奇妙地发现并建立了一种崭新的几何理论——非欧几何学，为几何学的发展做出了划时代的贡献。

（3）即使某个数学猜想未获最后解决，但在研讨的过程中，却往往创造出一些意想不到的理论成果。例如，自1859年黎曼提出“黎曼猜想”后，经过 100 多年，直到今日仍未最后解决。但是，人们却在探讨这一猜想的过程中，尤其在假定该猜想是正确的基础上，获得了一系列新的重要结论。

2. 推进数学发展

数学猜想作为数学发展的一种重要思维形式，它又是科学假说在数学中的具体表现，并深刻反映了数学发展的相对独立性与数学理论的相互导出的合理性。数学发展的历史表明，数学家从数学理论自身的体系中提出一些数学猜想，有其科学的预见性，可以吸引许许多多数学工作者，而且往往在相当长的时间内还可以成为促进数学发展的中心课题，甚至代表着数学研究的方向。

3. 促进研究数学方法论

研讨数学猜想的重要意义不仅表现在它可以丰富数学理论，推动数学科学的发展，而且还表现在它能够促进数学方法论的研究。

（1）数学猜想作为一种研究方法，它本身就是数学方法论的研究对象，数学猜想的方法与判定途径等，这些内容，实际上均属于数学方法规律性问题的探讨，对创造性思维方法的研究具有特殊的价值，对其他科学方法规律的研究，都有直接参考作用。数学研究离不开猜想，在证明一个数学问题之前，要先猜想这个问题的内容；在完全作出详细证明之前，要先猜想证明的思路。

（2）研究数学猜想的过程中，又创造了许多新方法，从而丰富了数学方法论的研究对象，例如，人们为了解决“连续统假设”这一数学猜想，相继创造了“可构成性方法”与“力迫法”。再例如，在证明“四色猜想”的过程中，创造了具有深远意义的机器证明方法。

（二）数学猜想的类别

数学猜想有不同的划分方式。

第一，按内容划分。按数学猜想的内容，可分为三类：首先，存在猜想型内容是讨论存在性问题的数学猜想；其次，规律猜想型内容是揭示规律性的数学猜想；最后，方法猜想型内容是阐述解决问题与途径的数学猜想。

第二，按实现途径划分。按实现数学猜想的途径，可分为五种基本形式：探索性猜想、归纳性猜想、类比性猜想、试验性猜想和构造性猜想。

（三）数学猜想的基本方式

从数学发展史上看，提出数学猜想的方式是多种多样的，但概括而言，主要有以下六种：

1. 用归纳法猜想

根据某类数学对象中一些个别对象具有某种属性而猜想该类对象全体都具有这种属性，这样的思维方法叫归纳猜想。其模式为：实验（计算或特殊推理）—归纳—猜想。用归纳法提出数学猜想不仅表现在通过一些个别计算结果作出一般判断，而且还表现在通过一些特殊推理作出普遍结论。

2. 用类比法猜想

类比法是提出数学猜想的一种有效的方法。依据已知条件，联想与之相似的事物，通过比较、类比，对其结论进行推测，这样的思维方法叫类比猜想。其模式为：联想—类比—猜想。

3. 用拓展法来猜想

所谓拓展法，也是从定理出发，通过改变定理条件或结论，作出拓展定理的猜想。拓展法与推广法有类似之处，区别在于拓展法作出的不是对原定理推广的猜想。

4. 用推广法猜想

推广法也是一种提出数学猜想的常用方法。所谓“推广”法，就是从定理出发，通过减弱定理条件或加强定理的结论，作出推广定理的猜想。例如，古希腊数学家欧几里得提出并证明了“素数有无穷多”这一著名的数学定理。后来，人们提出了种种猜想。“孪生素数猜想”就是其中的一个：“孪生素数有无穷多”。若 P 是素数，$P+2$ 亦是素数，则称（P，$P+2$）是一对孪生素数。显然，孪生素数是素数中的一部分，所以，这一数学猜想的结论比原来定理强，是原来定理的“推广”。

5. 用实验法来猜想

有些数学猜想是通过物理模拟并在物理模拟的启示下提出来的。例如，在场站设置的实际问题中，人们归结出这样一个数学问题：对平面上的已知 n 个点，把这 n 个点联结起来，如何连线才能使其总长度最短？为了解决这个问题，人们曾想到用物理模拟的方法。先选定一块大小适当的细铁丝网，

并在给定的 n 个点的位置上各插一大头针，然后把它放在肥皂水里，最后再轻轻地将铁丝网取出。这时，如果从垂直于铁丝网的方向看去，便可清楚地看出铁丝网上形成一些网状线，而且从具体测定发现这些线与线之间的结点角，即从某一点出发的射线间的夹角不小于 120°。过去有人把这个实验称之为“皂膜实验”。在这个实验的启示下，人们提出“在一个平面上，n 点连线总长度最短时其连线间的结点角皆不小于 120°”的猜想。当 $n=3$ 时，我们可用初等几何的方法证明此推断中的条件不但是必要的，而且也是充分的。但对于 $n>3$ 时，其条件仅仅是必要的，至于充分条件至今尚未找到。

6. 用限定法来猜想

所谓“限定法”，就是从一个数学猜想出发，通过加强条件或减弱结论，来作出猜想，或将其某个特殊推论作为猜想。

以上仅仅阐述了主要的数学猜想途径和方法。事实上，数学猜想方法很多。数学猜想是富有创造性的一项工作。只有从数学理论自身的体系出发，进行了大量的研究与理论整理，刻苦钻研，深入思考，才可能提出有价值的数学猜想。

三、数学抽象的艺术

抽象作为一种常用且不可或缺的思维方法，在数学中扮演着重要的角色。数学的抽象方法具有广泛性、层次性和特殊性。不同内容的抽象过程和步骤也各不相同。所谓抽象，是一种通过从复杂的事物中提取其本质特征的思维过程，剔除非本质属性而抓住事物的本质。这种思维过程是基于对事物属性的分析、综合和比较，在此基础上提取出事物的本质属性，并摒弃了非本质属性，从而形成对某一事物的概念。例如，对于概念“人”，它是在对各式各样的人进行分析、综合和比较的基础上形成的，这个过程中剔除了非本质属性如肤色、语言、国别、性别、年龄和职业等，而抓住了他们都是一种具有高级思维能力、能够制造和使用工具的生物这一本质属性。

抽象在数学中是一种强大的工具，它不仅帮助人们理解和概括复杂现象，还促进了数学理论的发展。通过抽象，可以把具体的问题归纳为更一般、更普遍的形式，使得数学家们能够更好地探索问题的本质和内在规律。抽象也是建立数学模型和进行推理证明的重要手段，它使得数学成为了一门严密而精确的学科。

（一）数学抽象的独特性

抽象是一种科学的方法和思维活动，它是人类认识世界的重要手段。通过科学的抽象，人们可以从感性认识逐渐转向理性认识，从而更加深入、准确地理解事物的内在联系和本质特性。通过科学的抽象，人们所形成的概念和思想能够更加全面、准确地反映客观事物的本质。

在数学中，抽象是一种常用且不可或缺的思维方法。不仅数学，其他科学领域也都适用抽象的思维方式。然而，数学的抽象程度远超其他科学，并具有明显的层次性。数学抽象的目标是将复杂的问题简化和归纳为一般性规律，从而能够更加系统和准确地研究和解决各种数学问题。

数学的抽象方法使得我们能够将具体的数学对象和问题抽离出来，从而揭示出它们的普遍规律和共同特征。通过抽象，可以建立更加抽象的数学模型和理论体系，进一步推动数学的发展和应用。抽象也为数学推理和证明提供了基础，使得数学能够成为一门严密而精确的学科。

1. 深度上的层次性

数学抽象的深度可以大致分为三个层次，即简约阶段、符号阶段和普适阶段。

（1）简约阶段是指把握事物本质的阶段。在这个阶段，将繁杂的问题简化和条理化，以清晰的方式表达。人们试图理解事物的本质，抓住问题的核心，并将其简化为易于处理的形式。通过简约阶段，能够用简明的方式描述问题，并提炼出关键的要素。

（2）符号阶段是指去除具体内容，利用概念、图形、符号和关系来表述事物的阶段。在这个阶段，将已经简约化的事物及其相关概念用符号和抽象的方式来表示。通过符号阶段，可以摆脱具体的例子和特定的情境，将问题转化为普遍适用的形式。符号阶段的表达方式使得能够更广泛地应用概念和原则，从而探索问题的更一般性质。

（3）普适阶段是通过假设和推理建立法则、模式或者模型，并能够在一般意义上解释具体事物的阶段。在这个阶段，利用已有的知识和推理能力，建立起法则、模式或者模型，以更深层次地理解和解释具体事物。普适阶段的抽象能力使得我们能够建立普遍适用的理论框架，并从中推导出对具体事物的解释和预测。

2. 应用上的广泛性

数学在本质上研究的是抽象的东西。所有的数学内容都具备抽象的特征。事实上，数学中的每一个数、一个算式、一种运算、每个概念、公理、定理、法则和相关的数学模型，都是抽象和概括的产物。这些概念大部分是从我们对观察事物现象的直接抽象中得出的。它们是对事物所表现出的特征进行的抽象，可以称之为“表征性抽象”。例如，点、线、面、体、正方形、立方体、回转体等都属于这一类别。

而数学公理、原理、公式等则是在表征性抽象的基础上进一步深化的抽象，它们揭示了事物的因果关系和规律性联系，可以称之为“原理性抽象”。无论是现实世界中的“数量关系和空间形式”，还是思维想象中的“数量关系和空间形式”，都属于数学研究的范畴。

数学的抽象性使其成为一种广泛适用的工具，它可以研究和描述自然界中的现象，也可以应用于解决各种实际问题。通过数学的抽象和建模，我们可以捕捉到事物之间的相互关系和规律，从而提供了一种理性的思考和分析方式。无论是在科学领域中的物理、化学、生物等，还是在工程技术、经济学、社会学等领域，数学都扮演着重要的角色。

3. 内容上的独特性

数学抽象是一种特殊的思维方式，它专注于提取事物或现象中与量相关的关系和空间形式，并舍弃其他因素。客观事物通常具有质和量两个方面：质指的是一事物内部的规定性，使其与其他事物区别开来；而量则描述了事物存在的规模、方式以及其发展的程度、速度等特征。不同学科领域关注的重点不同，质的问题构成了各门自然科学的研究对象，比如物理学研究物质的物理性质，化学学科则研究物质的化学性质。而量的问题则是数学的研究对象。

数学作为一门科学，致力于研究现实世界中的空间形式和数量关系。这种特殊的抽象内容决定了数学与其他自然科学的区别，并且也决定了数学抽象的特殊性。数学抽象具有量化特征和形式化特征。

从内容的角度来看，数学抽象包括多个方面，具体如下：

性质的抽象，即从事物或现象中提取出特定的性质，并将其作为研究的对象。其次是关系的抽象，即关注事物之间的相互关系，如数学中的函数关系、集合关系等。

形式的抽象，即将事物或现象的形式特征进行提取和研究。

模型模式的抽象，即通过建立模型来描述和研究现实世界中的问题，这种抽象可以帮助我们更好地理解和解决实际应用中的复杂情况。

4. 程度上的独特性

数学的抽象程度远超自然科学中的一般抽象。数学研究的对象大多不是直接基于真实事物的抽象，而是在抽象对象的基础上进行进一步的抽象，通过逻辑推理定义出更高层次的抽象概念。这使得数学的抽象程度远远超越其他学科中的一般抽象。这反映了数学概念形成的基本规律：数学概念是通过积累以前的抽象概念所得到的经验，并通过一系列的抽象和概括来产生的。

数学的高度抽象性还表现在其发展和自由性上。数学可以自由地“虚构”一些概念，并在此基础上逻辑地构建理论。这些虚构的概念只需“与先前确切定义引入的概念相协调且没有矛盾”即可。数学家在推导和研究中有着很大的自由度，可以创造性地引入新的概念和定义，并在其基础上进行推理和证明。这种自由性使得数学能够不断拓展自身的边界，开创新的领域和理论。

数学抽象的高度使得它成为一种强有力的工具，能够研究和描述现实世界中的各种现象和问题。通过将复杂的问题抽象化为数学模型，人们可以使用数学方法进行分析和求解，从而获得深入的理解和洞察。数学的抽象性也为跨学科研究提供了桥梁，使得数学与其他领域相互交叉、相互渗透，促进了科学的发展和进步。

5. 方法上的独特性

数学抽象方法的特殊性归于其作为一种构造性活动，通过定义和推理进行逻辑建构。在数学中，除了少数基本概念通过一般抽象从现实世界中获得外，大部分概念都是通过逻辑定义的方式建构的。例如，“点”“线”“面”“三角形”“多边形”和“圆”这些概念是从日常生活中抽象出来的，而“圆的外切正十八边形”概念则是基于“圆”“相切”和“正十八边形”这些概念通过定义逻辑地建构起来的。同样，“等腰三角形”概念也是通过从三角形概念中抽象定义得到的，即提取一般三角形中特殊的一类三角形性质——两边相等，通过采用逻辑定义方法得到。

这种基于“定义”的抽象方法可以说是数学所特有的。正是由于这种特殊的抽象方法，数学才具有如此强的逻辑性和严谨性等特点。数学抽象的这种构造性特点决定了它具有层次性。层次性意味着在数学的发展过程中，不同层次的概念和定理相互联系，层层递进。通过逐步引入新的概念并在已有概念的基础上进行推理和定义，数学逐渐建立起一个牢固而有序的体系。

数学抽象的层次性使得数学建立了一套严密的体系，其中每个概念和定理都有其独特的位置和作用。每一层次的概念都是在前一层次的基础上发展而来，并进一步推进了数学的发展和深化。这种层层递进的结构使得数学不仅是一门具体的科学，而且是一门高度发展的抽象科学。通过数学抽象方法，我们能够更好地理解和描述现实世界中的各种现象，并推导出新的结论和定理。

（二）数学抽象的思想

1. 理想化

理想化是指在抽象层次上对实际事物或现象进行简化和完善化的过程。当我们从真实的事物或现象中抽象出数学概念时，并不要求这些概念与现实原型完全一致。相反，理想化是将复杂的现实世界简化为更容易处理和研究的形式。一个经典的例子是几何学中的理想化概念，如“没有大小的点”“没有宽度的线”“没有厚度的面”等。这些概念是对现实世界中物体的简化描述。在现实世界中，点、线和面都有一定的大小、宽度和厚度，但在几何学中，为了便于研究和描述，我们假设它们是理想化的。这种理想化的假设使得几何学可以建立起一套简洁而有效的体系，使我们能够更好地理解和应用几何概念。

2. 精确化

数学的特殊性还表现在精确化的过程中。由于数学对象的“逻辑建构”是通过数学语言完成的，相较于一般的朴素概念或现实原型而言，数学概念往往需要经过精确化的过程才能被严格定义。一个典型的例子是“瞬时速度”概念，它只能通过引入“导数”概念来得到严格的定义。

在日常生活中，人们可以直观地理解速度的概念，即物体在单位时间内移动的距离。然而，在数学中，为了确切地描述瞬时速度这一概念，需要引入导数这一工具。导数提供了一种精确且细致的量化方法，用于衡量函数在某一点的变化率。通过对速度的瞬时变化率的定义和推理，可以更准确地描述物体在不同时间点的速度。这种精确化的过程使得数学能够提供严密、准确的描述和分析，超越了日常直观概念的限制。

除了瞬时速度这一例子，数学中的许多概念都需要通过精确化才能被准确定义。例如，对于几何中的直线概念，我们可以通过朴素的直观理解，即“无限延伸且无弯曲的路径”，来描述它。然而，在数学中，需要引入坐标系、方程，以及公理等工具和概念，通过精确的定义和推理来确立直线这一概念。

这种精确化的过程不仅使得数学能够提供准确的定义和推理，也增强了数学的逻辑连贯性和内在的一致性。通过严格的定义和推导，数学建立起一个统一而完整的知识体系，从而确保数学的可靠性和应用的可行性。

3. 模式化

数学对象的“逻辑建构”是一种“模式化”和“重新构造”的过程。通过纯数学语言的运用，数学对象的逻辑建构不再局限于现实世界的具体原型，而是形成了具有更普遍意义的数学概念和概念体系（理论）。这些数学概念和理论所反映的已不仅是特定事物或现象的数量特性，而是一类事物在数量方面的共同特性。因此，应将数学的研究对象视为一种（量化）模式。值得注意的是，“模式”和“模型”这两个概念并不相同：模型是对现实原型的抽象和构建，因此模型是针对具体事物、现象或原则问题而存在的；而模式则具有相对独立性，具有更大的普适性。模式在演绎推理上更为完善，更多地依赖概念和思辨，而较少涉及细致的观察和实验手段。

4. 自由化

由于运用数学语言进行“逻辑建构”，导致了与现实原型的“分离”，这就为思维的“自由创造”提供了极大的空间，从而可能创造出一个丰富多彩的“数学世界”。

5. 形式化

由于数学对象的“逻辑建构”，导致数学以“模式”这种“纯形式”为直接对象进行研究。模式的建构标志着由特殊上升到了一般，以模式为直接对象去从事研究，换言之，它已经是一种纯形式的研究。例如，就纯数学的研究而言，即使所涉及的概念和理论具有明显的直观意义（如欧几里得的几何理论），我们也不能求助于直观，而只能依据相应的定义去进行推理。

四、数学的艺术审美

数学美的表现形式是多种多样的。从数学内容来看，有概念之美、公式之美、体系之美等；从数学方法与数学思维来看，有简约之美、类比之美、抽象之美、无限之美等；从狭义美学意义上看，有对称之美、和谐之美、奇异突变之美等。而数学中的简洁之美、和谐之美、奇异突变之美、对称之美、完备之美是数学美的基本特征。数学美深深地感染着人们的心灵，激起人们对它的欣赏。从以下方面来欣赏数学美：

（一）数学的和谐美

“和谐”是美学的一条重要原理。在古代，“对称”一词的含义是“和谐”“美观”。所以，对称可以看成和谐的表现。和谐美在数学中数不胜数。

黄金分割是一种数学上的比例关系。黄金分割比是把一条线段分割为两部分，使其中一部分与全长之比等于另一部分与这部分之比。其比值是一个无理数，取其前 3 位数字的近似值是 0.618。黄金分割具有和谐性，蕴藏着丰富的美学价值和应用价值。

人体结构中有 18 个“黄金点”（物体短段与长段之比值为 0.618）。例如：①肚脐，是头顶—足底的黄金分割点。②咽喉，是头顶—肚脐的黄金分割点。③膝关节，是肚脐—足底的黄金分割点。④肘关节，是肩关节—中指尖的黄金分割点。⑤眉间点，是发际—颏底间距上 1/3 与中下 2/3 的黄金分割点。⑥鼻下点，是发际—颏底间距下 1/3 与上中 2/3 的黄金分割点。⑦唇珠点，是鼻底—颏底间距上 1/3 与中下 2/3 的黄金分割点。⑧颏唇沟正路点，是鼻底—额底间距下 1/3 与上中 2/3 的黄金分割点。⑨左口角点，是口裂水平线左 1/3 与右 2/3 的黄金分割点。⑩右口角点，是口裂水平线右 1/3 与左 2/3 的黄金分割点。

人体结构中有 15 个“黄金矩形”，如躯干轮廓、头部轮廓、面部轮廓、口唇轮廓等。

人体结构中有 6 个“黄金指数”，如鼻唇指数—指鼻翼宽度与口裂长之比、唇目指数—口裂长度与两眼外眦间距之比、唇高指数—面部中线上下唇红高度之比等。

人体结构中有 3 个“黄金三角”，如外鼻正面观三角、外鼻侧面观三角、鼻根点至两侧口角点组成的三角等。

除此之外，近年国内学者陆续发现了其他有关人体的黄金分割数据，如前牙的长宽比、眉间距与内眦间距之比、鼻翼宽与口角间距之比、口角间距与两眼外眦间距之比等，均接近黄金分割的比例关系，这些数据的陆续发现，不仅表现人体是世界上最美的物体，而且为美容医学的发展，为临床进行人体美和容貌美的创造和修复提供了科学依据。

黄金分割与生活。生活中的黄金分割有很多。著名建筑物中各部分的比是黄金分割：埃及的金字塔，高（137 米）与底边长（227 米）之比为 0.629；古希腊的巴特农神殿，塔高与工作厅高之比为 340 ∶ 553 ≈ 0.615，窗户宽与高比也是黄金分割比。

黄金分割与优选法在很多科学实验中，选取方案常用 0.618 法，即优选法，它可以使我们合理地安排较少的试验次数找到问题的答案。

此外，黄金分割还广泛应用于音乐、管理、工程设计和军事等各种领域。

（二）数学的对称美

所谓“对称”，即指组成某一事物或对象的两个部分在大小、形状或形式上相同。从古希腊起，对称性就被认为是数学美的一个基本内容。“对称”在数学上的表现是普遍的。

第一，几何中对称美。在平面中有直线对称（轴对称）和点对称（中心对称），如正方形既是轴对称图形（以过对边中点的直线为轴）也是中心对称图形（对角线的交点为对称中心），圆也是轴对称和中心对称图形。

第二，在平面对称空间中，正六面体（正方体）、球等都是点、线、面的对称图形。

（三）数学的抽象美

数学具有意念上的抽象美。我们的世界明明是三维的，数学家偏偏研究无穷维。抽象得不但世间找不到对应物，数学家创造时常常像陆机在《文赋》中所写的“精骛八极，心游万仞”。数学抽象美能带来数学的通感美。高明的数学家，能够在代数里看见形象的几何，于数论中看到美妙的曲线，从博弈论当中嗅出经济数量关系和人性的味道……

抽象美是数学的美感的一个重要组成部分，数学的简洁美很大程度上来源于数学的抽象性，有些难以解决的实际问题经过数学抽象会变得容易。

（四）数学的简洁美

内涵深刻的数学往往在形式上简单得出奇，如牛顿第二运动定律、拉普拉斯方程、爱因斯坦质能转换公式等。

1. 数学公式简洁

数学中绝大多数公式都具有“形式的简洁性，内容的丰富性”。数学历史中每一次进步都使已有的定理更加简洁。例如，欧拉公式 $V-E+F=2$，堪称“简单美”的典范。世间的多面体有多少？没有人能说清楚。但它们的顶点数 V、棱数 E、面数 F，都必须服从欧拉给出的公式，一个如此简单的公式，概括了无数种多面体的共同特性，令人惊叹不已。由此还可派生出许多同样美妙的东西，如平面图的点数 V、边数 E、区域数 F 满足 $V-E+F=2$，这个公式成了近代数学两个重要分支——拓扑学与图论的基本公式。数学中像欧拉公式这样形式简单、内容深刻、作用重大的定理很多。

2. 条件简洁

数学中定理、公理的条件恰到好处，一个不多，一个不少，严密简洁。著名的皮亚诺公式只用了三个不加定义的原始概念和五个不加证明的公理，显示了逻辑上的简洁。由此产生的自然数理论是现代数学基础研究的起点，这三个原始概念是“自然数”“1”“后继（数）”；五个公理是：公理一：1 是自然数。公理二：任何自然数的后继也是自然数。公理三：没有两个自然数有相同的后继。公理四：1 不是任何自然数的后继。公理五：若一个由自然数组成的集合 S 含有 1，且当 S 含有任一个自然数时，也一定含有它的后继，则 S 就含有全体自然数。

（五）数学的完备美

数学中的很多体系本身也具有完备性。例如，实数集是完备的，任意多实数随便做加减乘除乘方开方，其结果还是实数。这种完备性很奇妙，具有封闭性。再如，欧式几何，在几条公理基础上，推演出一系列漂亮的结论，经久不衰。

数学的美不限于此，对数学美的追求是数学不断发展的思想源泉，数学美的思想推动了数学的发展，也大大促进了其他科学的发展。

第三节　多元化数学思想探索

一、数学与哲学

数学和哲学分别是自然科学和社会科学的代表，二者有着不可分割的内在联系。数学需要科学的哲学思想作指导，哲学的变化则需要数学的自然科学新素材，二者的发展变化总是交织在一起的，相互影响，相互促进。哲学以博大的胸怀容纳了数学的理论，数学以广泛而深奥的知识丰富了哲学宝库。

（一）数学与方法论

哲学与数学的另一个结合点是“方法论”。如何认识世界，是属于“方法论”范畴的哲学问题。在数学研究中，也存在“方法论”问题。而数学研究中的方法，是具体的，是人们可以掌握的，可以操作，易于理解的。所以，哲学家经常利用数学方法来说明他的哲学观点和主张。哲学家所说的方法论，是宏观上的原则，不是具体解决个别问题的方法。而数学上所说的方法——数学方法，却是指能够解决具体问题的方法。

（二）数学语言与哲学命题

哲学的研究对象，是真实、具体的客观存在，但是要对它们做抽象的研究，研究它们存在的本质，及其发生、发展的普遍规律，研究者的认识与存在的关系等抽象命题。而数学的研究对象，尤其是现代数学的研究对象中，有许多是很抽象，甚至是高度抽象的，如非欧几何、拓扑学、抽象代数、泛函分析，逻辑代数等，但所用的研究方法，计算和推导步骤，却是具体的，可以把握的。

二、数学与自然科学

关于数学与自然科学的关系，有过不同的表述。以往常把数学说成是与物理、化学、生物等学科并列，同为自然科学的一科。但是后来发现，数学不能划为自然科学，因为这二者在研究对象、研究方法、研究手段上有本质的区别。

第一，研究对象不同。自然科学——物理、化学、生物、地理等，总是以物质世界的某类具体的物质，或物质的某些性质为研究对象。总而言之，自然科学的研究对象是现实世界的具体物质或物质的某些性质。而数学则不是。数学的研究对象是物质世界的数量关系和空间形式，是运动的模式，是抽象的公式和命题，而与具体物质及其具体性质无关。

第二，研究方法不同。自然科学的研究方法，主要是实验——物理实验、化学实验、生物学实验等。而数学研究主要是抽象地推理和计算，再辅以计算机处理。

第三，研究成果的适用范围不同。虽然现代自然科学各个学科之间的融合越来越多，但一般说来，物理定律、化学定律、生物学定律，彼此不通用和相互混用。至于说自然科学的具体结论，更不能直接搬到其他学科和社会科学中去。但是，数学的公式、原理、定理和结论，不仅可以在自然科学中通行，而且能够在社会科学和我们日常生活中应用。

所以，现代科学的分类，把数学从自然科学中分离出来，单独成为一类，与哲学、自然科学、社会科学等大学科并列。数学对于自然科学的意义在于：数学是自然科学的基础，数学促进了自然科学的进步。

数学不仅是物理学的基础，而且是所有自然科学的公共基础和工具。自然科学，乃至于社会科学，正是在数学的参与和帮助下，才日益精确，日益成熟、不断发展。最明显的例子是经济学和生物学，现代经济学数学化的程度越来越高，经济规律越来越需要用数学公式或数学图表来描述，近年的诺贝尔经济学奖几乎都是由经济学界的数学家或是精通数学的经济学家因其在经济学中应用数学成就而获得。此外，数学在生物学中成功运用，使生物学获得突飞猛进的发展。生物数学已经成为应用数学的最振奋人心的科学前沿。生物学正从传统的解剖实验，进入到能用电子计算机模拟技术和数字技术，来揭示生命本质和人脑智慧本原的新时代。

当然，自然科学对于数学也有积极促进的意义。这表现在：数学本身不是直接的生产力，它要通过自然学科才能表现为直接的生产力。数学不是物质产品，然而，数学与自然科学相结合，就能够转化为现代化的物质产品。例如，在 20 世纪初，著名物理学家爱因斯坦发现了著名的质能公式：$E=mc^2$。其中 c 是光速度，c=300000 km/s，m 是质量。这个公式指出了物质的质量与能量可以进行转化。一个物体尽管它的质量并不大，但因为 c 值非常之大，所以，它包含的能量仍然很大。因此，这个公式揭示出物质里含有巨大的潜在能量，以居里夫人为代表的物理学家们，正是从这个公式得到启发和鼓励，经过刻苦研究和实验，发现了从物质释放原子能的原理和机制尔后，科学家们终于制成了原子弹和原子能电站。

三、数学与经济学

数学与自然科学结缘由来已久，而与社会科学结缘却是近年的事。但是，随着社会发展的加速，数学进入社会科学的速度有加快的趋势。现在，数学与经济学等学科交叉，都已找到了结合点，而且已经取得了令人惊喜的成就。由此可见，数学必将全面进入社会科学的各个学科，并使其学科面貌得到革命性的变化。

在以前的经济学著作里，很少见到数学公式。那时的经济学，更多是与政治结合在一起，所以被称为“政治经济学”。但是，现在的情况发生了很大的改变。其实经济学中运用数学的地方很多，尤其是现代经济学规律，完全要用数学公式来表达，而且所用的数学越来越高级。国际上最重要的科学奖——诺贝尔奖中没有数学奖，而有经济学奖，但是近年获得诺贝尔经济学奖的，大多数是由精通数学的经济学家在经济学研究中的数学成就而获奖的。

由于数学在经济学中的应用日益增多，经济数学已经成为一个独立的数学分支。此外还有“保险数学”“金融数学”“精算数学”等数学科学的新分支。

四、数学与文学

数学和文学之间存在着广泛而多样的联系，这种联系体现在许多方面。数学和文学既是工具，也是文化的一部分，它们之间相互交融、相互影响。在文学中融入数学的同时，文学变得更加理性；而在数学中融入文学的同时，数学则变得更加充满诗意。

（一）两者都讲究“比兴”

比兴是文学作品中常见的写作手法。中国诗词、文章讲究“比兴”，数学亦如此。在数学的研究过程中，我们亦利用比兴的方法去寻找真理。数学上比兴的形式主要是类比方法，主要有以下三个方面：

第一，低维与高维空间现象的类比。低维空间和高维空间现象很多是类似的。我们虽然看不到高维空间的事物，但可以看到一维或二维的现象，并由此来推测高维的变化。

第二，离散与连续的类比。离散与连续很多情况是类似的。离散情形比较简单、直观。数学中常常利用离散，通过类比推连续情形。例如，在概率论中，离散型比较简单、直观，能用来较好地阐述概率思想、说明方法。通过离散与连续的类比，可以将概率论中离散型的概念和结果“移植”到连续型情形，并将离散与连续融会贯通。

第三，数学不同分支的比较。数学不同分支的理论存在着广泛联系。例如，算术几何的诞生，是以群表示理论为桥梁，将古典的代数几何、拓扑学和代数数论相比较所得到的。

事实上，类比是一种科学方法，可以在更广泛领域进行类比、猜想。爱因斯坦的广义相对论就是对比各种不同的领域而创造成功的，它是科学史上最伟大的构思，可以说是惊天地的工作。

（二）两者都讲究“造型”

文学小说的创作在很大程度上注重于“造型”艺术。通过塑造典型人物和典型题材来创作作品，作家能够创造出与现实生活相连又超越实际背景的人性模型。这些文学典型是从现实生活中抽象概括出来的，并且通过艺术的手法进行创造和塑造。类似地，数学也可以被看作是一种造型艺术。数学家通过对现实对象进行抽象和假设，得到数学结构，这也是一种对现实世界的“造型”。数学模型的方法不仅仅是一种思维工具，还可以用来解决实际问题。举个例子，欧拉通过抽象化过程解决七桥问题，他将问题中的城市与桥梁抽象成节点和边，创建了一个数学模型来描述这个问题。通过这种抽象，他能够分析和解决桥梁是否可以跨越所有城市的问题。

数学和文学的造型方法都追求典型性、普适性、和谐性和简单性，遵循美学准则。文学作品中的典型人物和典型题材，以及数学中的数学结构和模型，都在追求通用性和普适性。而和谐性和简单性则是两者共同追求的目标。无论是文学还是数学，艺术家和数学家都希望通过他们的创作创造出一种美的形式。有趣的是，具有深厚文学素养的数学家常常能够做出卓越的创造性数学贡献。他们对文学的敏锐感知和对人性的深刻洞察力，能够激发他们在数学领域中提出新的观点和方法。这种跨学科的交融使得他们能够以一种独特的方式思考问题，并在数学的世界中做出独特的贡献。

无论是文学还是数学，造型艺术都是一种追求美的创作过程。通过创造性的思维和深刻的洞察力，文学和数学的创作者们能够通过其作品传达出深邃的思想和感情，同时也让人们对世界有了更深入的理解。无论是通过文学还是数学，他们都能够唤起内心的共鸣，并以一种独特的方式启迪人们的思维。

（三）两者都需逻辑思维与形象思维

文学作品的创作涉及到构思、布局、人物和情节的发展，这些元素是逻辑思维和形象思维相互交织的结果。在构思阶段，作家需要运用逻辑思维来建立故事的基本结构和线索，确保故事逻辑严密、合理。布局过程中，作家利用逻辑思维来组织章节和段落，使其在整体结构上具备一定的逻辑连贯性。此外，通过逻辑推理，作家能够推断出人物行为和情节发展的合理性，使得读者在阅读过程中能够理解并接受故事的发展。

文学作品的创作也需要形象思维的运用。形象思维使得作家能够创造出生动的人物形象和情节描写，通过细腻的语言和形象的比喻，将读者带入故事的世界中。形象思维还有助于作家创造出富有想象力的情节和场景，使作品更具吸引力和感染力。

数学概念的理解和科研创造的过程同样需要逻辑推理和想象力。在学习数学时，逻辑推理能帮助人们理解数学公理、定理和证明过程，从而建立起数学思维的基础。在科研创造中，数学家们运用逻辑推理来构建数学模型、推导数学公式，并进行数学推断和证明，从而推动数学的发展。

然而，数学和文学作品在思维要求上存在一些差异。尽管两者都需要深入思考，但数学更加注重逻辑思维的运用。数学作为一门严谨的学科，强调逻辑推理和精确性，要求思维过程清晰、严密。相比之下，文学作品更注重形象思维的运用。作家通过形象思维创造出生动的语言和形象，借助比喻和隐喻等修辞手法来表达情感和意象。

逻辑思维和形象思维都是人类思维的产物。逻辑思维是在处理事实、推理和分析时所采用的思维方式，它有助于人们理解问题的本质和解决问题的方法。形象思维则通过感性、直观的方式来理解和表达事物，帮助人们感受世界的美和复杂性。

（四）两者都需本身的语言

数学语言和文学语言都是一种独特的表达方式，它们各自具有特定的特点和功能。文学语言是对日常语言的提高和加工，通过运用修辞手法、艺术形式和美学特点等，使其更具艺术性和感染力。相比之下，数学语言更注重对数字、图形、符号等概念的提炼和运用。文学语言具有地域性，不同国家、种族或地区都有自己独特的文学语言，反映了不同文化背景和历史积淀。而数学语言具有国际通用性，它是一种公认的共同语言，在全球范围内的数学工作者和科技人员都熟悉数学符号和公式的运用。数学语言作为科学的共同语言，具有极高的精确性和表达能力。它的特点是简洁、精确、深刻，能够准确而有效地描述和解决问题。通过数学语言，人们能够进行严密的逻辑推理和证明，促进了科学的发展和技术的进步。

然而，数学语言并非只限于科学的领域，它也具备一定的文学功效。数学语言能够用来描写人生、表达思想，它可以通过抽象的符号和形式，传达出深刻的哲理和情感的体验。就如同文学语言可以用来创作诗歌、小说等文学作品一样，数学语言也能以自己独特的方式创作出具有美感和智慧的数学作品。数学家华罗庚曾通过减法的概念，表达了在学习和探索中勇于剔除已经解决的问题，寻求未解决问题的思路。这种剔除和凝练的思维方式是数学家所具备的重要素质，也是数学语言的一种特点。数学语言能够通过简洁的符号和公式，传递出丰富的思维和深刻的洞察力，激发人们对知识和真理的追求。

（五）两者都具有审美性

文学美表现为形象性、感性和诗意等，而数学美表现为简单性、和谐性和奇异性等。但追求审美性是共同的。一般而言，文学美表现出热情、张扬、豪放等特点，而数学美表现出深刻、内蕴、冷峻等特点，但两者之间也有相通的地方。此外，文学是以感觉经验的形式传达人类理性思维的成果，而数学则是以理性思维的形式描述人类的感觉经验。文学是“以美启真”，数学则是“以真启美”，两者有着实质上的同一性。

五、数学与教育

“数学对于受教育者，不仅仅是一门课程、一个学科，更重要的是数学的思维方式、数学的理性精神。在信息社会中，数学的应用可谓无处不在，每一个人都应该把数学作为自己成才的基本素质要求”[①]。

① 胡伟文．数学与教育［J］．科技中国，2017（5）：99.

（一）数学是基础教育的内容

数学作为一门课程，很早就列入教育计划之中。在中国，从一开始就把数学教育纳入儿童教育的范畴。公元前 11 世纪开始的周代，就把数学作为儿童学习的“六艺”之一。汉代成书的《九章算术》，是当时及以后很长时间里中国人学习数学的教科书。《九章算术》收集 246 个问题，按数学方法分为九章，内容丰富多彩，切合实际需要。其中有许多算法，是当时领先于世界的创造。

古希腊哲学家和教育家柏拉图创建的柏拉图学院，对数学课程尤其重视，把数学教育放在教学课程的首位，认为只有把数学学好了，才能去学习其他课程；数学是所有教育课程的基础。他的这种教育思想，对西方教育的影响很大。人们非常重视数学课程，这主要有以下三个原因：

第一，数学有用，人人需要数学，已经有大量事实证明了这一点。人们曾经作过数学应用方面的调查，对于现代人来说，数学最有用处的知识，是算术的四则运算，其次是概率统计，这也说明我们现在将概率统计知识纳入中学数学，是非常必要的。

第二，数学是人的素质的重要因素。特别是数学的思想方法、数学的理性精神，是每一个公民必备的素养。学数学可以使人精确，对事物做到“心中有数”。现代化技术的核心也是数学技术，需要数学知识的支撑。

第三，数学是学习其他各科——理科和文科的必要工具。特别是理科各科，离不开数学的支持。以前，物理、化学中数学用得多一些；而现在，连生物、地理，也越来越多，越来越深地需要数学知识。

当然，由于数学抽象性的显著特征，有的学生对数学敬而远之，甚至有怕数学、厌数学的情况出现。数学教育改革的一个重要的方面，就是要让数学生动起来，变得“好玩”，以便引起学生学习数学的兴趣。

（二）大众数学与数学技术教育

1. 高新技术本质上是数学技术

随着全球科学技术的飞速发展，人们逐渐认识到高科技的背后实质上是数学技术的应用。以往，数学一直被视为基础科学，然而现今它竟然成为技术科学领域的核心，这对于从事数学教育的人们来说是个令人兴奋的发展。然而，同时也带来了一个值得思考的新问题，那就是如何让广大民众接触到和应用数学技术，并将其融入我国的数学教育体系中。

高技术的崛起使人们深刻认识到数学技术在现代社会的重要性。它已经成为了创新和进步的驱动力，影响着各行各业的发展。不仅仅需要培养一批精通数学的专业人士，更需要普及数学技术，让更多人掌握基本的数学知识和应用技巧。

2. 数学技术大众化的必要性

数学技术的普及对于大众来说至关重要。它是广泛适用的数学技术应用的普及，使人们能够更好地理解和运用数学知识和思想方法的过程。作为“大众数学”的重要组成部分，大众数学技术的获取和应用是体现数学知识和思维的关键。

大众数学技术是素质教育的基础之一。提高学生数学素质的关键在于使其掌握大众数学技术，这些技术可以帮助学生培养逻辑思维、分析问题和解决问题的能力，培养他们的数学思维和创新意识。为了学好数学技术，必须将其应用于实际情境中。传统的教材和课堂方式往往不能满足大众的数学技术教学需求。因此，需要创新的教学方法和途径，将数学技术与实际问题相结合，使学生能够真正理解和应用数学技术。

尽管大众数学技术教育与数学建模相关，但二者并不完全相同。数学建模主要侧重于高等数学和计算机应用，而大众数学技术教育应该更加普及和参与度更高。大众数学技术教育注重培养学生的实际应用能力，使他们能够在日常生活中运用数学技术解决问题。

（三）数学使教育呈现科学化

1. 研究试题的科学性

考试是检验学习效果的重要手段，学校中各种考试经常进行，学校和教师以考试成绩来衡量学生学习效果的好坏，检验教学方法的好坏。通过一次或几次考试，能否根据考试成绩作出判断，考试的试题怎样才算科学、合理，考试试题的难度有多大，能否反映学生的真实水平等问题，对考试者和命题者来说，都是很重要的。对这些问题，都可应用统计方法，进行数学处理，最后用数据来下结论。把对考试和试题的评价，建立在客观和科学的基础之上。

2. 教育评价体系的量化

传统的教育学中的评价问题，都是评价人主观认定，没有量化指标，缺乏客观依据。对某种教育方法的效果，也没有客观评定标准。现在引入量化指标，用数学统计方法来处理，最后用数据来说话，使教育评价体系科学化。

在对学生的考试成绩上，可以使用量化指标，在对教师一堂课的评价上，也可以使用量化指标：列举出影响教学效果的各项指标，如“对教材的理解”“教学方法”“师生交流”“板书”“语言”“教态”“电化教学”“课堂秩序”等方面，每项按重要程度给出分数和权数。听课者“逐项打分”，然后再加权平均，用数据说话，以此来衡量这堂课的效果好坏。

六、数学与艺术

艺术包含的领域有绘画、书法、建筑、音乐、舞蹈、戏剧等。数学与艺术看似是两个世界的东西。其实数学既是一门科学，其本身也是一门艺术，仔细考察人类历史和现实，我们不难发现，几乎人类的一切学科领域都或多或少用到数学，艺术也不例外。

（一）数学与艺术具有共性

数学与艺术有很多共性，这是它们联系密切的原因之一。数学与艺术至少有以下共性：

第一，产生于人类早期社会。数学与艺术都具有悠久的历史。早期的人类社会就产生了数学与艺术，如结绳记事、刻画记事、以特殊符号表示授时历法等行为，都和数学与艺术的产生有直接关系。所以，数学与艺术都是历史悠久的学科，有着深厚的历史积淀。

第二，具有客观性。数学与艺术都是来自生产与生活实践，都是自然和社会的客观反映，只是反映的侧重点不同。美术侧重于表现社会、自然和人的某种社会情感，而数学侧重于表现自然，并逐步向社会现象渗透，以反映事物的形式化的数量关系与空间形式。

第三，创造具有较大自由性。对数学与艺术创造可能的选题范围似乎没有多大的限制，具有较大自由性，往往出于兴趣和美的考虑。

第四，研究的目的性相同。数学与艺术研究都是对于美的直接追求，都有益于社会进步。培养合格的、全面发展的一代新人，需要数学和艺术，这对他们的学习和研究都是一种创造性的活动。

第五，抽象性。数学与艺术是人性建构自身的理性需要，抽象是高级思维的一个标志，理性思维、严密推理中同样会有灵感巧思的不期而至。

第六，追求美、创造美。艺术是美的表达方式，数学是美的语言，数学追求美，也创造美。数学与文学艺术在美学目标的追求上是一致的，它们都追求真、善、美的统一。正因为如此，不少数学家同时精通诗词，擅长音乐和绘画，数学家和诗人、艺术家完全可以融于一身。

（二）数学与艺术的交互渗透

现代的纯数学研究为其他科学和文化艺术提供了丰富、有用的模型和理论。数学作为一门抽象的学科，已经成为推动科学和文化艺术前进的关键力量。它的应用范围越来越广泛，为各个领域提供了解决问题的方法和工具。

在现代音乐中，数理逻辑模式化思维的应用产生了机遇音乐和概率音乐这两种创新形式。机遇音乐的创作方法是使用掷骰子和丢硬币来决定音高序列的时值和出现次数。这种方法将音乐的构成过程纳入了随机性和偶然性的影响，创造出独特而意想不到的音乐作品。概率音乐则更加自觉地运用数学的概率论或博弈论模式化思维进行创作，通过数学模型和算法来控制音乐的生成和变化，使作品展现出一种统计上的优美和规律。

这些创新形式的音乐展现了现代数学与音乐艺术的结合。数学为音乐提供了新的创作手段和思维方式，使得音乐作品可以更加丰富多样，同时也拓宽了音乐的表现力和意义。

除了音乐领域，现代计算技术也将数学与艺术紧密结合。计算机科学和数学的交叉研究，如计算几何学和图形学，使得数字艺术、虚拟现实和交互式艺术等形式得以发展。数学的抽象思维和算法设计为这些艺术形式的创作提供了基础，同时艺术的美学和表现力也促进了数学的发展，两者相互促进、相互渗透。

在现代社会中，数学与艺术在多个方面相互渗透。数学的逻辑性和精确性为艺术提供了一种清晰而有力的表达方式，而艺术的创造力和想象力则为数学提供了新的应用领域和问题的提出。数学和艺术的交叉影响不仅促进了彼此的发展，也为人们带来了更加丰富多彩的文化和生活体验。

七、数学与素养

（一）数学与智慧

智慧被广泛理解为智力和聪明的体现，它是人类在解决困难问题时所展现出的一种动态能力。智慧的本质在于能够巧妙地运用简单的知识和方法，寻找创新的解决方案。相比于单纯的知识和技能，智慧是一种更为高级的思维活动，它需要我们以非常规和独创的方式来对待问题。在人的思维方式中，通常可以分为两类：感性思维和逻辑思维。感性思维主要基于直觉和个人经验，它更加注重情感和直觉的发挥。而逻辑思维则更加注重分析和推理，以逻辑为基础进行问题的解决。

在这两者之外，还存在着一种更为高级的思维方式，那就是灵感思维。灵感思维超越并综合了感性思维和逻辑思维，是一种更为广阔、深入的思考方式。通过灵感思维，可以发掘出以往所未曾想到的解决问题的方法和角度。然而，要激发灵感思维并形成智慧的火花，并非易事。它需要经过高度集中和紧张的思维过程。在这个过程中，需要打破常规的思维方式，敢于尝试全新的方法和途径，以期得到创造性的结果。正是在灵感思维的过程中，智慧的火花会一闪而过。这种火花可能是一瞬间的灵光乍现，也可能是一系列深思熟虑后的创新思维。无论是哪一种形式，智慧都是这一思维过程中的产物，它是一种突破传统、独具创意的能力。

（二）数学与修养

修养是一个人在政治、思想、道德品质和知识技能等方面经过长期锻炼和培养所达到的水平。它包含着内在和外在两个方面，其中内在水平无法直接被观察到，只能通过一个人在与他人交往时的行为态度来展现。人的修养主要是后天教育的结果，它是一个不断发展的过程。这个过程涵盖了多个方面，包括接受教育、增长知识、陶冶性情、锻炼意志和培养品德等。通过这一过程，人们能够逐渐了解社会和人生，成长为更加全面和成熟的个体。

数学在人的修养中扮演着重要的角色。它不仅仅提供了知识和技能，更因为数学所蕴含的精神价值对人产生了潜移默化的教育作用。数学所具备的理性精神，使人们学会逻辑思维、分析问题和推理解决。数学所追求的求实精神，教会了人们面对事实、客观和真实。而数学所鼓励的创新精神，则激发了人们的创造力和独立思考能力。通过学习数学，人们不仅仅获取了具体的计算能力和解题技巧，更重要的是塑造了他们的思维方式和价值观念。数学所倡导的精神品质渗透到人的内在世界中，影响着他们的人生观、价值观和行为方式。这种精神的培养和提升，对于一个人的修养和综合素质的发展起到了重要的推动作用。

因此，数学不仅仅是一门学科，更是一种修养的体现。它通过传授知识和技能的同时，注重培养人们的思维方式和价值观念，使其成为有独立思考和创造能力的综合发展的个体。数学所蕴含的理性精神、求实精神和创新精神，为人们修养的提升和社会的进步做出了积极的贡献。

1. 数学的理性精神

数学展现了理性精神的特征，它具有严密的逻辑推理和证明、严谨简明的数学语言以及把握事物本质、揭示规律性等方面的特点。通过数学的学习和实践，人们能够培养自己的理性思维和分析能力。

数学的理性精神代表了人类理想精神的最高境界。它渗透在数学的各个领域中，无论是代数、几何、概率还是数论，都需要运用严密的推理和逻辑分析。数学的发展也在不断推动着人类思维的边界，拓展着人们对世界的认知。

培养理性精神对于个人和社会都具有重要意义。它使人们在待人接物、说话表达、问题解决以及事务安排方面更加有效、更加冷静、更加全面考虑。在日常生活中，理性思维能够帮助人们减少情绪的影响，更加客观地看待问题，做出更加明智的决策。在职场和社交场合，拥有理性精神可以使人们更容易与他人沟通，解决问题的能力也得到了提升。

因此，应该重视数学教育对理性精神的培养作用，通过学习数学，不仅可以获得运用数学知识解决问题的能力，还能够培养出理性思维和分析能力，使自己成为一个理性、客观、全面的思考者和决策者。只有不断培养和发展理性精神，才能更好地应对复杂多变的社会现实，为个人的成长和社会的进步做出积极贡献。

2. 数学的求实精神

（1）数学的求实精神体现在对真理的不懈追求上。数学问题的解决并非易事，而是需要经历长期的努力和艰难的历程。数学家们通过深入研究、实践和不断思考，力求找到准确的答案和证明。他们不满足于表面的解决方案，而是通过严谨的推理和逻辑，追求更深层次的真理。这种追求真理的精神使得数学成为一门严谨而深邃的学科。

（2）实事求是是数学求实精神的重要组成部分。数学家们承认并接受一些问题无法解决或存在悖论的事实。他们不回避这些困难，而是积极面对并探索其中的原因和可能性。例如，在古希腊时期，几何学家们面对倍立方和三等分角等难题，经过数百年的不懈努力，才找到了解决方法。类似地，罗素的集合论悖论也是数学史上的一大挑战，但经过多年的研究和思考，数学家们最终找到了解决方案。哥德尔的不完备定理是数学求实精神的又一重要示例，该定理揭示了数学中存在各种矛盾和悖论，证明了无法建立一个能总结所有数学内容的公理体系。这个定理震撼了数学界，同时也表明了数学的广度和复杂性。数学家们意识到，即使在数学的基本公理下，仍然存在无法证明或证伪的命题。这种意识让数学家保持谦逊，并鼓励他们不断探索和挑战现有的数学理论。

数学的求实、求真精神对学习数学的人的思想和品格产生深远影响。这种精神鼓励学习者培养批判性思维和逻辑推理的能力。他们学会怀疑和质疑，不满足于表面的答案，而是追求更深入的理解。

（三）数学与创新

“从数学的逻辑思维、数学思想、数学方法等方面论述现代数学与创新的关系。这对当今我国以培养学生实践能力和创新精神为重点的素质教育具有一定的借鉴意义，尤其是对大学生数学教育具体提出了创新教育教学模式，会有利于创新人才的培养”[①]。

1. 数学发展史，是人类思维创新的历史

从数数到计数，从刻画符号到数字的出现，从结绳记事到进位制——十进制的发明，都是伟大创造。近代数学的发展更是这样：从微积分的创立到分析数学理论的严密化，从集合论的诞生到电子计算机的发明，如此等等，更是惊人的创新。

数的概念诞生于人类早期生活与生产的需要。数是数出来的：从无到有，从少到多，因多而数，由数得数，这样数出来的数是正整数，所以人类最初认识的是正整数。

在人类的生产和生活中，只有正整数是不够的。当在实际应用中原有的数不够用时，就要创造出新的数，在保持原有数的基本性质的情况下，使数系扩大成新的数系。整数是数出来的，分数则不是数出来的，是量出来的。如布匹、粮食、田地等的数量是不能数的。为了计量这些物质的量，先要选定一个公认的标准单位量（如尺、公尺，斗、亩、公顷等），然后再用它来

① 吴晓磊．数学与创新 [J]．边疆经济与文化，2012（1）：69.

测量所需计量的量，从而得出该量的量数。表示量的数不一定都是整数。因为用单位量来量时，未必都能够量尽。量不尽时，怎么办呢？人们就发明一种新数——（正）分数。于是，数就由正整数扩大到正有理数（正整数和正分数组成）。

数的最简单的运算是：加、减、乘、除（算术四则运算）。加法运算，在正有理数中可以通行无阻，即任意两个正有理数相加，所得的和仍然是正有理数，而减法运算在正有理数中就不能通行无阻了，因为不是任意两个正有理数的差都是正有理数。例如“2−3”，就不再是正有理数了。那“2−3”的差是什么数呢？是负数。世界上最早认识负数的是中国人。早在2000年前成书的《九章算术》就已经认识到：两个正数相减，当减数大于被减数时，就需要有新的数——负数来作为它们的差。正整数和零合称自然数（即非负整数）。正整数、负整数和零合称整数。正有理数和负有理数合称有理数。有理数总可以表示成分数的形式。随着人类社会生产和生活的发展，反映到数学上，需要对正数进行开放运算。

2. 数学的创新，在于敢突破传统思维方式

数学是一门允许自由创造的学科，不受现实世界的限制。尤其是在19世纪以后，这一点变得更加明显。当时的数学家们开始思考超越传统观念的数学结构，不再局限于现实空间的限制。在这之前，欧几里得几何一直被认为是绝对真理，被称为“欧几里得空间”。欧几里得几何的基础是一套公理，被广泛接受并与我们的日常经验和直觉相吻合。然而，欧几里得几何中的第五公设，也就是平行公理，却并不够明显。

平行公理表明，通过一点外一直线上只能有一条平行线。然而，这一公设并不能直接从其他公设中推导出来，也无法通过实际的观察或实验证明两条直线是否平行。这导致了数学家们的困扰，他们尝试用其他公设来证明或替代第五公设，但一直未能成功。

19世纪的一个数学家罗巴切夫斯基提出了新的公设，被称为罗巴切夫斯基公理。这些公设导出了一种被称为非欧几何的数学体系，突破了欧几里得几何的束缚。非欧几何中的空间结构不再受到欧几里得几何的限制，存在着与欧几里得几何不同的性质和规律。这一发现彻底改变了数学的面貌，揭示出数学的广阔性和丰富性。它展示了数学的能力，超越了传统的限制，开辟了全新的研究领域。通过探索非欧几何，数学家们更深入地理解了数学的本质，

并且进一步推动了数学的发展。

正是因为数学允许自由创造，并且不受现实世界的限制，数学家们能够提出新的公设和理论，不断拓展数学的边界。这种自由创造的精神使数学成为一门富有创造力和无限可能的学科，持续激发着数学家们的好奇心和创新思维。

3. 数学的创新，表现在数学问题的解决上

学生学习数学定理和解决问题是一种独立探索和创新的过程。在数学学习中，学生不仅仅是被动地接受知识，而是通过探索和解决问题的过程积极主动地参与其中。他们可以运用已学的数学知识和技巧，思考和分析问题，并提出合理的解决方案。这种独立探索和创新的过程培养了学生的批判性思维和解决问题的能力。

学生学习数学可以培养创新意识和思维能力。数学是一门富有创造性的学科，它鼓励学生思考抽象的理论概念和逻辑关系。通过学习数学，学生不仅仅掌握了数学的具体知识，更重要的是培养了他们的创新意识和思维能力。数学训练了学生的逻辑推理、问题解决和模型构建能力，使他们能够思考复杂的问题并提出新的观点和方法。这种创新意识和思维能力在学生的学业和职业发展中都具有重要的价值。

学习数学是进行品德修养和培养创新精神的必修课程。数学学习不仅仅是关于技术和方法，它还涉及到价值观和道德准则。在解决数学问题的过程中，学生需要遵循正确的道德原则，如诚实、公正和尊重。这种道德修养在培养学生的品德和社会责任感方面起着重要的作用。

此外，学习数学也培养了学生的创新精神。数学是一门开放和自由的学科，鼓励学生提出新的思想和方法。学生学习数学的过程中，他们需要思考问题的多个角度和可能的解决途径。这种创新精神激发了学生的创造力和想象力，使他们能够突破传统的思维模式，提出独特和创新的观点。

第三章　数学文化与高等数学教育

高等数学是众多学科的基础，高质量的高等数学教学直接影响着学生综合素质的培养效果，数理能力的强弱一定程度上影响着学生专业能力的提高。如何根据学生的不同学习特点、学习层级开展有针对性的高等数学教育已经成为当今教学的重点。本章主要探讨数学本质与数学教学分析、数学文化与数学素质教育、高等数学美学及教育方式、高等数学教学中的人文教育。

第一节　数学本质与数学教学分析

一、数学本质的构建

由于数学是复杂的，而且数学在不断发展，因此数学的某些描述对数学的任何描述都是不完整的。事实表明，数学描述存在一些缺点，无论是柏拉图主义还是数学基础三大学派（逻辑主义、直觉主义和形式主义）。例如，柏拉图主义无法给出数学对象的明确定义。形式主义无法解释数学理论在客观世界中的适用性。纯数学是基于现实世界的空间形式和数量关系，即它基于非常现实的材料。在国内，这种叙述常被用作数学的定义。例如，中国著名数学家吴文俊教授为《中国大百科全书·数学卷》写下的数学条目："数学是研究现实世界中数量关系和空间形式的科学。"另一个例子是《辞海》和《马克思主义哲学全书》中的数学定义。它们分别是"研究现实世界的空间形式和数量关系的科学"和"数学是一门探索现实世界中数量和空间形态的科学"。从某种意义上而言，"数学是研究形式和数字的科学"，这一观点得到了部分数学家的认可。

然而，在分析上述数学特征的描述时，有三个关键因素：现实世界、数量关系、空间形式。考虑到数学的演化，诸如非欧几何和泛函分析之类的分支总是远离现实世界，并且诸如数学逻辑之类的分支难以确定其归属。人们对数字和形状的概念继续扩大，以使数学的定义适应一直变化的数学内容。因此，作为对数学的理解，不能从根本上解决数学定义的内涵和外延。当数学与现实分离时，一方面需要解决自己的逻辑矛盾，另一方面必须通过与外界接触才具有生命力。

数学是一门研究空间形式和数量关系的科学。在数学研究中，除了数量关系和空间形式，还有基于既定数学概念和理论的数学中定义的关系和形式。

（一）数学的本质分析

理解数学的本质可以通过以下方面：

第一，把数学看成是一种文化。数学是人类文化很重要的一部分，它在人类发展中的作用非常重要。数学是科学的语言，是思想的工具，是理性的艺术。学生应该了解数学的科学性、应用性、人文性和审美价值，理解数学的起源和演变，提高他们的文化技能和创新意识。

第二，把握数学知识的本质。在过去，在理解数学知识时，人们经常只看到数学知识的一个方面，而忽视另一方面，这导致了各种误解。例如，只考虑数学知识的确定性，不注意数学知识的可误性；只承认数学知识的演绎性，不注重数学知识的归纳性；只看数学知识的抽象，但是不注意数学知识的直观性。

第三，数学思维方法的提炼。数学基础往往包含重要的数学思维方法。在数学教育中，只有通过教学和学习两个层次的知识和思维，才可以真正地理解知识，帮助学生形成很好的认知结构。

第四，明白数学中的拟经验性。数学是在经验中不停变化的，它不是一种文化的元认知，数学是思维的高度抽象，是心理活动的概括，数学思维和证明不依赖于经验事实，但这并不意味着数学与经验无关。学习数学是一个和别人交流的过程。在数学课上，我们要努力地了解数学的价值，让学生从自己的经验里学到知识，并且把知识用在生活中。

第五，欣赏数学之美。欣赏数学之美是一个人的基本数学训练。数学教育应体现象征美、图像美、简洁美、对称美、和谐美、有条理的美和数学的创造美。学生应该意识到数学之美，体验并欣赏数学之美，享受数学之美。最后，培养数学精神。数学是一种理念、一种理性，它能够激励和推动人类思想达到最完美的水平。数学教育应该反映数学的理性思维和精神。

简而言之,数学是动态的,是靠经验一点点积累的,它是一种文化。可以说，随着时间的变化，数学的内容会越来越多。数学和其他学科一样，都可能有错误，通过发现错误、纠正错误，数学可以慢慢发展。只有这样，才能真正理解数学的本质，理解数学课程标准中提出的概念，真正满足新课程的要求。

（二）数学本质的文化意义

数学的本质是指数学的本质特征，即数学是量的关系。数学的抽象性、模式化、数学应用的广泛性等特征都是由数学的本质特征派生出来的。首先，数学揭示事物特征的方式是以量的方式，因此数学必然是抽象的；其次，量的关系是以不同模式呈现，并且通过寻求不同模式来展开研究的，因此数学是模式化的科学；最后，客观事物是相互联系的，量是事物及其联系的本质特征之一，因此数学应用是广泛的。

数学本质的文化意义在于理解数学的抽象性及模式化是研究世界、认识世界的基本方法和基本思想。作为知识的数学的文化意义中，数学本质的文化意义最为重要。大学数学课程基本的文化点即是数学本质的文化意义。揭示数学本质的文化意义的重点在于揭示数学的抽象性和模式化，从而形成透过现象看本质的思想素养。

1. 数学的模式化文化意义

数学是一门研究模式的科学，其本质特征在于其抽象性和形式建构性质。在数学中，存在着两种主要的证明方法：构造性证明和纯存在性证明。构造性证明提供了具体的构造方法，以展示某个事物的存在，而纯存在性证明则通过逻辑推理证明某个事物的存在，而无需给出具体的构造过程。

抽屉原理是一种常用的纯存在性证明方法，它可以用来证明某种关系或特征的存在。举个例子，通过抽屉原理可以证明天津市南开区至少有两个人的头发根数一样多。这种证明方法不仅高明，而且避免了具体计数的错误和时间消耗。这个例子生动地展示了纯存在性证明的原理，同时也展示了数学逻辑推理的强大之处以及数学的魅力。数学的抽象性和逻辑推理的能力使我们能够发现和证明各种事物的存在，即使我们没有直接观察到它们。

抽屉原理在大学数学教学中起到了重要的作用，它揭示了数学抽象的本质和模式化特征。通过教授抽屉原理，学生们能够理解数学中的抽象概念，并学会运用逻辑推理方法解决各种问题。这不仅有助于培养学生的数学思维能力，还能增强他们对数学的兴趣和理解。抽屉原理的运用不仅是数学教学中的一种工具，更是展示数学美妙之处的一个窗口。

2. 数学的抽象性文化意义

数学的抽象高于其他学科的抽象。在数学中，不仅概念是抽象的，而且方法、手段、结论也是抽象的。数学的这种抽象性导致它应用的广泛性。所以，抽象的观点是数学中一个基本的观点。下面以哥尼斯堡七桥问题为例，来分析抽象的观点：

哥尼斯堡是欧洲一个美丽的城市，有一条河流经该市，河中有两个小岛，岛与两岸间、岛与岛间共有七座桥相连。人们晚饭后沿河散步时，常常走过小桥来到岛上或到对岸。一天，有人想出一种游戏来，他提议不重复地走过这七座桥，看看谁能先找到一条路线。这引起了许多人的兴趣，但经过多次尝试，没有一个人能够做到。不是少走了一座桥，就是重复走了一座桥。多次尝试失败后，有人写信求教于当时的大数学家欧拉。欧拉思考后，首先把岛和岸都抽象成点，把桥抽象成线，然后欧拉把哥尼斯堡七桥问题抽象成“一笔画问题”：笔尖不离开纸面，一笔画出给定图形，不允许重复任何一条线，这简称为“一笔画”。需要解决的问题是：找到一个图形可以一笔画的充分必要条件，并且对可以一笔画的图形给出一笔画的方法。

欧拉把图形上的点分成两类：注意到每个点都是若干条线的端点，如果以某点为端点的线有偶数条，就称此点为偶节点；如果以某点为端点的线有奇数条，就称此点为奇节点。要想不重复地一笔画出某图形，那么除去起始点和终止点两个点外，其余每个点，如果画进去一条线，就一定要画出来一条线，从而都必须是偶节点。于是图形可以一笔画的必要条件是图形中的奇节点不多于两个。反之也成立：如果图形中的奇节点不多于两个，就一定能完成一笔画。当图形中有两个奇节点时，则从任何一个点起始都可以完成一笔画（不会出现图形中只有一个奇节点的情况，因为每条线都有两个端点）。这样，欧拉就得出了图形可以一笔画的充分必要条件：图形中的奇节点不多于两个。从这个例子中可见，我们深刻地感受到数学抽象性的强大威力，它也开创了拓扑学的先河。

二、数学教学及其意义

从教学一词的语义上分析，数学教学是数学活动的教学，在这个活动中，使学生掌握一定的数学知识，习得一定的数学技能，经历数学的活动过程，感受数学的思想方法，发展良好的思维能力，获得积极的情感体验，形成良好的思想品质。

人们对数学教学的认识是不断发展和深入的，有些认识更加符合数学教学的规律，如强调师生双边活动、强调师生在数学教学活动中共同发展、强调数学教学不仅是知识的教学还应该提高学生对数学及其价值的认识、关注情感因素在数学教学活动中的作用、全面认识教师在数学教学活动中的角色等。

对于数学教学而言，既可以说它是思维活动的过程，又可以说它是结果。当代社会教育的目标是培养人才，越来越重视人才的思维能力、动手能力，也就是越来越注重教学的过程，注重学生能力的培养，尤其是思维方面的能力培养，但是目前的教材篇幅有限，教材当中展示的数学结论较多，对于数学结论的形成过程以及结论当中蕴含的思想方法显示得较少。为了培养学生的数学思维能力，让学生更好地掌握数学学习方法，教师应该认真、科学、合理地设计教学过程，在过程中为学生展示数学思维，只有这样，才能让学生更好地理解和掌握数学思想和方法，并深入理解方法是如何产生、发展和应用的，才能让学生全面掌握思想方法的本质与特征。

（一）数学教学的现状与特点分析

1. 数学教学的现状分析

（1）教学手段无法激发学生的兴趣。在数学教育中，一些教师的落后教育观念和乏味的教学方法不能激发学生的学习兴趣，使学生在数学学习过程中感到无聊，甚至有些学生由于数学课堂教学效果不佳而选择不听课，这就不可能实现高质量的数学教学效果，也会阻碍大学生的学习进步。一些数学教师没有完全理解新课程改革的要求。他们单方面认为，只要他们使用多媒体教育或允许学生在教室里分组学习，就做到了课程改革。实际上，这种想法是不对的，学生并没有完全投入到数学的学习中。

（2）注重成绩，而忽视学生的主体性。受应试教育的影响，一些数学教师更关注学生的数学成绩，并认为只要学生的成绩好，教学就是成功的。在教学的过程中没有充分尊重学生的意见，学生是在被动地学习数学，无法发挥出自身的主观能动性，使学生的创新意识和学习灵感无法发挥出来。此外，部分父母认为，只有好成绩才是数学教师教学质量好的证明，因此许多数学教师会尽最大努力去让学生取得好的成绩，从而得到学生家长的支持。

（3）学生不能掌握学习技巧。许多大学生对数学有误解，认为通过背诵记忆可以提高他们的成绩。其实这样的效果是完全相反的，如果他们在没有掌握正确的学习策略前提下，只是单纯地通过机械记忆去做题，就无法获得解决数学问题的能力。这也会导致学习效率低下、学习成绩难以提升。因此，那些想要在考试前才去学习以获得理想结果的大学生往往会失败。数学知识是结构化的和抽象的，学生只有真正具备了数学思维，才能灵活地运用自己所学的知识去解决数学题。

2. 数学教学的基本特点

（1）突出知识性目标。首先，在教学过程中可以对目标进行具体的细化。为了彻底贯彻落实教学目标，教育部门明文规定了目标的具体含义，对目标做出了详细的阐述，教师可以按照阐述和要求具体实施细化了的目标。其次，目标细致到每一章节、每一单元、每一节课。我国采取了非常有力的措施，保证教学目标能够具体落实，严格要求教师按照每节课、每单元、每一章节的具体要求设计教学内容，并且为教师提供了可以操作的教学步骤，教师需要按照教学步骤按部就班地进行。我国落实教学目标的方法和布鲁姆目标教学形式有一定的联系，甚至可以说布鲁姆目标教学形式为我国教学目标的落实提供了理论支撑。教学目标的落实还包括习题，习题是有层次的，例如模仿性练习题、选择运用形式练习题、组合性练习题、干扰模仿性练习题以及综合运用形式的练习题等，这些练习题能够保证教学目标彻底落实。教学目标主要包含教学知识、学习技能，检测教学效果的形式是考试，考试虽然能体现出能力，但是只是辅助性的，可以说目标的细化很大程度上还是属于应试范围。

（2）注重新知识的深入理解。首先，新的知识内容建立之后必须进行巩固和深层次的分析理解。换言之，学习了新知识之后，必须加以巩固，进行深层次的分析理解，这样才能真正掌握新知识。分析方法有两种：一是深入分析概念中的每一个字、每一个关键词，强调每一个词的意义阐释；二是通过辨析题或变式题的方式理解新知识，分析新知识的要义，建立新知识和旧知识之间的联系，利用辨析加深理解。其次，必须加强新知识和现实之间的联系。一般情况下从认知水平的角度来看，从实践中获得的新知识可能会比从旧知识中获得的新知识的认知程度要更深刻，因为实际现实中的知识更加真实、多变、复杂，这都能促进认知能力的提升。当前，有越来越多的大学教师在教学中注重数学知识和实际生活的联系，引导学生通过利用数学知识去解决实际生活问题，发挥数学知识的具体作用。课后，西方的数学课本中有很多和实际生活相关联的作业，这些作业需要联系实际生活展开设计，一般没有特别高的难度，但是可以培养学生的综合能力。

（3）由“旧知”引出“新知”。首先，通过“旧知”引入“新知”是目前我国数学教学中使用的主要方法。很多新知识的学习都是以旧知识为桥梁的，这种方式符合人的认知规律，也符合现代认知理论和建构主义思想，通过“旧知”引入“新知”的过程中，教师会提出很多关于旧知识的问题，并且逐渐联系到新知识内容，使新知识逐渐显露出来，实现从旧知识到新知识的过渡。利用“旧知”引出“新知”主要有两种教学形态：一种是学生从旧知识中感受到新知识，并且自主地想要学习和认识新知识，而后经历知识的认识学习过程，这就是理想的教学形态；另一种是不注重旧知识到新知识的转化过程，直接告诉学生新知识，让学生会用，这会导致学生自主学习性的丧失，学生就只是知识的灌输容器，这种教学形态是非常不可取的。其次，注重利用实际问题学习新知识。这种教学方法从实际问题引入新知识的学习，从根本上来说是由已知引出未知，这里的已知既包括已经学过的知识，也包括实际生活中的情境、材料、经验以及元认知感悟，这种方法拓宽了数学知识的引入来源，不仅可以从数学知识内部引入新知识，还可以从外部引入新知识，这使新知识和旧知识、实际经验之间的联系更加密切，学生更容易建立二者之间的联系，所以要注重利用实际问题来学习新知识。

（4）强化巩固、训练与记忆。首先，中国数学教学注重巩固与练习。中国数学书在每一节数学课后面都会附带练习题，每一个单元后面也会有单元练习题，每一个章节会有章节复习题，而且课后还有作业，在学习完之后还会有阶段考、学期考。中国对考试的重视其实就是对学生基本功的重视，强调巩固练习的重要性，这种练习有其正确的一面，但是一定要适度，如果把握不好度，就很容易造成练习过度，学习会适得其反。其次，中国数学强调记忆。在数学学习过程中，经常用到各种各样的记忆方法，如意义记忆法、图表记忆法、口角记忆法、联想记忆法、对比记忆方法等。从本质上来讲，很多记忆方法都属于意义记忆方法的分支，记忆方法能够帮助学生更好地掌握数学知识，但是也需要适度，否则就会变成死记硬背、生硬模仿，会让数学思维变得僵化，不利于学生真正掌握数学知识。

（5）重视解题和关注方法。首先，传统数学教学非常重视习题的解答过程，可以说重视解题过程已经成为传统数学教学的一个主要特点。学生在解题中需要依靠定理和概念，所以说解题过程是复习概念和定义的过程，注重解题练习其实强调的是学生对基本知识、基本方法的掌握，能帮助学生打好基础。传统数学教学还非常重视多种解题思路的思考，注重使用多种方法解答习题，注重利用一种方法解答很多习题，对解题思路的研究和追求有利于培养学生的学习思维。其次，现代数学教学强调数学课本外非常规问题的解决。现代数学教学强调的是应用数学知识解决生活问题，建立数学和其他学科知识之间的关联，联系生活实践的案例教学，来展示如何运用数学解决实际生活问题，可以说现代数学教学的问题设计更倾向于数学知识的应用，倾向于让学生自主收集信息、选择信息、处理信息，最后得出数学结论。对数学外部非常规问题的解决能够帮助学生形成大观念、大方法，培养学生的研究精神，让学生掌握一般的科学方法。对比传统数学教学和现代数学教学，我们发现传统数学教学的解题思路更倾向于具体技巧的应用，属于小方法。未来数学发展应不仅要注重解题思路，更要注重知识的实际应用，要实现小方法向大方法的教学转变。

（二）数学教学价值与意义

1. 数学教学的价值

（1）有利于学生思维能力的培养。数学作为人们发现问题和解决问题的思想工具，是按照逻辑演绎严格表述的，具有高度的抽象性、严密的逻辑性、结论的可靠性和应用的广泛性，在形成人类的理性思维方面起着核心作用，是能够培养人的正确思维的，而这主要是需要依靠在数学教学的过程中来实现。数学能为学生提供丰富的思维素材，同时也为学生提供了广阔的思维空间，所以人们经常说数学是思维的体操。通过数学教学对学生进行这种思维操练，确实能够增强学生的思维本领，发展学生的科学抽象、逻辑推理和辩证思维能力。

对高校学生而言，大学数学教学对于他们的成长有着重要的作用。首先，由于数学教学中传授的逻辑思维乃至于一般的数学思维方式可以促进他们思维能力的提高，对他们思考和研究各种问题有着不可替代的作用。其次，在当今，随着数学与信息技术的结合，产生了数学技术，使得数学及其应用不同于以往，有了巨大的进展，对社会发展起着极大的推动作用；在实现中华民族伟大复兴中国梦的进程中，对数学的需求与日俱增，使得高校学生对数学教学尤为需要。因此，在大学数学教学中，教师应积极培养学生的思维能力，让学生在接受数学教学的过程中，学会思考，善于思考，而且不断养成自主学习的能力。数学教师在教学过程中还应有意识地培养学生的创新思维能力，引导学生通过举一反三的模式，不断钻研，让创新思维跟随整个学习生涯，并使之成为自己的思维习惯。这样，不但能提升学生的数学素养，对其今后的发展也有很大的帮助。

（2）为学生深度发展提供数学经验。数学教学不是全民教育，是进一步提高文化科学素质的数学教育。但是，数学教学仍然属于基础教育，所以数学教学具有基础性。经过数学教学，学生可以获得更高的数学素养，以适应现代生活。在数学学习中，比运算更重要的是思维方式。大学教学是通过对学生思维模式的锻炼，从根源改变学生的学习成绩。学生通过课堂学习，不仅能掌握大量的数学知识，还能建立空间、象限、函数、公式算法、运算法则等重要的思维方式，提高学生的逻辑思维、形象思维能力。与此同时，高校学生在遇到数学难题时，能根据以往课本中所学的知识，积极去思考问题、解决问题。若遇到高难度且复杂情境化的数学难题，能通过多人合作、互帮互助的方式解决难题，激发学生的思维潜能，培养其创新精神，进而提高学生辩证唯物主义的认知能力。

此外，数学教学中经常会出现团体合作项目，前后桌之间讨论交流不仅有助于学生思维扩散，及早解决问题，还可以提高学生的交流能力。教学课程中涉及类目众多，如正弦定理、三角函数、集合语言、概率计算等，这些都需要学生运用教师所说的思维逻辑思考、交流、探讨。数学学习是扎根式的学习模式，它是学生今后进行科学钻研和升学深造的基础，无论今后学生选择怎样的专业，都离不开数学的影子，因此，数学教学还扮演着承上启下的角色，对学生今后的学习和生活都会产生深远的影响。

（3）对育人作用的发挥有重要价值。然而，面对高考的重担，很多时候数学教学会变成应试教育的一个工具，无论是教师还是学生，都转变成应试教育下的填鸭式学习，着重将精力放在数学教育相关知识点、考点、重难点精讲方面。因此，数学教师在课程教育中，应重视德育教学成果，除了基础的专业知识外，还应该将素质教育融入日常的教学中，让学生除了掌握课本知识以外，还能够融会贯通多项生活技能。例如，教师透过专业知识，侧面反映现实世界，做到真正的以德育人，以德服人。

对于高校学生来讲，数学本身就是众多学科中最枯燥、晦涩难懂的一门学科。数学教学要想生动，必须从德育教学入手，将教学融入生活元素，例如一个抽象的比喻、一个智慧的幽默等折射出来的真理中蕴藏着数学逻辑思维。数学文化与人文历史本身就有相关的联系，实践证明，学生也喜欢教师这样的授课方式，这样也更能让学生融入课堂的情境教学中，还能升华师生感情。

2. 数学教学的意义

（1）加强数学教学是时代要求。我们生活在一个信息高速发展的互联网时代，信息化教学已经成为高科技钻研项目的核心技术。当下的生活汇总，无论是方案制定、设计修正，还是具体到施工操作，都处处依赖于数学技术。因此，强化数学教学已经是大势所趋。

（2）加强数学教学是学科自身要求。加强数学教学是学科自身要求主要涉及的方面：

严谨逻辑性。数学教学不同于物理学科或者其他可以用实验去佐证的学科。数学的本质是推理，它的最终结果需要一整套严谨科学的推理，证明这个结论是正确的。因此，数学教学中会应用到很多公式，创设契合学情的定理、公式的生成情境，即根据授课对象——学生的学情特点而创设的一个再创造过程。这些公式可以在数学公理中直接应用，套用公式将一些看似不相干的命题联系在一起。这里所说的命题，是可供判断的陈述句，如果也用陈述句表述计算结果，那么，数学的所有结论都是命题。所谓有逻辑的推理，是指所要判断的命题之间具有某种传递性，用逻辑的方法判断为正确并作为推理的根据的真命题这就是定理。数学逻辑思维能力是一种严密的理性思维能力。数学逻辑思维能力指正确合理地进行思考，即对事物进行观察、类比、归纳、演绎、分析、综合、抽象和系统化等思维方法，运用正确的推理方法、推理格式、准确而有条理地表述自己思维过程的严密理性活动。因此，培养学生的逻辑思维能力是数学教学的目的之一。

高度抽象性。数学内容是严谨的、现实的，仅仅是从客观逻辑数量关系和空间形式中反映一些现实问题，舍弃外界一切不相干的介质，这就是数学的抽象特点。数学学科是建立在抽象的基础上，通过数学文化、语言、符号的加深，让其不断地升华，这是任何学科都无法比拟的。此外，数学家对一些数学难题的探索，给数学的交流、提升带来了很大的转变，让数学的抽象性逐渐地多元化，这也是数学区别于其他学科的一个特点。由此可见，数学教学中，对学生抽象思维的培养至关重要。

应用广泛性。现代社会，小到日常生活，大到科学研究，都离不开数学学科的支持。尤其是现代信息技术的发展，数学学科的应用越来越广泛。不仅如此，数学与其他学科之间也有千丝万缕的联系，例如每门学科的定性研究都会转化为定量研究，数学学科正好可以解决量的问题。数学是最基本的学科，也是最有科学哲理的学科。不论是自然科学如物理化学，还是社科类，一切问题都要回归数学，用数学的方法严密论证和推理，然后实践检验。因此，数学在高等教育中已经和英语、语文并列为三大重要的基础学科，数学学好了，对学习物理、化学、生物等方面都有很好的帮助。数学应用的广泛性也是数学最显著的特点之一，主要包括两个方面：第一，在生产、日常生活和社会生活中，我们几乎每时每刻地运用着最普通的数学概念和结论；第二，全部现代科技的发展都离不开数学，因此数学应用的广泛性是必不可少的。

内涵辩证性。数学的研究对象是现实世界的空间形式和数量关系，而现实世界以其自身的规律在运动、变化和发展，因此作为反映这种规律的空间形式和数量关系的数学，处处充满着唯物辩证法。例如数学课本中存在的常量和变量、概率中的随机与必然、象限中的有限和无限等，它们是互相存在的前提，缺一不可，而且在特别环境下，还可以进行互相转化。数学教学中也处处隐含辩证方法，如证明“直与曲”就运用了辩证法。不仅是解答数学题需要辩证法，数学的发展也离不开辩证法。在数学的发展史上，有很多的例子可以说明，数学离不开辩证法，例如数学问题是数学发展的主要根源。数学家们为了解答这些问题，要花费较大力气和时间，难免会用到辩证法，因此，数学教学中对学生辩证唯物主义教育必不可少。

（三）数学教学的效率与措施

1. 数学教学的效率

数学教师要注重在教学过程中有针对性地帮助学生学习，要了解学生的学习情况，并且展开整体的教学研究，只有这样才能提高自己的教学能力。

（1）数学教学效率低的原因有以下两方面：

第一，学生学习数学信心不足。在最开始参加数学竞赛活动时，很多学生都有积极性，但是数学知识的理解并不是特别简单，会有一定的难度，这就使得学生在数学学习中遇到了很多困难，很多学生在没有体会到知识的趣味时就已经放弃了数学的学习，或者对数学的学习兴趣已经不高了。这说明大多数学生在遇到数学挑战和障碍时，无法积极地挑战、探索，而是选择了回避，这种心理很难获得好的学习效果，也无法和其他学科建立内在的关联。从教学实践来看，学生更喜欢了解和学习与生活实际有关联的数学知识，传统的练习题已经无法激起学生更大的学习兴趣了，一味地进行理论探究无法维持学生的学习热情，长久下去，学生将不愿意投入精力展开理论研究。长时间的理论研究会使学生处于被动状态，学生对学习重点和难点的关注力会有所下降，很难更好地掌握核心知识，也无法继续提高解决问题的能力，学科思维能力的培养更是难上加难。所以总体而言，纯粹的理论探究很难让学生获得更多的数学技巧，也很难提高学生的数学成绩。

第二，教师教学方法不当。除了学生原因，数学教学活动效率的难易提升还和教师有关，数学学科有非常复杂、庞大的内容体系，而且很多知识相对难以理解。如果教师在教学活动策划中不能找准教学活动的方向，不能明确教学活动的目标，不能做足教学活动的资料准备，那么就会导致教学活动的环节不合理、不科学，会导致教学内容没有强有力的理论支持，这自然不能吸引学生加入问题讨论，最终导致了教学效率低下。当前我国社会正在进行教育改革，传统的数学教学方式也在发生变化，教学理念趋于向更合理的方向发展。但是教师对理念的应用还没有达到理想水平，在具体的应用过程中存在以下问题：教师忽略了学生的主体性，仍然将自己作为教学主体，将学生视为知识的接受者，学生始终处于被动的学习状态；除此之外，教师的教学活动缺少实践方面的内容，教师对学生的教导更多地以教师的指导和训斥为主，不重视学生的问题，没有针对学生进行个性的潜能激发，这导致无法激发学生的思维能力；学生和教师之间的沟通不密切，教师更多的是追求实现标准的教学，忽视了学生的个性发展，学生无法通过课堂的学习实现所有知识的内化吸收。以上的这些因素导致了整体的数学教学效率无法快速提升。

（2）提升数学教学效率的途径具体如下：

第一，凸显学生课堂主体地位，创新教学方式。数学教学活动的开展必须注重学生的学习主体性，所有的教学计划和教学内容都要围绕学生进行，要突出学生的主体位置，教师必须避免以前教学中的灌输式学习方法，教师要改变自己的教学理念，摆脱以往教学理念的束缚，将知识和具体的案例相结合，通过案例的演示，引导学生进行知识的总结，开拓学生的思维，让学生自主探究知识规律，学生对知识的自主探究和分析有利于学生真正掌握知识的本质。例如，在学习数学函数知识时，传统的教学中，教师会先给出函数的具体定义，然后分析定义中具体词汇的含义和定义的特点，之后研究函数的定义域，然后研究函数的图像，分析不同函数的不同特征，最后通过练习题帮助学生进行知识的巩固，以上是传统数学教学过程，但是这样的教学过程只是为了完成双基目标，只是让学生认识并了解存在的知识内容，并且让学生学会运用知识。在教学改革之后，教学理念注重教师的引导作用，教师的教学应该以学生学科素养的培养为主要任务，教师应该尝试教学方法、教学理念的创新，引导学生自主探索知识，形成数学能力。又如函数的学习，新的教学形式要求教师要先引领学生观察分析函数的特征，然后根据特征总结函数定义，然后引导学生界定不同函数的定义域，以此让学生了解和把握函数知识，最后再指导学生将知识应用到练习题中。除了理念创新之外，教师还应该创新教学方式、教学手段，教师可以使用类比的方式让学生学习新知识，如果学生遇到了解不开的难题，教师可以帮助学生寻找相似的题目，让学生调动以往学过的旧知识和经验、分析新问题，进而解答新问题。

第二，层次分明，能突出重点、化解难点。教学活动有自己的教学核心目标，数学学科的教学活动也一样，在开展数学教学活动之前，教师需要指明这一阶段的学习目标、学习重点、学习核心，并且将重点内容写在黑板上，让学生明确了解，给予足够的重视，教师应该在做好这个前提之后再进行知识的细致讲解，这样做能够帮助学生快速进入学习状态，在学习状态中有明确的学习方向。除此之外，教师还可以通过幽默的语言、生动的动作或者辅助教学用具吸引学生的注意力，让学生全身心地投入教学活动，让学生在自己对知识的驱动下学习新知识、接受新知识、吸收新知识，构建自己的知识体系。

第三，加强学法指导，培养良好学习习惯。在数学教学活动过程中，学习任务的完成必须有计划性，教师也必须让学生意识到计划的重要，学生可以根据自己的情况设置具体的目标，并且规定时间，在规定的时间内完成相应的学习任务，目标的存在能够帮助学生克服障碍，获得目标计划内的知识。学习计划的内容应该符合学生的个人情况，也就是要有针对性，然后目标还要可以操作，可以实现，目标的设置分长期目标和短期目标，学生要严格执行自己的目标计划，在学习的过程中不断地磨炼自己的意志。提前预习能够帮助学生更好地进入学习状态，也能够加深学生对知识的理解，而且课前预习可以培养学生的自主学习能力，学生可以在自主学习的过程中发现学科兴趣，在学习活动中也能够投入更多的热情和精力，但是预习需要达到标准，要在教师正式讲课之前掌握基础知识，掌握的重点和难点内容，而且要在正式的学习中，解决自己预习中遗留的疑问。

第四，学习与思考相结合，启发引导学生。学习和思考是相辅相成互相依存的，如果学生只学习不思考，那么很难很好地运用知识；如果学生只思考不学习，那么学生的思维发展将是不坚实、不牢固的。所以，如果想要学好数学，就必须要同时进行思考和学习，只有将二者进行结合，才能深入挖掘知识的本质。学生学习能力和思考能力需要教师的引导和激发，教师要帮助学生调动思维能力，自主整理学科相关知识点，并且建立知识点的内在联系，如果学生没有进行思考，那么将很难找到学科之间存在的内在联系，就无法形成数学知识体系，无法解决生活实际中的具体问题，所以数学教学活动开展的过程中，教师应该注重培养学生的思考能力，让学生在学习知识的同时，寻找适合自己的学习方式。

除此之外，复习也是非常重要的提高学习效率的方式，在课堂的系统学习之后，学生应该进行复习，加深对知识的理解，强化自己对课文中概念和定义的记忆，并且和以往学过的旧知识之间建立知识关联，丰富自己的知识体系，而且可以通过记录的方式写下学习心得。课后练习题的部分也能够提高学生的思考能力，作业要求学生独立完成，运用自己的分析能力和解决问题的能力，完成课后作业。课后作业的完成过程能够培养学生的意志，也能够让学生将理论知识应用到具体的实践中，提高学生的知识运用能力。

总体而言，数学教学活动过程中，学生可以通过预习、复习和练习的过程对知识进行整体的总结概括，建立新旧知识的链接，从实际应用的角度来看，学生只有在系统地掌握知识之后，才能更好地应用、理解知识，所以，教师还要不断地提高自己的实践能力。

2. 数学教学的措施

数学教育应该立足于学生的发展，注重基础，注重学生的成长，确保所有学生都能掌握所学的数学知识。随着社会的进步和对教育方法的理解加深，教育追求的是可以促进学生全面发展的以人为本的素质教育。

（1）转换教学中教师的角色。在教育中，教师必须首先改变角色并确定新的教育身份。教师应作为学生学习活动的指导人员，应该时刻记住他们的责任是教育，所有学生都有学习的潜能，并且能够很好地学习。在教学过程中，教师应该具有包容性，要运用合适的教学方法引导学生们积极地学习。教学内容不仅应包括掌握知识，还应该包括教给学生如何思考，以及在面对问题时应该如何采取行动。在教学实践中应该向学生们展示思考数学问题的全过程，鼓励学生提出问题，并拥有自己的独特思想。

在学习活动中，作为组织者，教师应该平等对待每个学生，合理地引导学生，以激发他们对学习的积极性，让学生学会表达意见、提出看法，并为学生提供合作与交流的空间。在学习过程中，协作和交流的空间和时间能够大大提高学生对所学知识的吸收效率。在教育方面，学习过程不仅是一个转移知识的过程，还是一个不断提出问题、解决问题的过程。同时，教师应提供足够的时间供学生独立学习，教师在学生学习活动中也是一个良好的合作伙伴。教学实际上是一个教学和学习互动的过程，在此过程中，教师和学生可以交流思想并相互探索。教师不是一个管教者，应与学生之间建立彼此平等的关系，营造良好的师生互动氛围，对于学生增加知识、积累思维经验至关重要。

（2）培养学生自主学习能力。教育是在“教学”和“学习”之间传递知识的互动过程。在课程中，教师必须创造一个和谐的教育环境，通过教学方法和教学策略，并设计有趣的教学内容来让学生学到知识。在尽可能的学习范围内，充分启发学生的学习思维，按照循序渐进的原则让学生获得信息和知识，获得学习的能力。根据学生的能力，有效地动员各级学生积极参加教育活动。学生的积极性会大大激发其学习热情，使其拥有强大的学习内部动机，可以产生有效的学习行为。在课程中，教师应确保学生有足够的时间积极观察、猜测、确认、推理、讨论、与同学交流，教师还应该积极鼓励学生提出问题，并积极探索问题的解决方法，勇于表达自己的看法。这些活动可以让学生创新思维能力得到充分的发展。作为教师，还需要在教学方法上保持灵活性，并能够处理课堂上出现的情况。在教育中，还必须注意动机的指导作用，增强学生的学习潜能，让他们能从学习中获得成就感，爱上学习，从而才能取得理想的教学效果。

教师需要发展学生的自学能力，这也是素质教育的一个要求。为了培养学生在数学教育中的自主学习能力，让学生们可以积极主动地学习数学，有必要开展多种教育活动，使学生有勇气进行实践。在新的数学课程标准中，学生们应该享受学习数学，这也应该是一个充满活力和个性化的过程。教师应在运用教科书的基础上，营造出一种积极的教学氛围，让学生可以积极、自觉地参与其中，让学生可以最高效地吸收数学知识，在讨论交流中培养学生的团结合作能力、竞争精神等优秀品质。

（3）科学有效地布置作业。在当前的公开课中，尤其是受众更多的公开课，几乎都是集体组织的，公开课反映的是小组准备水平，而班主任在教学方面的教学设计水平并没有主要体现出来。数学系研究小组和班级准备小组的公开课应该规范化。数学教师在听课时，应该付出较多的时间，至少听两个不同教师同一个学习主题的课。

教师必须科学有效地为学生布置课堂练习和家庭作业。长期以来，大家对于课堂教学的设计更加重视，常常忽略了数学家庭作业的布置，如果是在没有课后作业支持的情况下，教师的教育往往是失败的。深入研究课外作业应该如何布置，对数学教学来说非常重要。通过鼓励学生努力学习和认真思考，可以训练学生的数学思维能力并发展他们的数学能力。

在采用新课程概念后，应该充分提高学生们的学习效率。因为课堂的时间是有限的，教师可以通过丰富教学方式来提高学生对于所学知识的掌握速度。教师需要更多思考，对学生负责，在课堂上调动学生的积极性，与学生形成良好的互动，只有这样，学生的数学学习才能提高到一个新的水平。

第二节　数学文化与数学素质教育

在数学文化的基本观念中，数学被赋予了广泛的意义。数学不仅是一种科学语言，一门知识体系，而且还是一种思想方法、一种具有审美特征的艺术。在此基础上，数学素质的含义应予以新的阐述，数学素质的本质是数学文化观念、知识、能力、心理的整合，而实现数学素质教育目标的关键在于充分体现数学文化的本质，把数学文化理念贯穿到数学教育的全过程中。

一、数学素质认知

素质是与文化密切相关的概念。根据教育学理论对素质的理解，它强调了人的主体性品质，即在个体的先天素质（也就是遗传素质）的基础上，通过教育和社会实践的发展而形成的智慧、道德和审美等品质的系统整合。因此，素质的实质在于各种品质的综合。

数学素质是个体在数学文化各个层面上的整体素养。它包括了多个方面的数学品质，如数学的观念、知识、技能、能力、思维和方法，以及对数学的眼光、态度和精神。数学素质还涵盖了数学的交流、数学的思维、数学的判断、数学的评价和数学的鉴赏等能力，以及对数学化的价值取向、数学的认知领域与非认知领域、数学的理解、数学的悟性和数学的应用等方面。

（一）数学的知识系统

在当今教育越来越注重能力和素质的背景下，存在一种错误的观念，似乎知识不再重要。然而，从数学素质的角度来看，知识是最基本的组成部分。知识与能力、知识与素质并不对立，而是相辅相成的。对于数学知识而言，最重要的是了解知识是如何在学习者的认知结构中构建起来的。不同的知识构建方式决定了知识在认知结构中的功能和作用。优化的知识结构具有良好的素质承载功能和大容量的知识单元功能。只有经过优化和活化的知识才能发挥作用。因此，不仅需要阐述知识本身的特点，还需要说明为什么知识如此重要。不仅要揭示知识的最终结果，还要展示知识的生成过程，使得知识以一种动态、相互联系、发展、辩证和整体的方式组合在一起。而这些特征应成为构建数学素质要素的基本前提。

（二）数学的思想观念系统

独立思考、勇于质疑、敢于创新是数学思维的核心品质。数学思维超越了机械记忆和重复应用公式的程式化学习，它要求学习者具备独立思考的能力。数学的世界充满了未知和挑战，只有通过深入思考和不断质疑，我们才能真正理解其中的原理和内涵。在解决问题的过程中，我们需要敢于质疑传统的假设和观点，并寻找创新的方法和思路。

形成数学化的思维方式，运用数学的立场、观点和方法来分析和解决问题。数学化的思维方式是一种抽象思维的能力，它能够将问题转化为数学模型，并运用数学的理论和方法来分析和解决。通过数学化的思维方式，可以更加清晰地把握问题的本质，发现问题之间的关联和规律，并采用系统性的方法来解决复杂的问题。

树立理性主义的世界观、认识论和方法论，追求客观、实事求是、科学的态度。数学思维强调理性主义的观念，即以理性和逻辑为基础进行思考和判断。应当摒弃主观偏见和情感干扰，以客观、实事求是的态度去研究和探索数学问题。同时，科学的态度也要求我们对待数学问题时保持怀疑和追求真理的精神，不断进行实证和验证，确保我们的推理和结论是可靠和可信的。

了解数学的重要性和作用，同时认识到数学在现代社会的局限性和不足。数学作为一门基础学科，不仅在科学研究中起着重要的作用，还广泛应用于经济、工程、医学等领域。数学能够帮助我们理解自然界的规律，推动科技的发展，解决现实生活中的问题。然而，也要认识到数学的局限性，数学模型和理论只是对现实世界的简化和抽象，不能完全涵盖复杂的现实情况，因此在实际应用中需要结合其他学科和方法。

数学思维与其他科学方法之间存在着密切的联系和互动，因此要注重数学方法与其他科学方法的协调和互补。数学方法的精确性和逻辑性使其成为其他科学研究的重要工具，而其他科学领域的发展也为数学提供了丰富的应用场景和实际问题。因此，应当注重数学方法与其他科学方法之间的协调和互补，通过相互交流和融合，共同推动科学的进步和创新。

对数学的真、善、美观念及其价值进行客观、正确、良好的感悟、判断和评价。数学不仅具有实用性，还蕴含着独特的美感和哲学意义。应当客观地认识和感悟数学的真实性、善良性和美好性。真是指数学的逻辑严密性和准确性，善是指数学的应用价值和社会效益，美是指数学的优美性和创造性。我们需要正确评价数学的各个方面，并在学习和研究中不断追求数学的真、善、美，将其应用于实际生活和社会发展中，为人类进步作出贡献。

（三）数学的能力系统

数学能力的发展过程是一个复杂的心理预演过程，涉及认知和情感因素。数学能力的本质通过多种思维形式得以反映，具有丰富的内容。数学创造力是数学能力的核心，对数学素质教育具有重要意义。数学创造力不仅限于科学创新和发现，还包括数学教育过程中的创造力。它表现为广泛的认识态度和方式，包括数学感觉、观察、悟性、意识、知识学习、问题解决、思维、交流和应用等不同数学活动。在数学教育中，个体的数学认知活动是人类数学文化进程的再现，其中独特的心理基质是创造力的起点。在中小学数学教育中，创造力的突出特征是再创造，对每个个体而言，再创造具有无可比拟的教育意义。

二、重视数学文化与数学素质的必要性

现代化建设需要具备现代化数学素质结构的数学人才。随着科技和工业的飞速发展，数学在现代社会中的作用日益重要。为了适应这一趋势，数学教育应该超越传统的框架，赋予数学更广泛的意义，并发挥其科学教育功能。

数学教育不仅仅是传授基本的计算和公式，更应该体现数学的科学教育价值。通过数学学习，学生应该培养现代化建设所需的科学思想和科学观念。数学作为一门科学，具有推理和逻辑的特点，通过数学教育可以培养学生的逻辑思维和问题解决能力。

数学不仅仅是一种工具，它也是人类文化创造的本质之一。数学教育应该突破外在形式，展示数学的自然真理性、社会真理性和人性特征。数学的发展和应用与社会、文化密切相关，通过数学教育，学生可以更好地理解数学与社会的联系，进而促进文化融合与交流，推动知识素质的现代化。

数学课程应该具有丰富的文化内涵，为教学方法改革提供机遇与挑战。教师可以通过创新的教学方法和多样化的教学资源，激发学生对数学的兴趣和探索欲望。同时，学生数学文化经验的积累和总结也是重要的，包括观察、实验、发现和意识的过程。这些过程不仅有助于学生理解数学的概念和原理，还能培养他们的创造力和批判性思维。

数学素质是现代社会人必备的素质之一，是完整素质结构的组成部分。数学素质教育是培养数学文化素质的基本手段。通过系统的数学教育，学生可以获得数学思维的基础和方法，提高解决实际问题的能力，并在各个领域展现出卓越的表现。

在实施数学素质教育时，需要考虑实际情况、数学的不同特点、多层次需求和多样化的社会需求等因素。教育者应该根据学生的背景和兴趣，设计适合的数学教育内容和方法；还应该注重培养学生的创新思维和团队合作能力，以适应快速变化的社会环境。

第三节　高等数学美学及教育方式

一、高等数学的美学

结合高等数学的实例，从不同角度阐述数学美在数学意境、数学探索、数学语言、数学内容、数学方法、数学理论等方面的体现，让学生懂得欣赏数学美，在美的熏陶中提高学习数学的兴趣，从而提高数学能力。

（一）高等数学的美学特征

数学美古已有之，早在古希腊时代，毕达哥拉斯学派已经论及数学与美学的关系，毕达哥拉斯本人既是哲学家、数学家，又是音乐理论的始祖，他第一次提出“美是和谐与比例”的观点。

1. 探索的创新美

数学的发展与美的追求密切相关，这是因为数学家在他们的研究中追求美感。数学家在创造新的数学理论和解决问题时，不仅注重结果的正确性和实用性，还追求数学结构的美妙和优雅。他们相信，优秀的数学理论应该具有内在的和谐、对称和简洁，这些特点使得数学成为一门美的艺术。

数学中的美学原则应用广泛，不仅仅在纯粹的数学领域中，而且在许多其他学科和实际应用中也具有重要作用。美学原则帮助数学家选择最优雅和高效的方法来解决问题，同时也指导着他们在数学推理和证明过程中的思考方式。美学对数学的发展具有深远的影响，它推动着新的数学分支的出现，激发着创新和探索的精神。

2. 意境的形象美

在高等数学中，抽象概念对学生来说可能是难以理解的。教师可以，通过创设情境和形象化的方法，帮助学生更好地理解抽象概念。教师可以设计具体的实例和故事，将抽象的数学概念与学生已有的知识和经验联系起来，使其更加直观和有意义。这种情境化和形象化的教学方法可以激发学生的兴趣，并提高他们的学习效果，帮助他们建立牢固的数学基础。

3. 内容的统一美

爱因斯坦一生的梦想就是追求宇宙统一的理论，他用简洁的表达式 $E=mc^2$ 揭示了自然界中质能关系，这不能不说是一件统一的艺术品。人类在不断探索着纷繁复杂的世界，又在不断地用统一的观点认识世界，宇宙没有尽头，数学的统一美①也需要永恒的追求。数学的发展是逐步统一的过程。

4. 语言的简洁美

数学语言的简洁美体现了准确性、有序性、概括性、简单性与条理性。数学是一门严谨而精确的学科，它通过简洁的符号和表达方式传递深刻的数学思想和理论。这种简洁的语言能够准确地描述数学概念和关系，使得复杂的问题变得简单明了。数学语言的有序性使得数学推理和证明成为可能，人们可以通过逻辑和推理方法一步步地揭示数学世界的奥秘。

5. 理论的奇异美

数学中的理论奇异美引发无尽遐想，同时也带来了绝妙境界。在数学领域，人们发现了许多令人惊叹的理论和定理，这些理论和定理以其深奥的内涵和美妙的形式引发了人们的无尽遐想。数学的奇异美在于它揭示了隐藏在现实世界中的数学结构和规律，让人们能够更好地理解和解释周围的世界。通过探索数学的奇异美，人们可以体验到一种超越日常生活的绝妙境界，感受到数学之美带来的深邃思考和内心的满足。

6. 方法的简洁美

解题方法的简洁巧妙是一种理性的美，激发创新灵感。数学解题是一项需要逻辑思维和创造力的过程，而简洁巧妙的解题方法能够体现出数学的理性美。当人们能够用简单而巧妙的方法解决一个看似复杂的数学问题时，不仅能够得到满足感，还能够激发我们的创新灵感。通过解题过程中的思考和发现，可以培养人们的创造性思维和问题解决能力，从而在其他领域中展现出更大的创新潜力。

数学美的追求可以增强学生对数学的兴趣和能力，摆脱苦学，进入乐学之境。很多学生对数学抱有畏惧和厌恶的态度，认为数学是一门枯燥难懂的学科。然而，如果能够以追求数学美为目标，将数学视为一种创造性的活动，

---

① 数学的统一美是指在不同的数学对象或者同一对象的不同组成部分之间存在的内在联系或共同规律。

学生们就能够从中感受到乐趣。通过欣赏数学的美，学生们可以培养对数学的兴趣，摆脱苦学的状态，进入乐学之境。这种乐学的态度能够激发学生的学习动力，提高他们的数学能力，并为他们将来在数学领域取得更大的成就奠定基础。

（二）高等数学教学中美学的渗透方式

早在古希腊时代，毕达哥拉斯学派提出了一个有趣的观点：美不仅存在于艺术中，还贯穿于整个自然界，甚至包括数学。对毕达哥拉斯来说，几何的球体和圆形是最美的图形，而线段的黄金分割则被认为是神赐的比例。这种美感不仅是一种主观的审美感受，更是数学的一部分。当学生从数学中感受到美的存在时，他们的数学思维品质也会得到改善。审美能力培养不仅提高了学生的数学表现，还能最大程度地优化教学效果。因此，教师在教授高等数学知识的同时，应该帮助学生发现数学之美，从而使他们在学习中更加积极主动。这种教学方式将为学生打开一扇通向数学奇迹世界的大门，激发他们对数学的兴趣和热爱。

1. 从教学方法、形式、手段上体现数学美

在课堂上，教师扮演着核心和主导的角色。因此，教师需要采用各种教学方法和手段，运用美的教学方式来吸引学生的兴趣，并将教学美与数学美结合，让高等数学变成学生的乐趣。

（1）教学组织的结构美。教学组织的结构美体现在教师编写的教案中。教案应该准确无误、演算缜密，同时兼具艺术美和激发学生兴趣的能力。在课堂教学要素之间，教师需要有机地结合起来，创造出一种和谐而统一的教学氛围。

（2）教学的语言美。教学的语言美要求教师在课堂上运用简洁而精确的数学语言，巧妙地使用通俗语言进行交替，以及掌握讲课声音的节奏感。这样能够使学生更易于理解，提高他们对数学知识的接受和记忆。

（3）教师的形神美。教师的形神美则要求教师在形象表现上注重穿着得体、举止大方。教师应该展现出清新、聪明和自信的形象，以树立良好的榜样。

（4）教学的手段美。教学的手段美主要体现在板书的运用上。板书应该包括纲目、演算、图示和解释等要素，并注重整体美、简洁美以及重点突出美。通过合理的板书设计，教师能够更好地帮助学生理解数学概念，加深对知识

的记忆。

近年来，多媒体网络教学、电脑软件技术、课件和电子教案逐渐取代了传统的实物模型和投影。这些新的教学工具提供了更多的发挥空间和效果，能够以规范、生动、灵活和美观的方式呈现概念和图示，有利于学生的思考和记忆。

2. 利用解决问题、数学建模等活动使学生体验数学美

微积分作为数学的一个重要分支，其主要原理源自几个著名的数学模型，其中包括极限概念中的“无穷小”模型等。这些模型为我们理解微积分的基本概念和原理提供了重要的支持。

在数学中，存在着许多美学难题，它们通过一种数学审美的角度来审视问题的结构和解决方案的简单性、奇异性、新颖性，以及命题结论的统一性。数学美学强调的是问题中的美感，通过对问题结构的审美观察，我们可以发现其中隐藏的优美结构。数学中的数、式、形具有优美的结构，这种美的结构常常隐藏在各种问题之中。在教学过程中，教师可以通过问题解决和数学建模等活动来挖掘问题中的美，并引导学生从数学审美的角度去发现其中的简单性和秩序性。通过简化和规范问题，学生可能会找到更快的解题路径和具有创造性的解法。

高等数学教师应该努力提高自己的审美能力，并在教学中积极探索数学美育的思想方法。数学美育旨在培养学生的数学审美情趣和能力，推动高校数学教育改革的发展。教师可以通过精心设计的教学活动和案例引导学生去感受数学的美，培养他们对数学的兴趣和热爱，从而提高他们的数学素养和创造力。

二、高等数学教育方式

高等数学是一门具有重要意义的公共基础必修课，其教学质量直接关系到学生综合素质的培养效果。为了培养高度综合素质的创新型人才，我们需要深入探讨科学数学教学的必要性和重要性，同时总结基本数学思想方法和常用的数学思维方法。

在当前科技与社会经济高速发展的背景下，高等数学教育亟需进行改革。这种改革应该以适应国家发展需求为导向，转向素质教育，特别注重培养学生的创新精神和实践能力。传统的数学教学方法已经不能满足当今时代的需

求，我们需要改变教学方式，使其更贴合现实世界，更具有启发性和互动性。

为了推动高等数学教育改革，已经进行了一系列试验和探索。一方面，开设诸如“大学数学”等新型课程，致力于引入更多实际问题和实际应用，以培养学生的问题解决能力和创新思维。另一方面，强调教学建模和数学实验的能力，使学生能够通过实践探究和模拟实验来理解数学原理和应用。这些改革尝试为高等数学教育带来了新的活力和发展方向。

然而，高等数学教育改革是一项复杂的系统工程，面临着广泛的挑战。首先，改革涉及的领域广泛，需要在课程设置、教材编写、教学方法等多个方面进行全面调整。其次，改革涉及的内容庞杂，需要精心设计和实施，以确保改革的有效性和可持续性。此外，改革过程中可能会出现矛盾和问题，需要及时发现和解决，以推动改革的顺利进行。

（一）高等数学中重要概念的基本方法

数学发现的基本方法：观察与实验、比较与分类、归纳与类比、概括与抽象、联想与想象、直觉与顿悟、合情推理与猜想、数学审美。

数学概念下定义的基本方法：描述法、内涵法、外延法、差异法、递归法。

数学推理与证明的基本方法：综合与分析法、完全与数学归纳法、演绎法、反证法、反例法。

构建数学知识常用方法：数学对象的表示方法、等价关系分类法、公理化与结构方法、同构与不变量方法、新元素添加完备化方法。

求解数学问题的基本方法：模式识别法、数学模型法、归化方法、构造方法、极限（迫近）方法、递推（迭代）法、对称方法、对偶方法、不动点方法、解题原则、数形结合方法。

数学应用中常用的数学方法：函数分析法、几何变换法、线性代数分析法、列代数、差分或微分方程求解法、概率统计法、优化决策方法、近似计算与计算机方法。

数学中常考虑的拓广方向或方式：向高维拓广、向问题的纵深拓广、类比、横向拓广、反向拓广、联合拓广、移植方法、从常参量向变参量推广、从线性向非线性拓广、从离散向连续拓广、局部向整体拓广、从特殊空间向一般空间拓广。

（二）高等教育方式存在的问题

高校在选用高等数学教材时往往会存在一些问题，他们过分追求实用性，导致删减了数学原理的论证过程，并增加了大量具体应用问题。这样的做法导致学生只了解到一部分知识，而不了解其背后的原理和推导过程，这违背了教学规律。学习数学应该是全面理解和掌握其原理，而不仅仅是应用问题。

教师的教学方法也存在一些问题。他们的教学方式往往比较僵化、单一，并且缺乏灵活性。他们倾向于采用满堂灌输的方式，过分追求课程的体系完整性，没有明确重点，缺乏与学生的互动交流，导致课堂气氛沉闷，学生失去了兴趣和动力。还有一些教师过分依赖多媒体课件，导致学生过多关注屏幕，减少了师生之间的交流。他们还倾向于加快上课节奏，这使得学生理解困难，难以做好笔记，容易感到疲劳。

另外一个问题是，教师缺乏对中学数学知识的衔接。他们没有意识到中学数学知识的重要性，往往忽略了这一部分内容。这导致学生在高等数学学习中出现知识的断层，无法将中学数学知识与高等数学知识有效地结合起来。缺乏对中学数学知识的巩固和应用，学生的数学基础会受到很大的影响。

（三）高等数学教育方式的具体建议

结合近年的教学实践与体会，针对当前高等数学教学中存在的诸多问题，提出以下建议：

1. 选取灵活多变的教学方法

高等数学作为理工科专业的重要基础课程，在学生刚进入大学时往往被低估其重要性。学生常常质疑高等数学的作用，而如果教师不能解答这个问题，学生可能对学习产生不满。因此，教师在教授专业的高等数学时，有必要了解该专业的背景，并以此为基础，创造一个学生易懂的数学情境。

在教学过程中，教师可以通过案例来启发学生思考，将数学应用到学生的专业领域中。例如，在工程制图中，教师可以展示如何使用曲率概念来计算凸轮的弯曲程度。又或者，在铁路弯轨设计中，教师可以演示如何使用曲率来计算地铁轨道的转弯钢轨弯度。通过这些实际应用案例，学生可以更好地理解高等数学的实际用途。

通过创设情境和案例来驱动教学，可以提高学生对学习高等数学的兴趣。

这样的教学方式能够激发学生们的好奇心，使他们更加专注和思考课堂内容。当学生们在课堂上看到数学与实际的联系时，他们会更加认识到高等数学在理工科专业中的重要性，从而激发他们学习的热情。

此外，教师还可以采用多种教学方法，如互动讨论、小组合作等，以提高学生对高等数学的理解和掌握。通过鼓励学生积极参与，并给予及时的反馈和指导，教师能够帮助学生克服对数学的恐惧和困惑，使他们在学习过程中更自信、更有动力。

2. 选择合适的高等数学书籍

针对大学生，教师需要选择一种既具有理论性又具有应用性的教材。这样的教材应该平衡理论原理的阐述和具体应用问题的呈现，以确保学生既能理解数学原理的推导过程，又能应用数学知识解决实际问题。在教学过程中，教师需要根据学生的不同情况和学习能力，适度地选择教材内容，因材施教。

如果教师具备条件和能力，甚至可以考虑自编教材。编写数学书籍需要教师对数学本身进行深入研究，只有在对数学知识有深入理解的基础上，才能准确地找到最佳的表达方式，使教材更加贴合教学对象和教学目标。教师应该针对课程中的难点和新点，对数学知识进行梳理和整合，以提高教学效果。

3. 注重传统与现代相结合，适当使用现代教育技术

数学课的传统教学手段是使用“黑板 + 粉笔”，它的优点在于能够充分展现数学课的独特特点，以及严谨的逻辑推理过程。通过这种方式，教师可以有效培养学生使用数学思维解决实际问题的能力。这是教师在讲解例题时最常用且最有效的教学手段，其他方法无法取代。

而现代教学手段将多媒体技术引入了数学课堂，它的优点在于能够以直观、生动、有趣的方式展示数学中那些抽象而枯燥的概念、定理等知识。同时，它还大大增加了课堂信息量，缓解了数学课时不足的问题。多媒体的运用激发了学生对数学的学习兴趣，提高了教学效率和效果。

4. 注重高等数学与中学数学的联结

中学数学是高等数学的基础，而高等数学则是中学数学的延伸和深化。因此，在教学过程中，教师应该将它们看作是相辅相成的整体。首先，应尽可能地运用中学数学的思想和方法来解决高等数学中的问题，以展示中学数学的应用价值。其次，应强调高等数学对中学数学的指导作用。有些中学数

学问题很难或无法用中学数学的方法和理论来解决，只有借助高等数学的思想和方法才能完美解决。例如，圆锥体的体积公式在中学数学中无法得到完整解答，但是利用定积分的知识却可以轻松解决这个问题。只有通过这种方式，才能让学生意识到高等数学的实用性，从而增加他们对学习高等数学的热情。因此，中学数学和高等数学之间的关系是互为补充的，二者相互支持，共同构建了数学知识的体系。只有在这种整体的指导下，学生才能更好地理解和掌握数学的核心概念和技巧，为未来的学习和应用奠定坚实的基础。

（四）数学思想方法教学的对策

加强数学思想方法教学是高等数学教育的长期、根本和具有创造性的工作。这需要领导、教师和学生共同努力来实施。为了达到这个目标，在高等数学教学大纲中必须明确规定数学思想方法的教学目标、内容和要求。而在编写新的高等数学书籍时，也需要体现数学思想方法的要求。为了更好地满足教学需求，可以将高等数学书籍分为基础、专业和现代三卷。

教师在教学过程中应当从具体的数学知识中提炼出数学思想方法，并在教学中找到知识与思想方法的结合点。根据教学内容的类型和特点，设计贯彻数学思想方法教学的途径。充分利用数学思想方法可以突出讲解重点、解决难点和提出改进。在教学中，绪论和复习课是进行数学思想方法教学的良好时机和阵地。

为了达到教学目标，教师和学生都需要反复认识、训练和运用数学思想方法。同时，教师也要提高自身素质，学习研究数学史和数学方法论。高等数学教育关乎高素质人才的培养，因此在教学工作中必须采用正确合理的方式和方法。

加强数学思想方法教学不仅是为了提高学生的数学水平，也是培养学生的创新能力和思维方式的关键。这需要全体教师、学生和领导的共同努力，共同推动高等数学教育的发展，为建设创新型国家作出贡献。

第四节　高等数学教学中的人文教育

当前，现代科学教育的氛围愈发缺乏人文关怀，大学生在高等数学学习中常受单一性和枯燥性的困扰。因此，如何在高等数学教育中发掘人文教育的价值，已经成为一个迫切需要探讨的问题。数学并非只是一门工具性科学，而是一门蕴含着丰富人文精神的文化。它以其独特的理性精神、工具性和美感，成为社会文化的基石之一。数学学科的文化内涵决定了其在培养全面发展的学院理工科学生方面所起到的无可比拟的作用。

因此，将人文教育融入高等数学教学中，实现科学教育和人文教育的完美结合，对于培养学生的数学精神、数学思维和数学方法至关重要。这样做可以提高学生的数学素养，塑造学生健全的人格，真正实现全面素质教育的目标。

一、高等数学教学中人文教育的认知

（一）人文教育的现状

高等数学作为独立学院理工科院校的一门公共基础课程，应该融入人文教育的理念。然而，目前许多独立学院的高等数学教学存在一些问题。独立学院的高等数学教学往往偏向于讲授定理、公式推导和证明过程，而忽略了适用条件和理论背景的讲解；独立学院使用的高等数学教材通常没有结合学院的特点，缺乏针对性，过于强调完整性与系统性。

高等数学理论与实际工程问题有着密切的联系，然而独立学院未能传授实际工程中的数学模型例子，也未能搭建实际问题与高等数学知识之间的桥梁。这种情况导致学生往往无法将所学的数学知识应用于实际情境中，缺乏解决实际问题的能力。

此外，许多独立学院的高等数学教学缺乏对知识内容的背景介绍，没有涉及数学史知识的相关内容。这样一来，学生的学习兴趣无法被激发，数学素养和人文精神也无法得到培养。

独立学院教师的水平和经验限制了高等数学教学方法的更新。他们往往忽视学生的启发和科学知识探索精神，也忽略了将人文教育融入教学中，培养学生的人文素质。为了改善这种状况，应该将科学教育与人文教育完美结合起来。这样做不仅可以提高学生的人文素质，还是实现大学生全面素质教育的重要途径。在高等数学教学中，可以引入与数学相关的人文知识，如数学史、数学在文化和艺术中的应用等。通过这种方式，可以激发学生对数学的兴趣，培养他们的人文精神和综合素质。

独立学院教师应该不断提升自身的教学水平和知识储备，积极采用新的教学方法，注重启发式教学和科学知识的探索。他们还应该注重将人文教育融入高等数学教学中，培养学生的人文素质，让他们在学习数学的同时也受益于人文教育的熏陶。

（二）人文教育融入的途径

1. 融入数学史和数学建模

（1）在高等数学教学中，可以将数学史融入进去，挖掘数学中的人文价值，并培养学生数学精神和素养。数学史作为一个丰富而悠久的领域，可以为学生展示数学的发展历程，让他们了解数学思想的演进和数学家的贡献。通过了解数学史，学生能够深入理解数学的内涵和意义。

一个具体的例子是，教师可以利用数学史来介绍极限思想的产生以及无穷小在数学史上引发的“第二次数学危机”。这个问题引发了数学界对于无穷小的讨论和重新定义，引入了函数和极限的概念。通过讲解这个历史事件，可以调动学生的学习热情，激发他们对于数学的兴趣和好奇心。

（2）在高等数学教学中融入数学建模。数学建模是实际应用数学的重要手段，通过将数学方法应用于实际问题的建模过程，培养学生解决实际问题的能力。可以通过数学建模来解释现象、预测状况、优化决策和控制等。这样的教学方法结合了实际问题，具有一定的趣味性，能够增强学生应用数学解决实际问题的能力。

数学建模可以让学生将抽象的数学知识应用到现实生活中，使他们意识到数学的实际应用意义。通过参与实际建模项目，学生可以感受到数学在解决实际问题中的力量，激发学生学习数学的积极性和主动性。

2. 营造浓厚的人文氛围

营造浓厚的人文氛围有助于激发学生的学习积极性和主动参与。在教育中，创造一种浓厚的人文氛围对于学生的学习态度和参与程度至关重要。这种氛围可以通过教师的言传身教、课堂氛围的营造以及学校文化的塑造来实现。教师可以用生动的语言、有趣的故事、实际的案例等方式将知识与现实生活联系起来，使学生能够更好地理解和应用所学内容。同时，课堂氛围的积极营造也是培养学生学习积极性的关键。教师可以采用互动式教学、小组合作学习等方式，鼓励学生表达自己的观点和思考，增强他们的自信心和参与感。

将学生知识能力的培养与高尚情操、个性人格、价值观的培养有机结合。教育的目标不仅仅是培养学生的学科知识，更重要的是培养学生的高尚情操、个性人格和正确的价值观。高等数学教育应该关注学生综合素质的培养，通过培养学生的逻辑思维、分析解决问题的能力，引导学生形成积极向上、真诚善良的人格。教师可以通过课堂讨论、案例分析、社会实践等方式，引导学生思考和讨论与数学知识相关的伦理道德问题，培养学生正确的价值观和社会责任感。

3. 开设独立学院“数学大讲堂”

独立学院可以开设“数学大讲堂”，邀请国内外知名数学专家进行学术报告，传播鲜活的、开放的数学思想。为了拓宽学生的数学视野，独立学院可以组织“数学大讲堂”活动，邀请国内外知名数学专家来校进行学术报告和交流。这样的活动可以让学生接触到最前沿的数学研究成果和思想，了解数学领域的热点问题和未来发展趋势。同时，通过与专家的交流和互动，学生可以培养批判性思维、学术探究的能力，激发他们对数学的热情和求知欲望。“数学大讲堂”旨在让学生体会数学精神、学会数学思维、掌握数学方法、提高数学素养。通过参与“数学大讲堂”的活动，学生可以深入了解数学的精神内涵和思维方式，培养他们的数学思维能力和创新精神。同时，学生还可以通过专家的分享和讲解，掌握一些实用的数学方法和技巧，提高他们的数学素养和解决问题的能力。这样的活动对于学生的学术发展和综合素质提升都具有重要意义。

融入人文教育可以激发学生对高等数学的兴趣，培养良好的数学思想和方法，促进学生全面素质教育的实现。高等数学教育不应该只注重理论知识的传授，还应该融入人文教育的元素，激发学生对数学的兴趣和热爱。教师可以通过讲述数学的历史故事、介绍数学家的思想和成就等方式，让学生了解数学的文化背景和重要性。同时，教师还可以引导学生思考数学与人文学科的联系，培养学生的综合素质和跨学科思维能力。这样的教育方式可以使学生更全面地认识和理解高等数学，提高他们的学习积极性和学习效果，促进他们全面素质教育的实现。

二、高等数学教学中人文精神的渗透

高等数学从不同的视角来看，可以更深入地理解其意义和应用。在自然科学视角下，高等数学被视为一种挖掘逻辑思维、系统观念和规范研究方法的工具，同时也包含着辩证唯物主义思想。在这一视角下，高等数学的魅力在于它展示的理性美，如奇异美、对称美和简洁美等。

文化传播视角下的高等数学将大学数学教学与数学文化的传播相结合。这涵盖了数学史、高等数学与传统学科以及现代学科的交叉与融合等内容。教师在这一视角下需要具备人文社科素养，能够理解和领悟数学文化与数学哲学，引导学生实现文理融合，将数学的智慧和价值观念传递给学生。

教育教学艺术视角下的高等数学注重将知识性与趣味性相结合，以及逻辑严密性与直观描述性相结合。除了传授传统的数学知识，教学还着重传播数学文化和数学的思想和方法。这一视角下的教师旨在培养学生严谨的逻辑思维能力和问题解决能力，避免单一枯燥的解题技巧。同时，现代教育技术得以充分利用，将传统的高等数学教学方法与现代多媒体教学方法相结合，从而激发学生的积极性和主动性。

（一）渗透人文精神的必要性

高等数学教学一直以来都备受关注，因为它具有基础性和抽象性的特点。由于高考的需要，高中阶段实行文理科分班教学，导致学生在数学知识结构和思维方式等方面出现了非理性的变化。尤其是文科学生经过选科后，对深入学习数学的期望降低，并形成了一定程度的心理障碍。这个问题在大学生涯中更加突出。许多大学生仅仅为了考试而勉强学习数学。造成这种情况的原因，其中一个重要的因素是教师的教学方法不当。将人文精神融入大学数学教学是一个重要的策略。除了在教学中注重知识传授和技能训练外，广大教师还应从知识的本质出发，激发学生的探究欲望、思考能力和情感体验，让学生意识到数学并非毫无根源、毫无基础，而是大学生成长、成才和成功过程中的重要知识资源。

1. 高等数学的教育教学过程体现着人文精神

高等数学教育教学与人文精神密切相关。数学作为一种去伪存真、尽善尽美的精神体现，应成为数学教师在教学中探索和实践的方式，以体现人文精神。数学教育的内容反映了人文精神的内涵，它与哲学、艺术、美学和宇宙探索等领域有着紧密联系。然而，目前的教师往往只注重传授数学知识和应用，而忽视了数学的发展思想和人文精神的培养。因此，教师应注重传播数学文化内容，满足学生对精神滋养的需求。

2. 高等数学教育教学的内容反映人文精神的内涵

在高等数学教育教学中渗透人文精神具有学科优势。高等数学作为一种较高层次的数学技能教育，不仅是培养学生数学能力的重要手段，也是培养文化素质和个性品质的重要途径。人文精神与高等数学研究相辅相成。高等数学知识的应用广泛渗透到各个人文学科中，作为自然科学的一部分，高等数学的发展和应用受到人文精神的驱动。因此，将人文元素融入高等数学教育教学可以构建科学的知识结构，培养学生的学术气质和科学素养，促进学生全面发展，还可以为塑造学生的世界观、人生观和价值观奠定坚实基础。通过将人文精神融入高等数学教育教学，可以培养学生的创造力、批判思维和综合思考能力，使他们在数学学科中不仅能追求知识和技能的掌握，还能拓宽视野，拥有广阔的人文背景和深厚的人文素养。

3. 高等数学教育教学中渗透人文精神具有学科优势

在高等数学教育教学中渗透人文精神具有学科优势，高等数学是一种较高层次的数学技能教育，也是培养文化素质和个性品质的重要手段，人文精神与高等数学研究相辅相成。高等数学知识的应用广泛渗透到各个人文学科，高等数学作为自然科学的一部分，其发展和应用受到人文精神的驱动。将人文元素融入高等数学教育教学可以构建科学的知识结构，培养学生的学术气质和科学素养，促进学生全面发展，为塑造学生的世界观、人生观和价值观奠定坚实基础。

（二）渗透人文精神的主要方式

随着高等教育普及化进入新阶段，必须重新思考高等数学教育的定位和教学方法。作为最关键的基础学科之一，高等数学教育需要超越传统的学科范畴，摆脱“经典教育”的束缚。

为了实现这一目标，需要打破传统的“传道、授业、解惑”的教学方式，摆脱数学思维的标准化和固定化，同时建立一种创新和变革的意识。应该让人文精神渗透到高等数学的教学中，使其成为大学生不断追求知识、治学、做人和发展的源泉和动力。

1. 讲授贴近生活实际的数学

（1）通过引入与生活密切相关的数学问题，可以增加学习效果。这样的教学方法能够帮助学生更好地理解数学的应用，培养他们的解决问题的能力。例如，通过实际问题如环境污染和环境治理，可以引导学生理解函数关系和生态环境道德教育。这种方式将抽象的数学概念与实际问题相结合，使学生能够更好地理解数学的概念，并将其应用到实际情境中。

（2）通过引入实际问题模型，如椅子的稳定问题，来帮助学生理解闭区间上连续函数的性质和数学建模过程。通过将数学概念与实际问题相结合，学生可以更深入地理解数学的原理和应用，培养他们的数学建模能力。

2. 揭示数学中的美

引入定积分的概念和微积分基本公式，如牛顿—莱布尼茨公式，可以展示数学的优雅和里程碑作用。这样的教学方法能够让学生领略到数学的美妙之处，增强他们对数学的兴趣和热爱。微积分基本公式不仅揭示了自然规律，而且为现代数学和其他科学的发展提供了数学保证。通过介绍这些基本公式，学生可以认识到数学在科学研究和现实应用中的重要性，进而加深对数学的理解和认识。发掘数学本身的美，以数学之美激发学生的学习热情和动力。通过呈现数学中的奇妙结构、精妙推理和深邃思想，可以引起学生的兴趣，激发他们对数学的好奇心和渴望探索的欲望。通过培养学生对数学美学的欣赏能力，可以提高他们对数学学习的积极性和主动性。

三、高等数学教学中人文教育的价值

以人为本，实施人文关怀，是时代发展的主旋律。

（一）适当介绍数学史与数学家

在高等数学教学中，教师不仅仅传授数学的基本知识和解题方法，还要培养学生的科学思维能力。数学作为一门科学，具有逻辑性、推理性和创造性的特点，通过教学，我们需要引导学生学会运用数学知识解决实际问题，并培养他们的分析、推理和创新能力。数学并非一门绝对纯粹的学科，它融合了实际的历史和实践。数学的发展始于人类对现实世界的观察和实际问题的探索，它的发展过程与人类文化和科学进步密不可分。因此，在高等数学教学中，应当将数学的历史和实践融入教学内容中，让学生了解数学的发展历程，增加他们对数学的兴趣和认识。在适当的时候，向学生介绍数学史是必要的，这有助于使教科书中的数学知识“复活”。通过介绍数学史，学生可以更加深入地理解数学知识的产生和演化过程，了解数学问题背后的思考和探索，从而更好地理解和掌握数学知识。

补充介绍数学史不仅可以充实教学内容，激发学生的兴趣，还可以渗透爱国和爱科学的教育。通过学习数学史，学生可以了解到中国数学家的伟大成就和贡献，这对于激励学生爱国情怀、崇尚科学精神具有积极的意义。数学史是理解数学知识的有效途径，它可以揭示数学知识的来源和应用。学生通过了解数学史，可以更好地理解数学概念的本质和意义，了解数学知识的实际运用和应用领域，从而加深对数学知识的理解和记忆。数学史的学习可以创造探索与研究的数学学习氛围，培养学生的探索精神。通过学习数学史中的数学问题和挑战，学生可以感受到数学的魅力和深度，激发他们主动思考和主动学习的欲望，培养他们的独立思考和解决问题的能力。数学史揭示了数学在文化史和科学进步史上的重要地位和深远影响，具有重要的人文价值。通过学习数学史，学生可以了解数学对于人类文化和科学进步的贡献，增强他们对数学的尊重和敬意，培养他们的人文关怀和社会责任感。

在高等数学教学中，应当引导学生认识数学作为基本的人类文化活动，并重视其在当代社会的作用。数学不仅仅是一门学科，更是一种思维方式和解决问题的工具。学生应当意识到数学在科学研究、技术发展和社会进步中的重要性，培养他们将数学知识应用于实际问题的能力。了解不同时期的数学家对数学发展的贡献有助于学生了解问题的发展过程。通过学习不同时期的数学家和他们的成就，学生可以了解到数学问题的演化和解决过程，从而更好地理解数学知识的内涵和逻辑。教师可以以素数为例介绍陈景润，强调他在哥德巴赫猜想研究中的领先地位和成就。陈景润作为中国著名数学家，他在素数研究方面的杰出贡献为世人所称道。通过介绍陈景润的成就，可以激发学生对数学研究的兴趣，同时增强学生对中国数学家的自豪感和骄傲感。

（二）融入非理性方法的教育

融入非理性方法的教育是一种探索不同思维方式和促进创造力发展的方法。传统教育主要注重理性思维和逻辑推理，而非理性方法强调直觉、想象力和情感的表达。它鼓励学生超越传统框架思考问题，培养创造性思维和创新能力。

以下是融入非理性方法的教育的几种方式：

第一，艺术和表演。艺术和表演课程可以帮助学生通过绘画、音乐、戏剧和舞蹈等方式表达自己的想法和情感。这些活动可以激发学生的想象力、创造力和表达能力，培养他们独特的思维方式。

第二，游戏和角色扮演。游戏和角色扮演是非理性方法的有效手段。通过游戏，学生可以参与模拟情境、解决问题和创造性地思考。角色扮演活动可以让学生扮演不同的角色，从而理解不同的观点和思维方式。

第三，思维导图和概念图。思维导图和概念图是一种图形化的组织思维方式。学生可以利用这些图形工具将想法、概念和关系可视化，从而促进创造性思维和非线性思考。

第四，问题解决和设计思维。非理性方法强调培养学生的问题解决和设计思维能力。学生可以通过探索性学习、开放式问题和实践性项目来培养解决问题的能力和创新思维。

第五，情感教育。非理性方法也关注情感的表达和情绪管理。情感教育可以帮助学生理解和表达自己的情感，并培养同理心和人际交往技巧。

融入非理性方法的教育可以促进学生的全面发展。它不仅培养学生的创造力和创新能力，还帮助他们在解决现实问题和应对情绪方面更加灵活和综合。通过与传统教育方法结合，融入非理性方法的教育可以提供更多元化和富有活力的学习体验。

（三）营造了人文的数学教学氛围

1. 让高等数学课堂成为教师焕发师爱的场地

在高等数学课堂中，教育的真谛被体现为爱的力量。为了追求这一目标，教师们运用多种方式展现出扎实的教学基本功、轻盈飘逸的教学机制、先进的信息技术手段、富有生活气息的教学内容、民主和谐的教学氛围以及充溢趣味的活动情境。通过这些方式，教师们得以全面诠释新课程的理念，并展示创新教育的真谛。

2. 让高等数学课堂成为师生亲切交流的场地

在高等数学课堂上，学生被看作现实的、主动的生命体，他们需要得到主动而健康的发展。因此，课堂成为师生之间重要的生命经历和情感交流场所。通过师生之间的信息交流和鼓励学生主动发言，学生的学习信心和勇气得到了增强。在课堂中，我们关注学生的生命，遵循学习数学的认知规律，让数学教学走进学生的内心深处，给胆怯的学生以力量。同时，我们强调提高学生的素质，培养他们终身学习的能力，使数学教育具有蓬勃的生命力。

在高等数学教学中，我们引导学生用数学的眼光观察和认识周围的事物，并解决实际问题。通过这样的方式，学生能够体会到数学知识在实际生活中的作用以及与实际生活的联系。同时，我们还致力于挖掘高等数学教学内容的人文价值，优化各种人文因素的组合，使教学脱去僵硬的外衣，展现出生机、情趣和智慧。在浓厚的人文氛围中，我们培养学生的人文修养，让他们在学习数学的同时也能拓宽人文视野。

第二篇
高等数学课堂中数学文化的渗透

第四章　高等数学的课堂教学及主体构建

高等数学课程作为一门公共基础课，可为学生专业课程学习和解决实际问题提供必要的数学基础知识及常用的数学方法，高等数学的课堂教学要与时俱进，发挥教学主体作用，不断提高课堂教学质量。本章主要探讨以兴趣为导向的课堂教学改革、高等数学有效性课堂教学、高等数学教学主体及发挥作用、高等数学生态课堂的构建。

第一节　以兴趣为导向的课堂教学改革

高等数学对于学生专业课程的学习起着基础性的作用，为后续学习打下坚实的基础。学习兴趣是学生力求认识世界、渴望获得知识的意识倾向，是最现实、最活跃、带有强烈情绪色彩的学习动机因素。学习兴趣能够激发学生主动学习高等数学，并在学习过程中伴随愉快的情绪体验。激发学生学习高等数学的兴趣是提高教学效果的有效方法，而“良好的教学方法是启发学生学习兴趣的源泉”[①]。以兴趣为导向的高等数学课堂教学改革，可以从以下方面着手：

一、精心准备，上好高等数学的第一节课

第一节课是学生对教师产生印象的关键时刻，也是学生认识课程内容、作用和重要性的关键时刻。第一节课的效果将对学生学习高等数学产生至关

① 魏杰，董珺．以兴趣为导向的高等数学课堂教学改革与实践［J］．兰州工业学院学报，2022，29（3）：133.

重要的影响。除了良好的自我介绍外，第一节课还应包括对课程内容、目标和学习方式的明确说明，以及课程考核要求和期末成绩的核定方式。在高等数学的第一节课中，教师可以通过引导学生思考几何问题和规则图形的求解方法，进而提出不规则图形的解决方法，让学生认识到高等数学的应用价值，并激发学生对高等数学的学习欲望。第一节课要注重与学生交流，解析大学学习与中学学习的不同之处，并克服学生可能面临的适应困难，可以引用名言激励学生，鼓励他们树立自信心，全力以赴面对挑战。

二、构建能激发学生学习兴趣的教学内容

第一，教师应构建贴近学生专业和生活的课程教学内容，要体现“实用为主”的原则，激发学生学习的兴趣。通过选择与专业领域相关的应用案例和与生活实际相关的数学模型，引导学生在课堂中实际运用数学，体验数学在解决实际问题中的作用，增强学生的数学应用意识，培养他们解决实际问题的能力。

第二，在课堂教学中，教师可以适时增加数学史的内容，利用数学的文化底蕴激发学生的学习兴趣。通过讲述牛顿与莱布尼茨的微积分之争，介绍微积分的发展历史和基本公式的命名，帮助学生了解数学的发展过程。对于极限概念等难以理解的概念，可以结合数学史中的“刘徽割圆术”和“芝诺悖论”等案例进行讲解。适时介绍三次数学危机以及对数学作出贡献的人物和事件，让学生从感性的角度认识数学，激发他们的学习兴趣和积极性。

三、选择能改善课堂教学效果的教学方法

第一，分层教学。数学教师应详细了解学生的数学基础和学习特点，包括他们的知识水平、学习能力和兴趣爱好等方面的信息。这将帮助教师了解学生的学习需求，为教学提供有针对性的指导。教师要根据学生的情况进行分层教学，设置不同层次的内容和要求。教师可以将学生分成不同的小组或提供个性化的学习计划，让每个学生在自己的基础之上有所提高，并能够持续体验成功的感觉。这样做可以增强学生的学习动机和自信心，避免过高的要求导致学生失去信心并在学习中失败。在批改作业过程中，教师可以发现学生运用了好的方法或取得了进步。教师可以通过书写批语来表扬和鼓励这些学生，让他们感受到自己的努力和成就被认可。这种正面的反馈能够激发

学生进一步学习的动机，增强他们对数学的兴趣和热情。

第二，利用现代信息技术。在高等数学课堂上，教师可以适当引入数学软件，如 Matlab、Mathematica 等。利用这些软件可以简单地绘制函数图形，让学生直观地理解数学概念和原理。通过这种方式，学生可以充分体验到信息技术在解决问题上的魅力，认识到不必过于追求复杂的计算和技巧，只需要掌握其思想和方法即可。这种直观化和形象化的教学方式降低可以学习的难度，有效激发学生的学习兴趣和积极性。除了数学软件的使用，教师还可以引入实际生活和专业领域的应用案例，将抽象的数学概念与具体的实际问题联系起来。通过解决实际问题的案例分析，学生能够更好地理解数学在现实中的应用和重要性，从而增强对学习的兴趣。利用现代信息技术可以创建互动性强的学习环境，如通过在线讨论、实时投票和互动题目等方式，让学生积极参与到课堂教学中。这样的互动和参与能够增加学生的学习动力和兴趣，激发他们对高等数学的学习积极性。

第三，课堂中插入兴趣点。在高等数学课堂上，教师可以向学生介绍一些有趣的数学问题，让学生在解题过程中体验数学的乐趣和挑战。这些趣题可以是一些有趣的数学谜题、逻辑问题或者数学游戏，能够吸引学生的注意力并激发他们的求知欲。教师可以在课堂上运用幽默、讲笑话或者分享有趣的数学故事，营造轻松活泼的学习氛围。这样的氛围能够帮助学生放松心情，减轻对高等数学的紧张感，提高他们对课堂的参与度和兴趣。将高等数学的概念和原理与实际生活中的情境联系起来，让学生看到数学在现实世界中的应用和重要性。举例说明数学在科学、工程、经济等领域的实际应用，可以激发学生对数学的兴趣，并帮助他们认识到数学的实用价值。

四、教师注重语言艺术，提高学生学习兴趣

教学是一门复合的学科，既具备科学性，又富有艺术性。一位高等数学教师，只要面带微笑、幽默风趣、博学多才、充满激情，无疑会深受学生的欢迎。在高等数学课堂中，教师应注重运用课堂语言的艺术，以通俗易懂的方式来解释抽象的概念，例如，将积分形象地描述为无穷小量的累加，这样的表述易于记忆且容易引起联想。同时，教师应积极与学生进行交流互动，恰当时机地鼓励和表扬学生的优点和取得的成绩。及时的鼓励和具体的表扬能够让学生产生学习的成就感和快乐感，从而提高他们对学习的兴趣和积极性。

总而言之，改革高等数学课堂教学需要想方设法提升学生对高等数学学习的兴趣，同时发挥学生的积极主动性。如果能够使大多数学生认识到数学的实用性和趣味性，从被动学习转变为主动学习，就能够有效改善教学效果。

第二节　高等数学有效性课堂教学分析

“高等数学是各种高职院校的一个基础学科，对于学生思维的培养具有重要意义。随着我国社会经济的逐渐发展，人才的培养越来越受到重视，因此，教师应该加大人才培养力度，提高高等数学课堂教学的有效性”[①]。高等数学有效性课堂教学的开展需要注意以下方面：

一、加强教师与学生沟通

教师与学生的互动在教学过程中扮演着重要的角色。教师应该采用多种方式与学生进行互动，这种互动可以发生在上课时间内，包括课堂上教师提问学生、学生回答问题或提出疑问的环节，也可以延伸到课后的辅导和考试前的复习。通过与学生的互动，教师可以发现学生的困惑和学习障碍，并及时采取措施加以解决，从而提高学生的学习效果。

加强师生之间的沟通对于教学也至关重要。教师就能更好地针对学生的需求进行教学，帮助他们克服困难，提高学习成绩。同时，学生也会更加主动地与教师交流，表达自己的困惑和观点，促进思想的碰撞和交流。

教师还应注重培养学生的学习能力和综合素质。通过与学生进行沟通，教师可以引导学生培养正确的学习态度、积极的世界观、人生观和价值观，从而提高他们的自主学习能力。教师可以鼓励学生主动思考、独立解决问题，培养他们的创新能力和综合分析能力。

在数学教学中，教师可以适当地渗透自己的观点给学生，积极引导他们的综合素质和思想水平。向学生展示不同的数学思维方法和应用领域，教师可以引导学生发展批判性思维、逻辑思维和创造性思维。

① 白守英．高等数学有效性课堂教学的探讨［J］．数学学习与研究，2021（9）：2.

二、课堂教学注意因材施教

随着社会不断进步，学生的自我认知水平也在不断提高。学生们是多样化的个体，每个人都有各自独特的优势和需求，作为教师，我们应积极了解每个学生，并根据他们的特点因材施教。为了适应多样性，教师需要改变传统的教学模式，调整教学方式。因为学生的学习能力和对知识的吸收速度不同，应该灵活调整教学进度，确保每个学生都能够跟上教学的步伐。对于学习能力较强的学生，可以提供额外的学习材料，帮助他们进一步拓展知识面；而对于学习能力相对较弱的学生，可以安排一对一的辅导，给予他们更多的关注和支持。教师还应该重视那些理解能力较弱的学生，努力缩小学生之间的差距。可以采用多种教学方法，如以示范和实践为主的教学方式，引导他们更好地理解和掌握知识。

三、突出数学教学的重难点

数学教学的关键在于帮助学生专注和掌握重要的知识点，同时解决他们在理解和掌握过程中遇到的难题。为了更好地帮助学生掌握所学知识，教师应重点解释数学教学中的重点和难点，并采用多种教学方法和手段进行讲解。例如，可以利用数学史中的经典问题，如《九章算术》中的牟合方盖，来说明二重积分的实例。通过强调牟合方盖的体积与球体积之间的关系，教师能够激发学生的学习兴趣，帮助他们更快、更深入地理解教学的重点和难点。在课堂教学中，教师不应仅仅按照教材的步骤进行讲解，而是应该从学生的兴趣出发，让他们意识到高等数学的吸引力。这种教学方式有助于提高数学教学的有效性，使学生更积极主动地参与学习过程，从而加深对数学知识的理解和掌握。通过引导学生主动思考和解决问题，教师可以帮助他们培养批判性思维和解决实际问题的能力，这对他们未来的学习和职业发展将大有裨益。

四、合理安排课堂教学内容

在高等数学教学中，经常遇到一个问题，那就是教学内容繁多而学时有限。为了更好地利用有限的时间，教师需要合理地安排课堂教学内容，避免重复，加快教学进度。可以重点讲解那些在高等数学中非常重要的知识点，如函数、极限和导数等。而对于理论性较强的知识，可以适度减少重点讲解的程度。

通过这样的安排，能够在有限的时间内让学生学到更多的知识，提高教学效率，有效提升教学的有效性。除了合理安排教学内容，还有另一种方法能够快速提升教学的有效性，那就是针对不同的教学内容采用不同的教学方法。例如，对于概念性教学内容，可以采用发现式教学方法，激发学生的探索欲望；对于逻辑性较强的教学内容，可以采用探索式教学方法，让学生通过探索和推理来理解；对于应用性教学内容，可以采用讨论式教学方法，通过讨论和实际案例来提高学生的应用能力。

五、用多媒体与计算机辅助教学

在高等数学教学中，教师可以充分利用多媒体和计算机等现代工具，以提升教学的效果和成效。通过应用多媒体和计算机辅助教学的方式，教师能够提供更加丰富、生动的教学资源，激发学生更积极地参与学习的态度。多媒体演示可以通过图像、动画、音频等形式展示抽象的概念，从而激发学生的兴趣和好奇心。教师可以制作精美的课件，并与学生分享，这有助于学生在课后复习教师所讲解的知识点，有效提升课堂教学的效果。多媒体和计算机还可以帮助学生更好地理解那些较难掌握的教学内容，将抽象的知识点形象化，节省教师书写板书的时间。

六、注重提高学生的综合素质

在高等数学教学中，教师可以充分利用多媒体和计算机等现代工具，以提升教学的效果和成效。通过应用多媒体和计算机辅助教学的方式，教师能够提供更加丰富、生动的教学资源，激发学生更积极地参与学习的态度。多媒体演示可以通过图像、动画、音频等形式展示抽象的概念，从而激发学生的兴趣和好奇心。教师可以制作精美的课件，并与学生分享，这有助于学生在课后复习教师所讲解的知识点，有效提升课堂教学的效果。多媒体和计算机还可以帮助学生更好地理解那些较难掌握的教学内容，将抽象的知识点形象化，节省教师书写板书的时间。

第三节　高等数学教学主体及发挥作用

一、高等数学教学的教师主体

（一）高等数学教学中发挥教师主导作用

高等数学是一门普及而重要的基础课程，它融合了严谨性和抽象性。在高等数学课堂中，教师的作用不仅仅是传授知识，更应该扮演起引导学生学习的角色。教师不能仅仅关注于灌输知识，而忽视学生的主动学习；不能只注重知识结论，而忽略思维方法的渗透；不能只重视知识训练，而忽视情感激励；不能只鼓励个体独立研究，而忽视群体合作探究。如果仅仅是教师辛苦地讲课，学生枯燥地学习，那么学生所得到的只是应试的数学知识，而无法真正领悟数学的精髓，学生的全面素质也无法得到发展。高等数学教师是从事非数学专业课程教学的教师，他们在高等数学教学中扮演着主导的角色。为了发挥教师的主导作用，可以从以下方面入手：

1. 端正学生学习数学的态度

学习态度对学生的学习效果有直接影响。通常情况下，学习态度良好的学生往往比学习态度差的学生取得更好的学习成果。良好的学习环境和氛围有助于学生相互影响，形成积极的学习态度。一个人的态度常受社会他人态度的影响。因此，在高等数学教学中，教师应该关注学生的学习情况，不断给予学生学习态度和行为的指导、检查和奖惩。同时，教师应注重师生关系的和谐与融洽，学生喜欢任课教师，就会对所教的课程产生兴趣，从而促进学生积极学习态度的形成和学习成绩的提高。相反，对学生的学习漠不关心、放任自流，或者师生关系紧张，学生就会对教师产生抵触情绪，进而对所教的课程产生厌烦情绪，对待该课程持消极态度。这种情况下，会构成学生与学习之间的障碍，很少能培养出积极的学习态度和取得优秀的学习成绩。

在高等数学教学中，教师有办法提高学生的自我效能感，帮助他们逐步消除学习中的消极情绪，并通过成功体验来培养他们的自信心。自我效能感是指人们对自己能否成功完成某项成就行为的主观判断。成功的经历可以提升自我效能感，而失败的经历则会降低自我效能感。通过持续的成功体验，人们可以建立起稳定的自我效能感。要提高学生的自我效能感，教师需要以正确的态度对待他们，当学生在学习中遇到挫折或考试成绩不佳时，不应进行指责，以免加重他们的消极情绪。相反，教师应帮助他们找出学习失败的原因，指导他们改变数学学习方法，增强他们的信心。更重要的是，在数学教学过程中，教师应创造各种情境，让学生不断获得成功体验，以激发积极的情绪体验，从而改变他们消极的学习态度。

2. 注重教学方法的灵活应用

在高等数学教学中，教师需要采用多种教学方法，如问题式、启发式、对比式、讨论式等，以激发学生的学习兴趣和提高教学效果。教师还可以组织班级成立课外学习小组，引导学生运用所学知识建立数学模型来解决实际问题。通过这些措施，学生将参与数学教学活动，深入思考和探究问题，发掘自身潜能。同时，学生之间的相互学习和分工合作将促进他们对所学知识的深刻理解和体会其精髓。

在数学课程教学中，教师还可以充分利用技术手段，引入和制作课件，突出教师的讲课思路和特色。通过精心设计的教学内容和恰当运用多媒体教学，可以大幅提升学生的学习兴趣和教学效果。这样的教学方法将更好地适应数学课程的特点，为学生提供优质的教学体验。

3. 重视数学思想方法的渗透

教师应当重视数学思想方法的渗透，因为它是形成良好认知结构的纽带，是知识转化为能力的桥梁，也是培养学生数学素养和形成优良思维品质的关键。

（1）在概念教学中，教师可以渗透数学思想方法。举例来说，定积分的定义可以通过曲边梯形的面积引出，将复杂问题分解为四个步骤：分解、近似、求和、取极限，从而将问题转化为简单已知的问题求解。同样的思想方法也适用于二重积分、三重积分、线积分和面积分的定义。通过将这些定义与定积分定义的思想方法进行比较，学生可以看到这些定义的实质，从而在知识点对比过程中提炼和升华数学思想方法。

（2）在知识总结中，教师可以概括数学思想方法。数学知识并不是孤立的片段，而是一个充满联系的整体。在知识的推导、扩展和应用过程中，存在着各种数学思想方法。学生需要在知识总结与整理中提炼和升华数学思想方法，加深对知识点的理解。例如，学习微分中值定理后，学生可以总结和探究罗尔中值定理、拉格朗日中值定理和柯西中值定理之间的关系，以及它们包含的数学思想方法。通过定理的证明和联系，学生可以体会到归化思想、构造思想和转化思想等，培养终身受用的灵活解决问题的能力。

总的而言，要提升高等数学教学质量，教师不仅需要拥有渊博扎实的专业知识，还需要改变教育教学观念，并具备过硬的教学基本功。这要求教师注重专业知识和教育理论的学习，提高自身的数学素养。

（二）高等数学教师教学研究能力的提升

高等数学课程是一门包括微积分、微分方程、线性代数、概率统计等内容的重要基础课程。它的目标是培养学生的科学素质，使他们能够在专业领域进行科学研究和科技创新。对于高等数学教师而言，他们需要具备较高的素质要求，要成为通才、全才。这种素质要求包括基本素质、数学素质和教学素质三个方面。

1. 高等数学教师应具备的素质

基本素质是教师必备的基础素质，它包括广泛的科学知识、人文知识、外语知识和现代教育技术知识。教师需要具备一定的综合知识储备，能够应对多样化的学科要求和教学环境。

（1）数学素质是高等数学教师必备的专业素质。数学素质涵盖了高等数学课程所需的数学学科知识和解题能力。教师需要深入理解数学的理论和方法，并能够熟练运用这些知识来解决实际问题。

（2）教学素质是高等数学教师必须具备的能力。它包括教学设计能力、教学操作能力、教学监控能力和教学研究能力。教师需要具备良好的教学策略，能够设计富有启发性和互动性的教学活动，激发学生的学习兴趣和积极性。同时，教师应能够监控学生的学习进展，提供个性化的指导和支持，帮助学生克服困难和提高学习效果。此外，教师还应具备教学研究的能力，不断反思和改进自己的教学实践，探索适合学生的有效教学方法。

2. 提升数学教师研究能力措施

提升数学教师的研究能力对于提高教学质量和推动学科发展非常重要。以下是一些可以采取的措施：

（1）组织专题研讨会和学术交流活动。学校可以定期举办专题研讨会和学术交流活动，邀请专家学者和有研究经验的数学教师来分享他们的研究成果和经验，为教师提供学术交流和学习的机会。

（2）指导教师参与科研项目。学校可以鼓励和支持数学教师参与科研项目，培养他们的科研能力和研究素养。可以为教师提供科研经费、资源支持，并指派有经验的教师或学科带头人进行科研指导。

（3）提供相关培训和学习资源。学校可以组织针对数学教师的研究能力培训，包括研究方法、论文写作等方面的培训。此外，还可以提供相关学习资源，如期刊论文、专业书籍、学术数据库等，让教师有更多的学习材料和文献可供参考。

（4）建立教研团队和学科群体。学校可以组建数学教研团队和学科群体，鼓励教师互相交流、合作研究，并定期组织研究报告会、学术讨论会等形式的交流活动，促进教师之间的学术合作和良性竞争。

（5）提供研究奖励和荣誉。学校可以设立研究奖励制度，并通过评优评先、表彰先进等方式，激励教师积极参与研究活动。同时，也可以推荐教师参加学术会议、出版著作等，增加他们的学术影响力和知名度。

通过以上措施的实施，数学教师的研究能力将会得到提升，进而推动教学质量的提高和学科的发展。

（三）高等数学教师教学能力素质的提升

高等数学是一门至关重要的基础课程，而高等数学教师的素质直接决定了教学质量的高低。除了要具备良好的思想素质和心理素质，加强高等数学教师的能力素质培养与提升是确保他们在教学中发挥主导作用、提升高等数学教学质量的基本保障。高等数学教师教学能力素质的提升可以从以下方面着手：

1. 奠定专业基础，加强专业教学能力

提升高等数学教师的教学能力素质，奠定专业基础至关重要。这包括对教师的学科知识要求和教育理论的深入研究。高等数学是一门基础性强、抽象性较高的学科，教师应该具备扎实的数学基础知识，并了解其在其他学科中的应用。教师们应该参加专业培训课程，提升自己的数学知识水平，保持学科前沿知识的更新。了解教育理论和教学方法，研究有效的课堂教学策略也是必不可少的。通过建立坚实的专业基础，高等数学教师可以更好地应对

复杂多变的教学任务。

加强专业教学能力也是提升高等数学教师教学能力素质的关键。教学能力的提升包括对学生学习特点的深入了解，以及掌握有效的教学方法和策略。高等数学教师应该了解不同阶段学生的学习特点和需求，通过个性化的教学设计满足学生的需求。他们需要培养学生的数学思维和创新能力，激发学生的学习兴趣和潜力。同时，教师们应该注重培养学生的问题解决能力和实践能力，将数学知识与实际问题相结合，提高学生的综合素质。为了加强专业教学能力，高等数学教师还应不断提升自身的教学技巧和方法。他们可以利用现代技术手段，如数字化教学资源、在线教学平台等，提供多样化的教学方式和学习资源，帮助学生更好地理解和掌握数学知识。教师们还应加强与同行的交流与合作，不断借鉴和吸收先进的教学经验，不断改进自己的教学实践。

2. 结合教学实践，培育科学研究能力

高等数学教师的科学研究能力对于数学教学具有重要意义。首先，积极参与科学研究能够体现教育为现代化服务的理念。高校既是教育基地又是科研中心，各国的重点院校承担着大量的科研任务，其成果直接服务于现代化建设。其次，高等数学教师具备科学研究能力能够提高教学水平，实现教学和科研的同步提高。通过以教学促进科研、以科研带动教学，教师能够提升教学水平到一个新的高度。最后，高等数学教师具备良好的科学研究能力有助于培养创造性人才。教师具备科研能力的思维敏捷、动手能力强，且拥有丰富的实践经验。他们具备开拓精神，是培养创造性人才不可或缺的基本素质。

高等数学教师的科学研究能力主要体现在两个方面：首先是数学教学理论的研究能力。随着高等教育的快速发展，数学教师有大量的科研课题可供探索，如改革传统教育思想和方法等。他们应该成为新教育思想、教育理论和新教育方法的实验者和研究者。其次是数学应用的研究能力，这是高等数学教师最主要的研究能力。高等数学作为各专业的重要基础课程，既提供学生学习后续课程的数学基础，又为解决专业实际问题提供数学手段。随着信息技术的迅速发展，各门学科之间的紧密结合推动了数学在专业应用方面的研究。高等数学教师应广泛涉猎各专业的主要课程，尤其对与数学密切相关的内容要有深入了解。他们可以与专业教师紧密合作，共同研究和探讨专业

中的数学问题，通过分析数量关系、建立教学模式，为解决专业难题提供数学依据。这样不仅培养了高等数学教师的科学研究能力，还丰富了教学内容，使教学能力得到提升。

3. 学习教育理论，强化课堂教学能力

（1）学习教育理论有助于数学教师了解学习者的认知和发展过程。教育理论提供了关于学习者如何获取知识和发展技能的重要见解。通过了解学习者的认知特点和学习方式，数学教师可以针对不同的学生需求制定适当的教学策略。他们可以根据学生的认知水平和学习风格调整教学内容和方法，从而促进学生更有效地理解和掌握高等数学的概念和技巧。

（2）学习教育理论还可以帮助数学教师更好地组织和管理课堂教学。教育理论强调课堂活动的组织结构和学习环境对学生学习的影响。数学教师可以通过学习教育理论中的相关概念和策略，设计和实施富有活力和互动性的课堂活动。他们可以运用不同的教学方法和技术，如小组合作学习、问题解决和案例分析，以提高学生的参与度和学习动力。此外，教育理论还提供了有效的评估和反馈策略，帮助教师评估学生的学习成果，并根据评估结果进行必要的调整和改进。

（3）学习教育理论还有助于数学教师的专业成长和自我反思。教育理论提供了一种框架，使教师能够审视自己的教学实践并进行深入的反思。通过对教学过程的观察和分析，数学教师可以发现自己的教学优势和改进的空间。他们可以寻找并尝试新的教学方法和策略，不断提高自己的教学能力和教育水平。

4. 把握语言规律，提升语言表达能力

（1）教师应该熟悉与数学相关的专业术语和定义，掌握数学领域中常用的表达方式和命名规则。熟练运用这些术语和规则，能够让教师在教学中准确地描述数学概念和原理，避免产生混淆或误导学生的情况。

（2）教师应该具备良好的口头表达能力。教师需要能够清晰地阐述数学内容，使用准确的语言和逻辑来解释问题和解决方法。这不仅有助于学生理解数学的本质，还能够激发他们的学习兴趣和思维能力。

（3）教师应该注重书面表达能力的提升。这包括编写教案、批改作业、撰写解题步骤和说明等方面。良好的书面表达能力可以使教师的教学材料更加清晰明了，避免语句不通顺、错误或模糊的情况，使学生能够准确理解知

识点和学习重点。

（4）教师应该通过提升自己的写作能力来提高语言表达能力。写作是一种对逻辑思考和语言组织能力的锻炼，通过进行数学写作，教师可以更好地梳理和总结自己的教学经验和心得，提高对数学知识的思考深度，进一步提升自己的语言表达能力。

（四）通识教育背景下高等数学教师角色转换

通识教育在现代大学教育中扮演着重要角色，它不注重职业培训和专业知识，而是旨在培养全面发展的人和具备健全人格的公民。作为大学生在专业学习之前的“公共课堂”，通识教育强调感悟、实践和探讨，旨在培养学生独立思考和对世界、人生有精神感悟的能力。数学在其中扮演着重要角色，它作为一种思维工具，可以将自然、社会和运动现象规律化、简化，帮助人们建立数学模型来解决实际问题。通过学习数学，人们的思维变得更加逻辑、抽象、简洁，能够更有创造性地解决问题。

正确理解通识教育的含义和价值目标对于通识教育改革至关重要。通识教育的目的是为更高级的专业教育服务，它并非“通才教育”，也不排斥专业教育，最终它与专业教育相互结合。作为高校通识教育的核心课程，高等数学的目标是使学生掌握数学知识并能灵活运用。在通识教育中，高等数学教学应具备体验性和实践性，不能仅仅成为普及性的知识讲座。

然而，一些高校高等数学教师参与通识教育的积极性不高，因为他们在其中得到的回报和激励有限。这导致通识教育课程很少由最优秀的教师承担。然而，优秀的教师是确保通识教育质量的关键。优质的大学教育应该是积极主动的学习和经过训练的探究，培养学生的推理和思考能力。高质量的教学是大学教育的核心，所有教师都应该不断改进教学内容和教学方法。理想的大学应该是一个以智慧为支撑、以传授知识为使命的机构，通过创造性的教学鼓励学生积极主动地学习。教师的角色是“授之以渔”，应该教给学生思考问题的方法。

1. 展示良好的个人素质，注重榜样教育的力量

高素质的人才是推动科技、社会发展和知识传播的关键。在当今高速发展的世界中，高素质的人才是引领社会进步的关键因素。这些人才具备扎实的知识基础和独特的思维能力，能够推动科技创新、社会发展以及知识的传

播和应用。高校需要拥有高素质的教师队伍来培养高素质人才。作为高等教育的主要承担者，高校承担着培养未来社会精英的重要责任。因此，拥有高素质的教师队伍是至关重要的。这些教师应该具备广泛的学科知识和教学经验，能够为学生提供高质量的教育和指导。

（1）高等数学教师要注重培养道德修养和心理素质，与学生建立良好关系。作为数学学科的重要组成部分，高等数学教师不仅需要扎实的数学知识，还需要具备良好的道德品质和心理素质。他们应该与学生建立良好的师生关系，关心学生的成长和发展，激发学生对数学的兴趣和学习动力。

（2）教师要广泛吸收知识，展示丰富的专业理论知识。作为知识传授者和引领者，教师需要不断更新自己的知识储备。他们应该广泛吸收最新的学术研究成果和教学方法，不断提升自己的专业水平，以便能够为学生提供准确、全面的知识。

（3）教师要将理论与实际相结合，展示创新教育素质。纯粹的理论教学往往难以引起学生的兴趣和理解，因此，教师应该将理论与实际相结合，通过生动的案例和实际应用，让学生更好地理解和掌握知识。同时，教师还应该具备创新教育素质，能够灵活运用不同的教学方法和手段，激发学生的创造力和思维能力。创新教学模式和培养学生的创新能力是重要任务。教师应该不断探索创新的教学模式，适应时代的发展和学生的需求。通过引入项目学习、合作学习、实践教学等方法，培养学生的创新能力和实践能力，使他们具备解决实际问题的能力和创新思维。

总之，教师的创新教育素质和能力对学生创新能力的培养有重要影响，教师的创新教育素质和能力直接影响到学生的学习效果和发展潜力。优秀的教师能够激发学生的创新思维，引导他们掌握解决问题的方法和技巧，从而培养出具有创新精神和创造力的高素质人才。

2. 加强数学文化通识教育，注重人文精神渗透

高等数学在大学生的人文精神培养、思维素质提高和应用能力等方面具有重要作用，不可替代。它不仅仅是一门学科，更是一种思维方式和一种文化表达。因此，教师在数学教学中应致力于超越单纯的计算技能训练，更多地阐释数学的文化内涵，推行数学文化的教学。

高等数学作为一门基础课程，传授传统数学知识的同时也培养学生的逻辑思维和空间想象能力。它是通识教育的核心内容之一，也是加强学生通识

观念、传播数学文化和民族文化的重要平台。通过高等数学的学习，学生能够建立起数学思维的基础，为他们今后更深入的学习和研究奠定坚实的基础。

然而，现在高等数学教学出现了技术化和工具化的倾向，功利化的观念使人忽视了高等数学与其他文化领域的相互关系，以及高等数学作为高校公共基础课程的培养目标。纯粹追求计算的结果和方法，而忽略数学的美感和哲学思考，这样的教学方式显然是有失偏颇的。因此，在通识教育的背景下，教师应该更加重视数学文化的传播，培养学生的人文精神。

数学课堂应该成为传递数学文化的场所，教师应该引导学生接受文化熏陶，体会数学的文化品位，让学生认识到社会文化与数学文化之间的差异。在课堂中，教师可以通过教授数学历史、数学名人的故事，让学生理解数学的发展脉络和数学家的思维方式。同时，教师还可以引导学生发现数学在艺术、音乐和文学中的应用，让他们体验到数学的美妙和智慧。

3. 强化培养目标研究，注重研讨性课程的建设

青年学生是社会的希望，因此教育改革的一个重要目标是培养具有批判性思维和问题解决能力的学生。这意味着教师需要采取创新的教学方式来激发学生的思维能力和学习潜能。在高等数学教学中，教师需要采用创新的方式，注重培养学生的批判性思考能力。教师应该鼓励学生在学习数学的过程中思考问题的本质，理解数学的原理和概念，而不仅仅是记住公式和算法。

倡导研究性学习也是非常重要的，这种学习方式能够培养学生独立研究、合作和交流的能力。通过让学生参与实际的研究项目，他们可以亲自探索问题，并与同学和导师进行交流和合作，从而提高他们的学术能力和解决问题的能力。同时，教师应该鼓励学生进行数学交流和合作。通过与同学共同讨论问题、合作解决难题，学生可以相互借鉴和启发，提高他们的解决问题的能力。这也能够培养学生的团队合作精神和沟通能力，为他们未来的职业发展做好准备。

为了激发学生的学习潜能，可以利用创新的学习方法和丰富的学习素材。通过引入新颖的教学工具和技术，如虚拟实验室、在线学习平台等，学生可以以更加灵活和自主的方式进行学习。同时，提供多样化的学习素材，如数学应用实例、真实世界的问题等，可以激发学生的兴趣和动力。

除了学生，教师也需要具备创新能力。他们应该注重培养学生的科学素养和人文精神，引导学生思考数学与现实世界的联系，培养他们的社会责任

感和人文关怀。教师还应该充分发挥学生的主体意识，鼓励他们积极参与课堂讨论和学习活动，从而培养各类人才，为社会的发展作出贡献。

二、高等数学教学的学生主体

（一）高等数学教学中发挥学生的主体性

1. 注重学生的主体地位，激发学习兴趣

在高等数学的教学过程中，一些学生对学习缺乏浓厚的兴趣。这可能是因为他们认为自己已经具备了一定的数学基础，或者受到高考应试教育等客观或主观因素的影响。由于缺乏自我学习能力和良好的自主学习观念，学生进入大学后对数学学习缺乏明确的目标，导致学习兴趣和热情相对较低。为了提高学生对数学学习的兴趣，数学教师在教学课堂上要做好引导和规划的工作，并提前进行准备和设计。结合情境化、生活化的教学方法可以帮助学生更好地理解知识点和学习素材，同时培养他们在高等数学学习上的兴趣和精神。例如，在高等数学中关于“曲面的面积”的教学环节中，生活中存在着众多的曲面。数学教师可以打破教材的限制，将知识点和生活情境相结合，选择一些趣味化的生活教学情境。这样，学生可以共同讨论和计算与生活中具体情况以及“曲面面积”相关的数学问题。这种方法可以拉近学生与数学知识之间的心理距离，激发学生的学习兴趣，拓宽他们的数学学习视野。学生能够更直观地体验数学学习的价值和乐趣，对于培养学生的数学学习兴趣和探究精神大有裨益。

2. 注重学生的思维培养与优化组合教学

高等数学是一门具有高度概括性、抽象性和严密逻辑性的学科。因此，高等数学教师需要采用“授之以渔，非授之以鱼”的教学方法，让学生掌握数学解题和思考的方法。只有掌握了数学的思维方法，学生才能有针对性地解决问题，提高数学水平。通过教授思维方法，高等数学教师可以帮助学生提升解题能力和思维推理能力，从而增加他们对数学学习的兴趣和信心。这种方法不仅仅是传授具体的数学知识，更重要的是培养学生的思维能力和问题解决能力。

3. 优化教学方法，重视学生的主体参与

教师在提高数学教学效率的同时，应注重发挥学生的主观能动性。学生喜欢的教学方法通常是好方法，因此教师应采用多样化的教学方法，避免单一枯燥的方式，以提高学生对高等数学的学习兴趣。尤其是在大一开设的高等数学课程中，学生对教师的依赖程度较高，教师可以采取以下方法：

（1）综合运用讲授法、启示法和讨论法。这三种方法的结合能提高学生的课堂参与度，发挥学生的主体作用。教师可以设立情境教学的模式，鼓励学生去思考、探索、发现和解决问题，营造活泼的课堂氛围。

（2）使用多媒体教学。多媒体课件可以通过绘图和演示几何图形的构成来使教学更生动、直观，加深学生对知识的理解，便于他们掌握和运用知识。同时，多媒体教学还能增加学生在课堂上的参与度。然而，教师应注意不过分依赖多媒体课件，以免引起视觉疲劳，不利于教师和学生之间的互动。

（3）尊重学生的差异，因材施教。在大学教学环境中，学生来自不同地方，数学基础各不相同。教师应根据学生的特点和学习能力，因材施教，提高整体的高等数学水平。在高等数学课堂教学中，教师要了解学生在数学学习中的差异，立足于学生的数学基础和学习能力，满足不同学生的学习需求，确保每个学生都能在数学课堂上有所收获。

通过采用综合教学方法、多媒体教学和因材施教的原则，教师可以激发学生的学习兴趣，提高数学教学效果。这样的教学方式能够增强学生的参与度、理解能力和学习成就，为他们打下坚实的数学基础。

（二）高等数学教学中培养学生的学习兴趣

1. 结合教学实践培养学生数学学习兴趣

在高等数学教学中，学生的表现是多样的。与其约束学生，教师应该想办法提高他们的学习兴趣，使他们能够主动地参与学习，以下是一些方法可以实现这一目标：

（1）利用丰富有趣的导入。在教学中，可以通过利用丰富有趣的导入来提高学生的学习兴趣。例如，在学习“全微分”这一概念时，教师可以引入一些不太准确的认知，让学生发现问题并解决问题，然后用数学语言组织对全微分的理解，从而得出全微分的概念。这样的学习过程有趣且深刻，能够激发学生的学习兴趣，并提高学习效果

（2）通过数学家的故事激励学生。教师可以通过数学家的故事来激励学生探索数学的奥秘，并引导他们对高等数学知识产生兴趣。以高斯为例，教师可以结合教学内容引入高斯的故事，借助榜样的力量，引导学生自觉地学习数学。

（3）由简单问题入手。通过让学生先克服对高等数学学习的恐惧，可以激发他们对新知识的兴趣。例如，在教学“空间直线及其方程”时，教师可以先引导学生思考直线与面的夹角问题，通过在一个平面中书写方程引出夹角概念，从而让学生对空间直线有新的认识。这种方法能够帮助学生逐渐克服对高等数学的恐惧，并形成空间的数形结合意识，提高学习效率。

通过采用丰富有趣的导入、引入数学家的故事和由简单问题入手等教学方法，教师可以激发学生的学习兴趣，使他们更加主动地投入到高等数学学习中。这样的教学方式能够提高学生的学习效果，培养他们对数学的兴趣和探索精神。

2. 科学应用多媒体培养学生数学学习兴趣

在高校教学中，多媒体的应用非常普遍，特别在高等数学教学中，科学地应用多媒体能够起到重要的作用，以下是一些关键点，以重新组织内容：

（1）正确认识多媒体的工具地位。在高等数学教学中应正确认识多媒体在教学中的地位，既不过分依赖，也不盲目排斥。多媒体应被视为一种工具，用来辅助教学，提供更好的教学效果。

（2）多媒体的应用与教学工作。教师应在课堂内外充分应用多媒体，制作教学课件，并通过网络等平台将课件发送给学生，让学生在教学前对要预习的知识和整理的资料有清晰的认知。这样学生可以主动地完成教学任务，提升在课堂上的表现。

（3）多媒体展示与直观理解。在具体的高等数学教学中，如“多元函数的微分学”和“空间直线及其方程”，教师可以利用多媒体展示相关概念和示例，以直观的方式呈现，帮助学生更容易理解和接受知识。

（4）多媒体在师生交流中的作用。教师可以利用多媒体搭建师生交流的平台，通过信息交互提高学生对数学学习的兴趣。学生可以在交流平台上发表感想、提意见，并与其他学生和教师分享自己的困惑。这样教师可以更全面地了解学生的学习状态，及时为学生答疑解惑，突破时间和空间的限制。

总而言之，多媒体在高等数学教学中具有重要的地位，能够培养学生的数学学习兴趣。教师应充分认识多媒体教学的优势，有效地利用多媒体这一新兴的教学工具，激发学生的学习兴趣，并提升教学效果。

3. 活跃课堂气氛激发学生数学学习兴趣

数学教学向来严谨、中规中矩，但有时数学课堂的气氛会相对沉闷，尤其对于一些刚加入数学教师队伍的教师来说。这些教师习惯于深入研究和学习数学知识，因此在教学中往往将自己的专业知识融入课堂，但学生却难以理解。例如，在“多元函数的微分学”教学中，一些教师会扩展教学内容，甚至讲解微分几何等高级知识，教师越讲兴趣越高，但学生越听越困惑。为了改变这种状况，教师在课堂上需要时刻观察学生的接受能力，让学生成为教学的主角，并让他们体会到数学学习的乐趣。又如，在“多元函数的微分学”教学中，教师可以采用不同的教学方法，如分组讨论，针对教学重点设置小标题，让每个小组围绕自己的标题进行讨论，然后进行小组评讲，最后将这些知识联系起来，使学生完全吸收并转化为自己的知识。这种教学方法不仅能够活跃课堂气氛，还能激发学生的探索和求知欲望，使他们更好地参与教学。此外，通过数学学习小组的活动，也能活跃课堂气氛，激发学生的数学学习欲望和能力，让他们对高等数学学习产生浓厚的兴趣。

高等数学学习兴趣的培养是一个长期的过程。无论何时，教师都应对学生有信心，并不断引导和鼓励他们学习数学。通过培养学生的自信心和学习能力，教师能够激发学生对高等数学的兴趣。同时，采用先进的教学手段、多样化的教学方法、丰富的教学形式和活跃的课堂气氛，也能使学生的学习兴趣更浓厚。这样才能为学生的自主学习奠定基础，使高等数学教学能够在轻松愉悦的教学活动中取得更大的成绩。

（三）高等数学教学中学生资源开发与利用

1. 在教学设计中充分利用学生既有经验与知识

在高等数学课堂教学过程中，学生的多方面知识和能力常处于潜藏或休眠状态。恰当的课堂导入可以激活这些资源宝藏，创造出意想不到的课堂氛围和教学契机。这就是所谓的“创设情境激活学生资源”，即教师通过在课堂中设计某种情境，鼓励学生积极参与。高等数学教师可以在课前设计一些与已学知识相关的问题，为新知识的呈现做铺垫。通过这种方式，教师可以循序渐进地引入新知识，使学生在课堂上更加投入。

2. 充分利用学生的智慧，重视观察发现学生资源

（1）充分利用学生的智慧，发掘个体差异。根据多元智能理论，学生的智力结构存在着个体差异。在高等数学课堂教学中，教师应尽力发掘学生个体的不同智能资源，并创造机会让其得到彰显。激励学生参与课堂，让他们主宰学习过程，以形成良好的学习气氛。

（2）重点观察学生资源，灵活应用。在高等数学教学中，教师可以走下讲台，与学生互动，更容易发现学生的学习情绪和问题类资源，以及一些不显著的错误学习资源。当学生进行即时练习时，教师要充当观察者的角色，了解学生的学习情况。当某一数学问题频繁出现时，教师应根据实际情况决定解决方式，可以由教师解决、学生互帮互助或分组讨论解决，可以当堂解决或下节课解决。同时，教师还需观察并处理精神倦怠的学生，通过轻敲桌面或轻碰胳膊等方式，让他们重新投入学习中。这些观察到的“情绪性资源”是教学过程深入的触发点。教师还需发现遇到难题的学生，并在适当时机进行点拨和指导。在观察过程中，重点发现学生频繁出现的错误和问题，然后分析确定利用这些资源的时间、方法和价值等。

（3）关注学生生命发展，构建和谐师生关系，发掘学生的情感资源：为了充分发挥学生的情感资源，高等数学教师应构建师生之间和谐的关系，将生命教育理念与数学教学知识有机结合。教师应尊重每个学生作为一个独立生命体的存在，并给予同等的尊重和信任。在大学阶段，教师应以理性认识揭示事物本质，增强知识的逻辑性和说服力，从而激发并发展学生的情感。教师应与学生共享智慧和思考的成果，丰富情感，提升情感的升华。

（4）搭建生生交流的多层平台，促进学生间的资源交流和共享：学生之间的知识和能力交流是可见的，但无形的资源交流需要教师去发现和利用。高等数学教师可以抓住机会促进学生之间的积极认同，提高交流效果和合作精神。学生之间的资源共享对于形成学习策略至关重要。教师可以开通多种交流渠道，搭建学生间相互交流和借鉴的桥梁。可以通过调查和交流，了解学生在数学学习策略和方法上的经验。邀请毕业后的校友回校交流，让学习得法的同学分享学习方法，以鼓励学生共同进步。同时，可以将学生分成小组进行数学学习活动，并安排课外活动课来促进数学交流和资源开发。

高等数学教学应重点开发和利用学生的资源，并将其有机地结合到整个教学过程中。教师需要全面了解学生的知识基础、个性特征和技能特长等，

并与实际课堂教学设计相结合。教师还应领会教材的教育意义，即教材所教授的内容对数学学科及学生学习发展的促进作用。此外，教师还应具备足够的知识储备，关注学生的需求和资源，以便在课堂上灵活运用并开发利用各类学生资源。

（四）高等数学教学中培养学生的数学素质

1. 还原数学知识产生过程，注重数学思想方法渗透

高等数学教材的知识体系已经相当成熟，但是这类教材过于注重对数学结论的表达，却忽视了对学生数学思维的培养。在实际的教学中，课程的主体内容往往是没有完善的引导、分析，就将结论直接地抛出。对于和生活比较接近的知识，学生还容易理解并进行相关的应用。而对于那些十分抽象的数学分析和数学结论，没有进行引导就直接给出结论，学生就会变得困惑。同时，一些学生在此教学模式的影响下总是不求甚解，失去了数学研究的乐趣，甚至放弃数学学习。针对以上的问题，在实际的教学环节设计当中，应该积极地引导学生对问题进行探究，让学生明白数学知识的形成过程。让通识教育在探讨的过程中能够慢慢地发现问题中所蕴含的数学思想和对问题的具体解决办法。对于学生都有困惑的问题，教师可以着重进行仔细讲解。让大家在引导下发现解决问题的思路，而不是引用现成的数学原理。只有这样才能激发学生对数学学习的热爱，为数学素质的培养奠定坚实的兴趣基础。例如，在讲授导数这一课时，可以从物理的速度、加速度引入导数在实际问题中的具体应用，从而使抽象的函数定义变得简单明了，让学生知其然，也知其所以然，而不是简简单单地告诉学生怎样求导。通过这样的课程设计改革，将会提升学生的学习效果，为学生今后的发展奠定坚实的基础。

2. 创设问题情境，注重发现问题与解决问题能力培养

由于教学任务时间紧任务重，高等数学课中往往采用教师讲授的方式进行教学，学生在平时的课堂学习中一直处于被动接受的状态，容易丧失学习的兴趣。并且有些学生一旦有问题没有得到解决，就会将注意力集中起来解决眼前的问题，而忽视了对后续内容的学习。这样的过程不断重复就会使问题积累，最终使学习者丧失信心。为了使上述问题得到解决，教师在课程设计的环节应该深入地对教材进行探索，针对具体的问题设计讨论的环节，使学生互动起来，在活跃的气氛中解决问题。在这样的学习氛围下，教师会更

容易了解学生学习过程中存在的问题，而学生的发现问题、分析解决问题的能力也会不断加强。在学习的过程中，问题就是新想法的出现，或者是知识储备缺陷。学生在这样的学习模式下在发现问题之后，教师应积极鼓励学生进行猜想，对学生的分析问题和解决问题的能力进行加强，最终达到促进学生数学素质提高的目的。

3. 开设数学实验公选课程，注重数学应用能力的培养

随着时代的进步，数学的学习也变得更加多元，在此形势之下数学与计算机平台的结合产生了一门新的实验课程，即数学实验课程。数学实验课程利用计算机平台计算速度快、计算能力强的优势将数学知识与实际的问题结合了起来，通过对实际问题的模型化，在计算机上将问题解决。让学生体会到了数学学习的意义及作用，激发了学习的积极性。高校开设数学建模这样的选修课，为那些对数学有浓厚兴趣的同学提供了更加宽广的学习及展示平台。在这类实验课中，首先要学习的就是对数学软件 Matlab 熟练运用。这个数学软件具有强大的计算功能和图形函数处理能力，具体的而言就是它可以解决矩阵、微分、积分等问题并可以对复杂函数进行图形显示。因此，软件的学习就作为了实验课的基础内容之一。在能够熟练地使用软件进行编程的时候，将课本中可以利用软件进行处理的知识录入到电脑当中进行简单的操作练习，最终通过不断地练习使大家能够运用数学软件解决实际问题或者是学术问题。这种将实际的问题的模型化处理，并用计算机软件得以解决的实验性课程将学生在课堂当中学到的知识进行了应用，不仅加深了学生对数学知识的了解和掌握，还在很大程度上促进了学生数学素养的提高和综合素质的发展。

4. 借助课程网络辅助教学平台，扩展数学素质培养空间

在高等数学教学中要将传统的教学理念和模式更新，充分利用网络技术和先进的教学手段进行大胆的改革和创新。借此来不断地加强学生数学素质的培养和教学质量的稳步提升。在改革的过程中，要重视引入网络辅助教学，将大学的高等数学课堂进行完善。学校应在自己的校园网内建设网络论坛和网络课程，在课后也能为学生营造浓郁的数学学习环境。此外，还可以采用虚拟投票和网络问卷的形式征求大家对高等数学课堂改革的看法和建议，通过对基层看法的总结对自己工作的不足进行弥补。最终，通过利用网络平台来实现学生数学素质的提高和综合能力的发展。

（五）高等数学教学中培养学生的创新素质

1. 在数学教学中激发学生创新意识

在数学中培养创新意识对于学生的学习至关重要。中国之所以在数学领域取得如此高的成就，是因为数学家们通过不断努力和对知识的进一步探索展示了创新在数学发展中的重要作用。然而，高等数学作为一门较难掌握的学科，面对大量枯燥无味的数字，有些学生会失去对学习的兴趣。因此，在高等数学课堂中，教师应积极培养学生的创新意识和创新思维，以激发他们对高等数学的好奇心和学习兴趣。教师可以采用创新的教学方法和策略，让学生参与到问题解决和数学探索的过程中。通过引导学生思考、提出问题和探索解决方案，培养他们的创造力和解决问题的能力。教师还可以引导学生进行数学思维训练和应用实践，让他们将所学知识应用于实际问题中，并鼓励他们提出自己的独立见解和创新想法。

通过积极培养学生的创新意识和创新思维，高等数学教学将变得更加有趣和有意义。学生将能够主动参与学习过程，真正理解数学的内涵和应用，提高解决问题的能力和创新思维的发展。这种创新意识的培养将为学生打开通往数学的大门，激发他们对数学的热爱和探索的欲望，并为他们未来的学习和职业发展奠定坚实的基础。

2. 创建轻松的数学学习课堂氛围

在高等数学教学课堂中，环境是影响学习效果的重要因素之一。一个良好的学习环境可以激发学生的创新意识。因此，在高等数学课堂上，教师应尽可能营造轻松愉悦的氛围，让学生能够放松心情，并确保每个人都处于平等的环境中。教师应充分信任学生，形成开放式的课堂，鼓励他们积极表达自己的观点。随着时间的推移，学生将形成良好的学习习惯。

一些学生可能会有天马行空的想法，过去的教学中这些想法往往会被教师否定。然而，为了培养学生在数学方面的创新意识，教师不应轻易否定这些新想法，因为每个想法的出现都有其源头。创新是思想的碰撞，是一个不断探索的过程。只有发现学生思维方面的错误根源，才能有针对性地解决问题。这是一种隐性的引导。相信在良好的学习氛围下，学生将有充分发挥的空间。

教师还可以通过创造性的教学方法和活动来促进学生的创新意识。例如，组织小组讨论、开展项目研究和实践活动等，让学生在合作和交流中相互激发创新思维。同时，教师应给予学生充分的支持和鼓励，激发他们对数学的热爱和求知欲望。通过营造一个积极的学习氛围，教师可以帮助学生充分发挥他们的潜力，培养他们的创新意识，并为他们未来的学习和发展奠定坚实基础。

3. 开展多样性的数学教学方式

传统的教学方式过于单一，这是制约学生创新思维的一个主要因素。学生的思想受到限制，从而对解题能力和理解能力等方面造成阻碍。为了克服这种情况，教师应该跳出传统的教学模式，开辟新空间，采用多样化的教学方式来激发学生的创新能力。通过采用多样化的教学方式，如类比思维和多解题方法，教师能够促进学生的创新能力。这种创新教学方法不仅可以提高学生的学习兴趣，还能培养他们的解决问题的能力和思维灵活性。教师在课堂上的引导和激发，以及对学生不同思维方式的接纳和肯定，都能为学生创造一个积极的学习环境，使他们在高等数学学习中取得更好的成果。

4. 运用数学实验提高学生的创新能力

通过数学实验，学生可以自己发现问题并找到问题的答案，教师在整个过程中扮演着引导者的角色。同时，教师可以充分利用多媒体的方式，加深学生对知识的印象，最终得出数学结论。通过实验，学生不仅能够掌握基础知识，还能培养学习兴趣、增强动手操作能力，并获得再创造的锻炼。实验既能深化学生对理论知识的理解，又能培养他们的创新能力。实验本身也是培养学生创新能力的一种途径。通过实验，学生可以进行自主探究和实践操作，从中体验到知识的实际应用和实践意义。实验中的观察、记录、分析和推理过程，能够培养学生的观察力、思维能力和问题解决能力。同时，实验还能激发学生的创造力和想象力，让他们从不同的角度思考和解决问题。实验不仅能够帮助学生巩固所学的理论知识，还能培养学生的实践操作能力和创新精神。通过实际操作和实验设计，学生能够主动参与学习过程，发现问题、提出假设并进行验证，从中获得成功和失败的经验，培养出解决问题和创新的能力。实验也能培养学生的团队合作意识，让他们在合作中相互学习、交流和分享。

5. 利用数学建模引导学生的创新能力

数学建模是一个提高创造能力的过程，它由多个部分组成。除了问题分析外，还需要查阅大量资料，并建立相应的数学模型。在整个数学建模过程中，核心是建立模型。然而，同一个问题在不同学生心中可能有不同的答案。正是在这个过程中，学生的创新能力被激发出来。在教学改革中，教师可以充分应用数学建模的方式来提高学生的创新能力。通过引导学生进行数学建模，教师可以让学生在学习高等数学的过程中发展出新的思维方式，并指引他们在解决问题时的方向。这样的教学方法可以培养学生更好地思考问题的能力。数学建模的过程不仅能够让学生将理论知识应用于实际问题，还能培养他们的创新思维和解决问题的能力。在数学建模中，学生需要运用已学的知识和技能，同时面临着挑战和未知的情况，需要积极思考和探索。这样的过程能够激发学生的创造力和想象力，让他们从不同的角度思考问题，寻找解决方案。

（六）高等数学教学中培养学生的应用能力

1. 培养学生数学应用能力的重要性

国际数学教育改革的一个重要趋势是将学到的数学知识应用于问题分析和解决。高等数学是大学生基础课程的一门重要学科，涵盖了管理、经济、化工、建筑、医学等理工农医类专业，甚至文科专业也会开设高等数学课程。高等数学对学生的学习和毕业后的工作和生活产生重要影响，因为日常生活实际中经常需要运用高等数学的知识，并且高等数学所展现的多维度思考方式很容易激发大学生的学习和研究兴趣。

数学作为一门基础学科，在技术发明和科学研究中起着必要的作用，并广泛应用于社会各行各业以及生活学习工作的各个方面。当前，一个国家科学技术发达程度的重要标准之一就是公民的数学应用能力平均水平。随着高等教育改革的深入，加强学生的数学应用能力培养已成为数学教育改革的必然趋势，也是数学学科发展的推动力。因此，高校和教师应将学生的数学应用能力培养置于突出位置，加以重视和实施。

在高等数学学习中，学生通常能够游刃有余地应用数学知识解决那些思路清晰、题目明确、结论唯一的问题。这表明学生在数学应用解决能力方面具有一定基础，能够相对容易地得出结论并应用相关知识。然而，当遇到复杂且对背景关系不熟悉的问题时，学生的解题思路往往变得相对僵化和单一，有时甚至无从下手、不知所措。这说明学生在解决实际问题时，数学知识的熟练程度仍有待提高，他们的数学应用能力有进一步发展的空间。从事高等数学授课的一些专业教师，对于加强大学生数学应用能力培养的认识存在差异。部分教师对培养大学生数学应用能力的重要性和紧迫性了解不够充分，对于数学应用能力教育的现实意义和理论意义理解不够清晰。有些数学课程教师甚至没有考虑到数学课程在培养学生数学应用能力方面的主渠道作用，仅以应付考试和教学为目的，将培养学生数学应用能力放在次要位置，而在实际工作中很少采取行动。

因此，高校和教师需要重视培养学生的数学应用能力，并认识到数学应用能力的重要性，加强对学生数学应用能力的培养，更加全面地理解培养大学生数学应用能力的紧迫性和重要性，将数学应用能力教育纳入教学的核心内容，以实际行动推动学生数学应用能力的提升。

2. 培养学生数学应用能力的途径

（1）转变思想观念。高等数学课程任课教师应转变思想观念，将培养学生的数学应用能力放在高等数学教学的首要位置。他们应建立以应用为核心的教学理念，将理论知识和实际应用紧密结合，全力推进学生数学应用能力的培养。

（2）推进教学改革。教学改革是推动高等数学学科发展的必然趋势。在教学过程中，应注重优化数学专业课程设置，建立以应用为中心的高等数学课程建设目标和授课模式。重视实践课程的比例，开设数学建模和实验教学等不同形式的课程，并充分利用计算机、多媒体和数学软件等数字化教学技术。

（3）加强数字教学。加强数字教学是当前教育改革的重点之一。利用计算机为主的多媒体技术，建设数字化课程和数字化教学，可以通过图文并茂的形式清晰展示高等数学理论知识，增强教学的针对性和吸引力。数字化教学与传统教学模式有机融合，提升教育效果，从而形成良性循环，激发学生学习的兴趣和欲望。

（4）强化数学建模。数学建模竞赛是培养学生创新意识和实践能力的有效途径。数学建模竞赛要求学生将理论知识与实践应用相结合，解决实际问题，并促进理论知识体系的建设。这种理论和实践的双向结合能够增强学生的数学应用能力和解决实际问题的能力，对推动大学生综合素质的提升起到积极作用。

（5）加强实验教学。实验教学在高等数学教育中也具有重要地位。通过增强实验教学，将其作为数学教学的重要内容，并采用探究式教学方法，让学生从问题出发，借助计算机的功能，通过实际行动解决问题。任课教师可以指导学生从不同角度思考和解决问题，并运用数学理论知识和实践行动完成数学实验。实验教学可以使学生全面体验发现、分析和解决问题的过程，提供更多的数学理论知识支持，并通过动手操作实验程序完成探究学习，从而提升学生的数学应用能力。

综上所述，数学应用能力的提升对学生适应社会发展的需求至关重要。单纯掌握数学理论知识的学生相对较弱，因此提升大学生的数学应用能力已成为高等教育改革亟待解决的问题，也是数学教育界的重要目标和努力方向。通过强化数学建模竞赛和增强实验教学，可以培养学生的实践能力、创新意识和解决问题的能力，为他们的综合素质提升奠定坚实基础。

三、教师与学生主体发挥作用

在教学过程中，教师和学生之间的关系是最基本的一种关系。教师的教是为了学生的学，学生的学又影响着教师的教，二者相互依存、相矛盾又相统一，缺一不可，他们之间的活动以对方为条件。在高等数学教学中，教师是教育的主体，通过教师的组织、调节和指导，学生能够快速掌握知识并实现个人发展。需要注意的是，学生是学习的主体，教师的指导和调节只有在学生积极参与学习活动时才能发挥作用。教师在教学过程中发挥主导作用，对整个教学活动进行领导和组织。在高等数学教学中，由于教学任务重、教学时间紧等问题，教师往往采用讲授法，学生的积极性和主动性得不到充分发挥。教师的主导作用和学生的主动性之间的关系未得到妥善处理，导致教学效果和学习效果不明显。

在高等数学的教学过程中，需要处理好教师的主导作用和学生的主动性之间的关系，才能达到良好的教学效果和学习效果。教师的主导作用是基于教学计划和教学大纲，通过确定教学任务、安排教学内容、选择教学方法和组织形式等，起到引导和决定学习活动的作用。同时，学生的学习主动性和积极性也是至关重要的。学生作为学习的主体，具有能动性，他们的学习主动性和积极性越高，学习效果就越好。调动学生的学习主动性是教师有效进行教学的关键因素，学生的学习主动性直接影响并最终决定他们的学习效果。

在高等数学教学中，教师要坚持主导作用，有目的、有计划地传授基础知识，并通过充分准备、突出重点、灵活运用教学方法、启发学生等方式激发学生的学习兴趣和主动性。同时，学生也应主动参与学习活动，发挥自己的学习主动性，培养求知欲、自信心、刻苦性、探索性和创造性。学生的学习主动性对于教学过程至关重要，它可以促进知识的吸收和理解，提高问题解决能力和创新能力，使学习更加积极和有效。

在高等数学的教学过程中，教师应当通过多种教学方法和手段激发学生的学习兴趣和主动性。例如，可以采用探究式教学方法，让学生从问题出发，通过实际操作和探索解决问题，培养他们的思维能力和解决问题的能力。同时，教师还可以鼓励学生提出问题、参与讨论和合作学习，激发他们的思考和创新能力。教师和学生之间的关系是相互依存的，教师的教和学生的学相辅相成。只有教师发挥好主导作用，组织和引导学习活动，同时学生也发挥自己的学习主动性，积极参与学习，才能实现良好的教学效果和学习效果。这种教师和学生之间的良好关系是高等数学教学中必须重视和处理好的关键方面。

（一）形成良好开端，教师精于准备

高等数学教师上好一堂课需要良好的课堂驾驭能力。为了做到这一点，教师需要具备深入理解和掌握教材内容的能力，并能够将其吸收并转化为自己的知识体系。教师还需要全面了解各知识点的易错点和解题技巧。在课堂上，教师可以运用一些有效的教学策略来帮助学生更好地理解和记忆知识点。例如，当讲解等价无穷小求极限时，教师可以对常用的等价无穷小进行归纳和总结，以便学生更容易理解和记忆。在讲解中值定理时，教师可以着重介绍辅助函数的构造，帮助学生掌握构造的方法和技巧。在讲解洛必达法则时，教师可以重点讲解学生常见的错误，引起学生的注意，并帮助他们避免在应用时出现同样的错误。通过这样的教学方法，教师能够更好地驾驭课堂，使得教学过程更加高效和有针对性。教师的深入理解和合理调整教材内容以及对易错点和解题技巧的了解，将有助于学生更好地掌握高等数学知识，并提高他们的学习效果和成绩。因此，教师的课堂驾驭能力对于高等数学教学至关重要。

（二）教学中要精讲多练与讲练结合

在高等数学教学中，教师必须采用讲练结合、精讲多练的教学方法，因为高等数学是一门动手性极强的学科。在教学中，教师需要通过精讲来确保课程内容能够在有限时间内清晰地传达给学生。精讲意味着教师在熟悉教材的基础上，抓住教材的重点，循序渐进地进行讲解。对于每个新的知识点，教师应该花费 7 ～ 8 分钟的时间进行讲解，确保学生对知识点的理解。同时，教师还应该在讲解后给予学生足够的练习时间。通常，教师可以用大约 20 分

钟的时间对学生进行训练。这种训练可以通过要求学生到黑板上演示解题过程，教师巡视并指出学生错误的地方，引导学生进行纠正来进行。这种方式可以深化学生对知识的理解，使他们真正掌握所学内容。特别是在函数求极限、导数和不定积分等知识的教学中，采用讲练结合、精讲多练的教学方式效果显著。通过这样的教学方法，学生能够更好地理解和运用所学知识，提高学习效果。

（三）培养学生学习兴趣，激发动力

学习的兴趣是学习的源泉和原动力，当学生对某一学科产生兴趣时，他们会对该学科的学习产生巨大的热情。在高等数学作为基础课程中，学生一上大学就要学习这门课程，而对于打算取得更高学历的大学生来说，高等数学是研究生入学必考的一门课程。因此，数学教师应该抓住学生的这种心理，在讲课过程中穿插一些历年的考研真题，以激发学生的学习兴趣，并发挥学生的主体作用。在每堂课结束前，教师可以提供一些与本次课程内容相关的考研真题给学生抄写，让学生自己去独立思考和完成。在下次课开始时，学生可以自己对这些题进行讲解或介绍解题思路，然后教师进行归纳和总结。教师应该正确地肯定学生在解题过程中的正确之处，并指出不足之处，使学生真正感受到学有所得。通过这种方式，教师能够引导学生主动参与学习过程，增强学生的学习兴趣和主体性。同时，历年的考研真题也能够让学生更好地理解和应用所学的高等数学知识，为他们在学术上的进一步发展打下坚实的基础。

（四）引导学生归纳总结，学有所得

在每节课即将结束时，教师可以引导学生讲述本节课应该掌握的数学知识点，以促使学生积极参与教学活动。然而，这并不意味着可以忽视教师的主导作用。对于学生遗漏或讲解不清楚的知识点，教师需要进行补充和重点讲解，并进行归纳总结，充分承担起“传道、授业、解惑”的责任。在教学过程中，教师发挥主导作用，同时激发学生在学习过程中的主体作用。例如，在讲解求函数不定积分的分部积分法时，教师可以引导学生总结出“反对幂指三”的规则，以加深学生对知识的理解和记忆，确保学生有所收获和学有所得。

总的而言，高等数学的教学需要同时发挥教师的主导作用和学生的学习

主动性。教师应以课堂教学为主要渠道，并以课外作为有益的补充手段。同时，教师应运用科学的方法，将讲解与练习相结合，灵活多样地传授知识和技能，使学生内化所学知识，将其转化为学生个体的精神财富。真正注重培养学生的能力，使他们早日成为建设祖国的栋梁之材。这样的教学方式能够确保学生全面掌握知识，同时激发他们的学习兴趣和动力，提高学习效果。

第四节 高等数学生态课堂的构建研究

一、生态学习观下的高等数学课堂文化构建

随着课改的进一步推进，追求师生的和谐发展已成为课堂教学改革的基本目标。生态学习观以整体和多元的视角审视学习，将学习看作是一个由学习者、学习活动、学习工具、社会及物质环境构成的生态学习系统。在高等数学课堂中，课堂文化既是以理性思维为主流的文化，又是一种情境性文化。因此，高等数学课堂文化建设应以生态学习观为指导思想，以实现以下主要目标为中心：构建数学学习生态圈、创建富有活力的课堂氛围、形成学习共同体，以及实现共同体的知识和能力的获得与个体的知识和能力的获得的相互关联。

（一）挖掘高等数学的应用、人文与美学价值

第一，挖掘高等数学的应用价值：高等数学的应用价值是首先需要被挖掘和认识到的。数学并非无用的学科，它在许多领域中具有重要的应用。例如，牛顿的万有引力定律的发现依赖于微积分的应用。在知识经济时代，高等数学从幕后走向前台已成为一种必然趋势。它在经济领域可以借助数学模型进行宏观和微观经济研究，通过数学方法和手段进行风险分析。在互联网技术领域，算法设计人员常常利用概率和随机性建立数学模型。而在信号处理领域，傅里叶变换等数学方法也是不可或缺的。

第二，挖掘高等数学的人文价值：除了应用价值，高等数学还具有重要的人文价值，它是人类文化的有机组成部分，在创造、保存、传递、交流和发展人类文化中扮演着主要角色。数学精神是人类文化精神的最高代表之一。

高等数学不仅仅是一些定义、定理和公式的集合，更是一种数理语言、一种数理文化、一种量的文化和计算机文化。它以理性思维为主流，促进了人类智能的不断发展。

第三，挖掘高等数学的美学价值：在高等数学的极限世界里，存在一个相当重要的事实：$\lim\limits_{x\to 0}\frac{\sin x}{x}=1$。在一开始接触这个重要极限时，学生可能会感到费解，一个像 $\frac{\sin x}{x}$ 如此难看的函数，竟会存在像1那样美丽且简单的极限。为了让学生真正理解掌握这个极限，教师可以这样解释：这个极限意指当无限趋近0时的 $\sin x$ 行为会变得跟 x 如出一辙，因而他们的变化率 $\frac{\sin x}{x}$ 就变成1了。为了更直观说明这一点，教师可以画出 $y=x$ 和 $y=\sin x$ 这两个函数的图形，观察这两个函数在0的局部小邻域的状态，不难发现当 x 靠近0，两函数愈来愈相似，因此他们的变化率 $\frac{\sin x}{x}$ 靠近1就不足为奇了。在高等数学“导数的应用”部分介绍了重要的泰勒公式：

$$f(x)=f(x_0)+f'(x_0)(x-x_0)+\frac{f''(x_0)}{2!}(x-x_0)^2+\frac{f^{(3)}(x_0)}{3!}(x-x_0)^3+\cdots$$
$$+\frac{f^{(n)}(x_0)}{n!}(x-x_0)^n+\frac{f^{(\xi)}(x_0)}{(n+1)!}(x-x_0)^{n-1}$$

各项的结构相似，阶乘数、导数的阶数、$(x-x_0)^n$ 的次数逐项递增，整个公式如一个台阶逐级向上，结构对称，浑然天成，展现着高等数学的对称美、结构美。

（二）为学生营造一个适应性的数学教学环境

高等数学课程对一些学生来说可能存在畏难情绪，主要原因是他们对新讲授的内容难以理解，知识储备不足。为了解决这个问题，高等数学课堂教学需要教师抓住学生的认知最近发展区，站在学生的角度，与他们一起参与思维训练和数学活动，以拉近心理和认知的距离，创造适应性的教学环境。传统的学习环境往往以直接教学为主，学生被动地接受教师的讲解，缺乏积极主动参与学习活动的动力。而生态学习观则强调学习活动的生成性和共享性。在日常生活中，存在着许多数学现象，这些现象可以成为引发学生积极思维和深入探究的重要资源。教师可以通过创设教学情境、联系实际生活等方法加强引导。在知识传授的过程中，教师可以选择与学生感兴趣的相关背景知识作为信息沟通的切入点，激发学生的自主思考。教师应当确保信息的输出流畅，讲授的知识精准，同时使用生动的教学语言，以增加学生的兴趣和参与度。

（三）为学生创建一个民主的共同体学习环境

生态学习观是一种教育理念，它倡导师生之间通过对话和协商的方式进行知识学习，建立互依、互惠、协同、合作的教学环境。在高等数学课堂中，教师应该成为学习的指导者、促进者和咨询者，采用协商和对话的方式，让学生有话可说、敢于说、能够说，在问题面前师生与知识平等。小组合作学习可以激发同学之间的积极互动，展开思维交流和碰撞，共同完成学习任务，共同获得认知经验和成功合作的体验，让数学学习在愉快合作的氛围中变得积极主动。高等数学课堂主流文化的核心是动态的数学观和开放的社会观。从数学的角度来看，我们要求符合数学规范，尊重数学思维，倡导参与社会生活，让每个人都能感受到数学的实用性；从社会的角度来看，我们主张学生展现个性，强调集体主义。

综上所述，生态学习观指导的高等数学课堂应不断吸纳新思想、新观念，以发展数学课堂文化，更好地促进人的发展。未来的教学目标是培养具有终身学习能力的学习者。生态学习观是教育改革的必然产物，它为我们培养学生积极的数学学习情感，营造充满活力的课堂氛围，构建适应学习者特征的合作性共同体学习环境指明了方向。作为高等数学教师，我们应坚持生态学习观的教学理念，激发学生的学习力，构建一个民主、参与、对话、合作、质疑、反思、适应性强、凝聚力高、充满文化渗透的高等数学课堂。

二、高等数学生态课堂构建的具体策略

生态课堂是一种全新的教育追求，它从生态理念出发，以和谐为中心，以学生为主体，以促进学生的健康发展和幸福成长为目标。如何让高等数学课堂焕发出生命活力，是教师应思考的重要问题。生态课堂教学是一种追求自然、自主的全新教育理念，它强调课堂的整体和谐、开放与生成、交往与互动，不仅仅是传授知识，而是以学生为主体，关注学生的生命成长，注重

生态化的教育方式，促进学生的健康发展和幸福成长。生态课堂教学强调学生的主体地位，教师应该鼓励学生参与课堂讨论、提问和批判性思考，激发他们的学习兴趣和主动性。教师可以运用多媒体、互动教学工具和小组合作等方式，增加课堂的互动性和趣味性。通过注重生态课堂构建和灵活运用有效教学策略，教师可以提高教学效率，构建高效灵动的高等数学课堂。在这样的课堂环境中，学生能够更好地参与学习，激发他们的学习热情和学习动力，提高学习效果。

（一）尊重学生主体地位，营造和谐学习氛围

高等数学作为一门必修的公共基础课，内容较多而课时有限，很多教师为了赶进度而忽视了师生之间的多向互动，导致课堂氛围沉闷，难以激发学生的学习兴趣和求知欲望，学生的学习效果不佳。然而，课堂应该是教师与学生情感交流、思维碰撞的主阵地，若想激发学生的学习热情和调动他们的学习积极性，教师应该尊重学生的主体地位，积极营造一种平等、和谐、愉悦、民主、宽松、自由、信任的课堂学习氛围，从而促进师生和谐发展。

因此，在高等数学的生态课堂构建过程中，教师应以学生为主体，尊重学生的个性发展，开展民主教学。教师需要让学生在课堂中敢于提问、勇于发言、敢于创新、乐于学习。同时，教师应善于为学生搭建展示自我的平台，为每位学生提供表现的机会，引导学生独立思考、积极探究，自主获取知识，提升能力，从而促使学生的个性得到充分发挥与张扬。教师还应注意加强师生间积极的情感交流和互动。教师应该善于肯定学生的闪光点，及时指出学生的不足之处，以便学生改进和完善。在课堂上，对于学生的不同看法和见解，教师应给予正确的评价和对待。教师应肯定和赞赏学生的独特观点，鼓励他们大胆创新。这样能增强学生的学习自信心，培养学生的创造性思维，促进师生的和谐发展。

（二）转变教学设计思路，激发学生情感体验

教学设计在数学教学中起着至关重要的作用。它以促进学生学习为根本目的，是对教学活动的系统规划，也是开展教学工作的前提条件。教学设计的优劣直接影响到教学方法的选择、教学目标的实现以及教学效果的好坏。然而，一些教师在设计教学教案时往往从自身教学的角度出发，忽视了学生的主观能动性。他们未充分考虑学生的自主学习时间和空间，教学模式呆板

陈旧，教学方法过于单一，教学内容枯燥乏味，缺乏时代性。这样的教学设计难以引起学生情感共鸣和思维共振，无法释放学生的生命潜能，导致教学效率偏低。相比之下，生态课堂注重尊重学生的个性，强调让学生在课堂活动中积极主动，而不是被动接受。因此，在进行高等数学课堂教学设计时，教师应该深入了解学生的学情，考虑学生的专业特点和需求，结合学生的认知发展规律，从学生学习的角度出发进行教学方案和教学活动的设计，激发学生的参与热情，促使他们健康成长。

同时，教师还应注意教学内容和教学方法的多样化。课堂应贯穿交流讨论、合作探究、实践操作等自由活动，而不是陷入题海战略中，以构建高效、灵动的课堂氛围。例如，在教授高等数学中较为抽象的概念性内容时，可以采用启发式教学方法来帮助学生深化对概念的理解；对于逻辑推理较强的理论性知识，可以运用探究式教学来培养学生的探究和推理能力；而对于应用性较强的知识内容，则可以将理论教学与实践教学相结合，通过讨论法提高教学的有效性。

（三）联系生活实际，实现数学教学动态生成

数学作为一门学科，源于生活并服务于生活。只有将理论知识和实践教学有效结合起来，将知识融入生活实际中，课堂教学才能充满生命力和活力。在构建高等数学生态课堂的过程中，教师应该注重联系生活实际，实现学以致用的目标，从而建立起生态和谐的课堂环境，促进师生之间以及学生之间的动态平衡，提高学生的知识运用能力。为了更好地加深学生对知识的理解和提高他们的知识迁移与运用能力，教师可以在教学中提出与生活相关的问题，引导学生进行思考和探究。例如，教师在讲解“闭区间上连续函数的性质”时，可以提出一个生活中常见的问题：“为什么四个角的凳子在相对平滑的地面上一定可以四个角都着地？”通过巧妙地运用高等数学的知识来解答这个生活中的常识问题，不仅可以加深学生对知识的理解和巩固，还能提高他们的知识应用能力，并激发学生的学习兴趣和保持学习热情。

此外，教师还可以设计更多的实践活动，引导学生将数学与生活联系起来，开展数学建模，提升学生的学习能力。例如，可以让学生思考一个问题：在教室中，学生距离黑板多远才能看得最清楚？这是学生在实际生活中经常遇到的问题。通过运用高等数学，巧妙地进行数学建模，学生很快就能解决这个问题，而且还能提高他们的问题解决能力和数学思维能力。

综上所述，高等数学课堂的生态构建需要将数学知识与生活紧密结合，通过联系生活实际、提出生活问题、开展数学建模等方式，激发学生的学习兴趣和求知欲望，提高他们的知识应用能力，并营造一个生动、有趣、充满活力的学习环境。

（四）改革教学评价体系，提升学生综合素质

在高等数学的生态课堂教学中，多样化的评价方式是激发学生内在潜能、提高学生综合素质的重要手段。构建高等数学生态课堂需要教师注重教学评价体系的改革和创新，遵循开放性和多元化的原则，并偏重考核学生的综合素质，以有效激励学生，促进他们的全面发展。

第一，教师应该关注学生的综合发展。培养实际应用能力强的复合型人才是教育教学的主要目标。因此，在进行高等数学教学评价体系的改革时，教师应以学生的综合发展为目标。在平时的考核中，应适当降低笔试的比重，增强理论知识的应用能力、数学建模能力以及作业完成情况、课堂参与度等考核指标。在成绩评定时，可以参照综合描述突显学生的个性特点，促进他们的综合发展。

第二，教师应注重评价主体和形式的多元化。评价主体的多元化意味着教师可以结合教师评价、学生互评、自评和小组评价等方式来评价学生。评价形式的多元化意味着除了平时的笔试外，还应增加课堂学习活动的评比、评价表格、学习档案袋、问卷或访谈评价等形式。对于学生的表现，可以采取课堂问答等方式进行即时评价或延时评价，优化教学过程，提高教学效果，以满足社会对人才质量日益提高的要求。

总之，在构建高等数学生态课堂时，教师需要以学生为主体，以学生的综合发展为目标，不断转变教学理念和设计思路。教师应从学生的全面发展角度出发，设计教学方案和教学活动，注重教学方法和评价的多样性。通过启发和诱导学生的积极参与和自主探究，教师可以充分发挥学生的主观能动性，使他们内化知识并提升能力。同时，教师也应注重将数学知识与生活联系起来，实现动态生成，促进教学与学习相互促进。只有将理论知识与实际应用有效结合，将数学融入生活实际中，课堂教学才能焕发生命和活力。

第五章　高等数学课堂的教学设计与实施

在高等数学课堂教学中，教师根据要教学要点设计适合学生认知规律的数学内容，在教学实施中注意激发学生进行积极思考，确保课堂教学的良性循环，提高课堂教学效率。本章主要探讨数学课堂教学设计及其过程、数学课堂教学中的教师技能、数学概念教学与命题教学实施。

第一节　数学课堂教学设计及其过程

“数学课堂教学设计是根据数学学习理念、数学教学论、数学课程论、数学教学评价理论及数学学习方法论等理论的基本观点和主张，依据课程目标要求，运用系统科学的方法，对教学中的三要素（学生、教师、教材）进行分析，从而确定数学教学目标，设计解决高等数学教学问题的教学活动模式与工作流程，提出教学策略的方案和评价方法，并形成最后教学设计方案的过程”①。

数学课堂教学设计具备规划性、超前性、创造性和可操作性等特点。数学课堂教学设计既是课堂教学设计理论在实践中应用的过程，又是具备学科特点的数学教学理论指导下的产物，它不仅具有较强的可操作性，而且能充分展示它的技术性的特点，它的主要作用就是构建数学教育理论与数学实践之间的桥梁，让每一位教师把所学的数学教育理论融化在课堂教学实践中，从而到达理想的彼岸。

① 程丽萍，彭友花 . 数学教学知识与实践能力 [M]. 哈尔滨：哈尔滨工业大学出版社，2018：187.

一、数学课堂教学设计与教案的区别

数学课堂教学设计是教师基于数学教学现实为实施教学而勾画的图景，其核心是教师对数学教学要素进行系统思考而构建的教学流程，主要是对教学活动步骤和环节进行安排，体现设计者对数学教学的期望。在高等数学课堂教学设计中，教学设计与教案都是教师在教学前对上课的准备，即备课。传统意义上的备课主要包括钻研教材、选择教法、编写教学方案和熟悉教案等环节，其中编写教案是备课工作的集中体现，大体包括确立本节课的教学目标与要求、教学重点、教学难点、教学方法和手段、教学过程、小结反思、巩固练习及板书设计等内容。因此，备课是为了课堂教学而进行的一切准备活动。

教学设计与传统的备课又有所不同，传统的备课中多数教师依照教材和教参确立教学目标和任务，凭借个人经验选择教法、实施教学，整个过程可能缺乏科学性而多了些随意性。教学设计则是以先进的教育教学理念为依据，对教学过程中的各种因素进行分析，以期达成教学目标的系统化设计。我们所写的教案只是教学设计的表现形式之一，是不全面的。与传统的备课相比，教学设计更注意理论和实践相结合，更强调教学情境的策划和教学手段的运用，更具有灵活性和创造性，具体而言，教学设计与教案有以下方面的区别：

第一，概念的范畴不同。教案是教育科学领域的一个基本概念，又称课时计划，是以课时为单元设计的具体教学方案，是教学中的重要环节。教案的基本组成部分是教学进程，内含教学纲要和教学活动安排，教学方法的具体应用和各种组成部分的时间分配等。教学设计也称教学系统设计，是教育技术学科的重要分支，它包括宏观设计和微观设计，主要以运用系统分析方法、解决教学问题、优化教学效果为目的，以传播理论、学习理论和教学理论为基础，具有很强的理论性、科学性、再现性和操作性。

第二，对应的层次不同。教案就是教学的内容文本，指导教师自己上课用的，也是考察一个教师备课的一个依据。教学设计是把学习者作为它的研究对象，所以教学设计的范围可以大到一个学科、一门课程，也可以小到一堂课、一个问题的解决。目前的教学组织是以课堂教学为主，所以课堂教学设计是教学设计中运用最多的一个层次。从研究范围上，教案只是教学设计的一个重要内容，因此教学设计与教案的层次关系是不完全对等的。

第三，设计的出发点不同。教案是教材意图和教师意图的体现，它的核心目的就是教师对教学内容的理解为依据的一种纯粹的“教”案。强调教师的主导地位，却常常忽略了学生的主体地位。教学设计是“一切从学生出发”，以学生对知识的理解能力、掌握程度为依据，教师在设计中既要设计教，更要设计学，怎样使学生学得更好，达到更好的教学效果是教学设计的指导思想。

第四，包含的内容不同。教案一般包括教学目的、教学方法、重难点分析、教学进程、教具的使用、课型、教法的具体运用、时间分配等因素，从而体现了课堂教学的计划和安排。教学设计从理论上而言，有教学目标分析、教材内容分析、学习重点目标阐明、学情分析、教学策略的制定、媒体的分析使用及教学评价七个元素，然而在实际的教学工作中，我们讨论比较多的是学习目标、教学策略和教学评价三个主要元素。

第五，教案与教学设计的内容不同，表现如下：

一是目的与目标。教案中称之为教学目的，多来源教学大纲的要求，比较抽象，可操作性差，使课程重视了整体性、统一性，忽视了学生个性的发展，淡漠了世界观和人生观的修养。教学设计的教学目标可由教师依据新课程标准和学生的实际水平来制订，教学目标更加体现了素质教育的要求，教学目标更加具体，更加具有可操作性。

二是重点、难点分析与教学内容分析。教案中的重点、难点分析主要由教学大纲指出，是教师上课讲解的主要内容和教案的重要组成部分。教学设计中的教学内容结合学习者进行分析，有一定的系统性和连续性，分析得到的重点和难点常常是媒体设计时所针对解决的对象。

三是教学进程与新课程教学过程设计。教案的教学过程就是教师怎样讲好教学内容的过程。重视对学生进行封闭式的知识传授和技能训练，强调教师的主导地位。教学设计分为三个阶段：准备阶段、实施阶段和评价阶段。不同的课型教学过程的设计流程不相同。但是一定要体现学生既是教学活动的对象，又是教学活动的主体，教学过程的设计要充分考虑这一主要特点。

四是教学方法和教学用具。教案中的教具使用比较简单，多为模型、挂图等公开发行的教具，缺乏针对性和创新性。教学设计非常重视媒体的选用和使用，而且注意使用时的最佳作用和最佳时机，有较理想的教学效果。

五是教学评价。教案在编写的过程中评价体现得不明显。依据教学目标对学生掌握知识、形成能力的状况做出准确而及时的评价，是教学设计中的重要环节。

总而言之，教案作为经验科学的产物仍需进一步理论化，特别是现代教育思想和现代教育媒体的日渐介入，对教案的编写有巨大的冲击力。教学设计虽然有了自己的理论框架，但还需要在教育实践中充实和完善。

二、数学课堂教学设计的要求

第一，充分体现数学课程标准的基本理念，努力体现以学生发展为本。高等数学教学设计要面向全体学生，着眼于学生掌握最基本的数学知识和思想方法，提高学生的数学思维能力，激发学生的学习热情，提高学生的数学素养，促进学生的全面发展。

第二，适应学生的学习心理和年龄特征。数学教学设计不能只见书本不见人，认真研究不同阶段的学生的学习心理，了解学生学习数学的认知方式和学习情况，以保证他们的学习需求、知识经验基础、学习方式与课程内容得以很好地配合。

第三，重视课程资源的开发和利用。教材为学生提供了精心选择的课程资源，是教师上课的主要依据，教师在细心领会教材的编写意图后，要根据自己学生的数学学习的特点和教师自己的教学优势，联系学生生活实际，对教材内容进行灵活处理，及时调整教学活动，如更换教学内容，调整教学的进度、整合教学内容等，对教材进行二次加工。同时，还要注重现代化教育技术的整合和有效使用，加强课程内容与学生生活、现代社会科技发展的联系，关注学生的学习兴趣和经验。

第四，注重预设和生成的辩证统一。教学方案是高校教师对教学过程的“预设”，教学方案的形成依赖于教师对教材的理解、钻研和再创造。理解和钻研教材，应以本标准为依据，把握好教材的编写意图和教学内容的教育价值；对教材的再创造，集中表现在：能根据所教班级学生的实际情况，选择贴切的教学素材和教学流程，准确地体现基本理念和内容标准规定的要求。实施教学方案，是把“预设”转化为实际的教学活动。在这个过程中，师生双方的互动往往会“生成”一些新的教学资源，这就需要教师能够及时把握，因势利导，适时调整预案，使教学活动收到更好的效果。一个富有经验的教师的教学总能寓有形的预设于无形的、动态的教学中，真正融入互动的课堂中，随时把握教学中的闪光点，把握使课堂教学动态生成的切入点，促使学生进行个性化的思考和探索。

第五，辩证认识和处理教学中的多种关系。高校教学设计作为一种对教学活动中的各种要素和资源的系统规划与安排，必然要处理好多种关系——

师与生、生与生、教与学、书本知识与生活经验、知识的结构与过程、目标与策略等关系。在认识和处理这些关系时，要多一些辩证法，少一些绝对化；多一些基本理念，少一些个人观念，这样才能在和谐宽松的教学环境中实现教学目标。

第六，整体把握教学活动的结构。教学设计要通过教学目标把教师的教学、学生的学习、教材的组织以及教学环境的构建四个要素统一起来，形成有序的教学运行系统，让课程变成一种完整的、动态的和生长的“生态系统”，达到系统化组织化资源。

三、数学课堂教学设计的过程

课堂教学设计是根据教学对象和教学目标，教师对课堂教学的过程与行为所进行的系统规划，形成教学方案的过程，高等数学课堂教学设计的过程如下：

（一）数学教材内容分析

1. 数学教材的价值观

（1）数学教材的基本价值观。现代数学教育价值观是高等数学教材的基本价值观。数学教材的基本职能是为师生的教与学提供基本线索，以促进学生数学学科素养的提升，它是实现课程目标、实施教学的重要资源。因此，建构有效的数学教材在数学教育体系中就显得十分重要。在高等数学课程体系的建构中，一般遵循一定的逻辑关系：首先要确定课程标准，在其导引下，建构数学教材；然后创造性地开展教学，科学地评价。所以数学教材就要力图把课程标准中所倡导的一些核心理念、确定的内容、实施的建议以文本的形式准确地表征出来，为此要秉持现代数学教育观。

现代数学教育观是在继承数学教育优良传统的基础上，形成的在数学教育过程中所坚持的基本理念、思想和方法，它是有利于数学教育健康向前发展的精髓。数学课程标准中，用简洁的语言阐述了数学课程观（着力于强调数学课程的基础和发展属性）、数学观（从数学的功能角度阐述数学的基本内涵，特别是数学思维的角度来阐述数学自身的本真属性）、数学学习观（从学习内容、学习方式、学习过程等方面揭示数学学习的本质）、数学教学观（从师生角色、数学基础、形式化、文化价值等角度来分析教学的实质）、数学教育评价观（从评价理念、评价方式和评价体系等方面分析评价的意蕴）、现代信息技术观（从整合的视角透视信息技术在数学内容、教学、学习、评价等方面的价值与意义），这些文本阐述的数学教育观最终要落实到数学教材这一层面，之后，通过师生的数学教学活动转化成为富有生命力的数学素质与修养。

数学教材作为数学教育表达的一种手段和过程，也是一种交流传播数学教育思想的主要途径，怎样才能体现并表达现代数学教育价值观，换言之，通过怎样的方式把外在的数学教育价值观转化成可以实现的内在的价值观。由于数学教材的建构涉及的因素、关系、问题较多，如涉及的因素有数学素材、数学事件、教师学生、教学条件、人文环境；涉及的问题有数学教材的现实性与未来性，编制技术、编制原则、编制方法、手段与使用者的现实适切问题，浩如烟海的数学知识的选择与组织、精细化、条理化处理的问题，数学教材中组建的基本成分如文字、图表、栏目、版式以及具体的练习题的适用性、教育性如何与学生的经验、记忆、理解、解释相适等问题，还有数学教材中所具有的情境性、对话性、策略性与学生心灵世界的沟通等问题都是数学教材建构必须思考的重要问题，从本质上而言，就是如何围绕数学教育价值观的展现而建构的问题。

数学教育的价值观就是要努力在数学教材建构的主体成分中如数学语言、数学活动、数学事实、数学问题、数学情境等方面尽可能准确、清晰地渗透在其构成的点滴中，不管是在数学教材的显性和隐性结构中，诸如一个数学符号、一张几何图片、一些公式图表、一段文字叙述、一个问题、一个习题都要展现数学教育的价值观，都要对数学教育价值观尽情地展示与解读，最终通过使用者把看似静态的文本中所蕴藏的深刻思想挖掘出来，把值得传承下去的精华和合法的数学文化、数学精神和数学思想，用独特的话语体系、情境方式、编排体例表征清晰。

（2）数学教材的核心价值观。育人价值是数学教材的核心价值观，现代数学教育观的核心是学生的数学思维与素养的提升问题，数学教材建构的基点也是如此，如何更好地去为人的素质的提升发展服务，也就是数学教材的育人价值，数学教材必须为此承担其基本使命，这是数学教材赖以存在的根基，它规定着数学教材存在与发展的方向。因此，数学教材建构者就要集众多的智慧，以育人目标为根本指向，时时处处体现以人为本的理念，在高等数学材料的选取、数学活动的设计、用词用语的取舍都要紧紧围绕着学生数学学科素养提升而进行，以行为主义、认知主义、建构主义为建构指南，精心设计思路，统筹谋篇布局，反复斟酌用词用语，精练每一句话，透析每一个例题，挑选每一个习题，并用巧妙的方式方法将这些长期探索、执着追求、勇敢实践、不懈奋斗过程中形成的建构数学教材的经验。高等数学教材独特的栏目设计可快速地将师生带入数学天地以焕发出知识内在的价值。

2. 数学教学的属性

高等数学教材是一种赋予数学教学意义的结构化存在，数学教材结构是由语言建构的，又是通过语言来解构的，本身就是意义的符号体，基本的建构与解构过程为：谁—写（说）了什么—对谁—通过哪些素材—取得怎样效果，这种模式的核心成分有语言、问题和理解，语言是基础，问题是核心，理解是本质。语言是表达文化、阐述思想和情感的工具，也是获取知识、增长见识、丰富智慧的源泉。人类的语言主要有口头语言与书面语言，高等数学教材正是经书面语言的方式把人类创造、认识而形成的数学认知以文字语言的形式经过教育化处理而形成的文本资料，符合人类的认知规律，这种教育化处理的文本资料一个显著特点就是问题倾向，人天生就有探究与好奇之心，而问题是启动这一好奇心的钥匙，不管是经验性还是非经验性的问题，也不管是基本问题、核心问题还是派生问题，都是以传播和创新人类创造的数学文化知识为旨归，通过发现、提出问题，分析、解决、反思问题等环节以优化与促进学习者大脑的数学思维及理解水平。

从某种意义上而言，数学教材是为学生的学习而存在的，而学习又是一个高度情境化、理解化的过程，看似静态的文化事件的描述，实质是能被激活的动态体验。因此，高等数学教材唯有与学习者接触，以问题为出发点，通过教学路径，才能显现数学教材顺性、自由、共处的自然性特征，刻画数学教材精确、控制、预设的工具性特征；实现数学教材理解、对话、生成的反思性特征。作为智慧产品的数学教材，虽然表面上是静态同质化的，但通过师生的视域融合就能产生思考。基于问题的分析与思考，就能拓展与加深人们的认知空间，具备言外之意、理解之境，呈现启发性的眼光，表达出独立思考和批判的意识，让学习者从中领悟以及不断超越。因此，无论是数学概念的阐述、数学原理的描述、数学案例的设计等都要以问题为中心，围绕着学习者理解进行精心的设计和巧妙构思，使采用的语言、秉持的观点在适宜的语料加工过程中成为学生记忆、大脑储存事件和信息的场所。

数学教材承载知识与智慧的一个显著特点就是以案例说话，数学教材所选编的案例不是案例素材的简单堆积与孤立知识的显现，字里行间都蕴藏着人类的数学智慧，体现着人文关怀，对学生的思想与行为起引导示范作用，进而更好地说明一个特征、一个命题的深刻含义、一种方法的应用价值。学校共同体在参与、交流，理解、实践、应用和发掘案例的过程中体验知识与技能的有用性，感受数学知识的统一、力从和美。数学教材处处都有案例的身影，嵌入数学教材的例题、问题、探究，就像一张网络的节点，把知识纵横交替地链接起来，沟通了抽象与具体，展现了发散与聚合、正向与反向、实证与理性的思维方式，融现实性、思想性、知识性、智慧性、艺术性于一体，使数学教材更加现实化、生活化，更加富有弹性、张力。

3. 数学教材处理步骤

数学教材处理的实质是备课者通过对教材进行教学法加工，把教材内容转化为教学内容。

（1）调整数学教材内容具体如下：

第一，取舍，对符合课程目标的内容取而用之，不符合者弃而舍之。

第二，增补，对有利于完成课程目标但教材中欠缺的内容予以适当补充。

第三，校正，对教材中有用同时又有误的内容予以修正或改进。

第四，拓展，对教材中的重点内容表述不充分的部分或材料不充足者加以充实展开。

第四，变通，将教材中的例子加以适当改进，使之一题多做或多解。

第五，调序，对教材的原有陈述顺序予以调整，使之顺应教学程序。

（2）加工数学教材内容。数学教材内容的加工主要体现在以下方面：

第一，深化，对蕴含在教材中的思想、精神和本质等予以深入挖掘，并视学生可能接受的程度作为揭示的尺度，过深会适得其反。

第二，提炼，对优选的教材内容或教材的重点进行比较分析，把最精粹、最有价值的内容展示给学生或用以作为学生探索和思考的目标，也可以理解为从重点内容中提炼出若干要点来。

第三，概括，越是概括程度高的知识越具有迁移力，越是高度概括化的语言越是便于记忆。因此，应对每堂课的教学内容加以概括，加以总结。高度概括即简化。

第四，类化，把知识对象归属到一定的类别中去，从而把知识的范围放大，实际上是构成较为广泛的知识体系。

4. 数学教材具体分析

具体分析教学内容在单元、学期及整个教材中的地位、作用、意义及特点，分析这一部分数学知识发生、发展的过程，它与其他数学内容之间的联系，以及对于培养和提高学生素质所具有的功能和价值，包括智力价值、教育价值和应用价值。

数学教材分析是数学教师教学工作的重要内容，也是数学教师进行教学研究的主要方法之一。数学教材分析能充分体现教师的教学能力和创造性劳动，教师通过教材分析可以不断提高自身的的业务素质，加深自己对数学教育理论的理解。因此，数学教材分析对于提高教学质量和提高数学教师的自身素质都具有极其重要的意义，具体要求为：①深入钻研课程标准，深刻领会数学教材的编写意图、目的要求，掌握数学教材的深度与广度；②从整体和全局的高度把握教材，了解数学教材的结构。地位作用和前后联系；③了解有关数学知识的背景、发生和发展的过程，与其他有关知识的联系，以及在生产和生活实际中的应用；④分析数学教材的重点、难点、易混淆点以及学生可能产生错误的地方；⑤了解例题、习题的编排、功能和难易程度；⑥了解新知识和原有认知结构之间的关系，起点能力转化为终点能力所需先决技能和它们之间的关系。

（二）进行学生情况分析

学的对象是学生，高校教师在备课或进行教学设计的时候，关注学生情况是理所当然的事情，这既反映教师教学设计的基本出发点，也体现了教师是否切实将以学生发展为本的教学理念落实到实处，所以，学情分析是教好一堂课的前提和关键。很多教师按常规备课、写教案、做教学设计，都做得很完美，但是教学效果不佳，很重要的一个原因就是脱离实际（尤其脱离学生的实际）。按照认知结构的观点，学习过程只是不断重建的过程，这一过程必须以学生原有知识的认知结构为基础。因此，教师在教学设计中必须认真分析学生的情况，这样的教学才有的放矢。

学情涉及的内容非常宽广，学生各方面情况都有可能影响学生的学习。学生现有的知识结构，学生的兴趣点，学生的思维情况，学生的认知状态和发展规律，学生的生理心理状况，学生个性及其发展状态和发展前景，学生的学习动机、学习兴趣、学习内容、学习方式、学习时间、学习效果，学生的生活环境，学生的感受、学生成功感等都是进行学情分析的切入点。学情分析主要从以下方面进行：

1. 学生起点能力分析

（1）学生起点能力的理论支撑：①加涅的学习层次理论——学习是累积性的，较复杂较高级的学习是建立在基础性学习之上的。学习任何一种新的知识技能，都是以已经习得的，从属于它们的知识技能为基础的。②布卢姆的掌握学习理论——教育目标是有层次的结构，有连续性和累积性。学习变量对学习成绩变化起的作用，认识准备状态占 50%，情感准备状态占 25%，教学质量占 25%。③奥苏伯尔的同化学习理论——影响学习的最重要因素是学生已知的内容。学生能否习得新信息，主要取决于他们认知结构中已有的概念。

（2）学生起点能力分析的内容：①对学生预备技能的分析。预备技能是指进行新的学习所必须掌握的知识与技能。尤其是对大一学生预备技能的分析，能了解学生是否具备了进行新的学习所必须掌握的知识与技能，是否具备学习新知识的基础。②对学生目标技能的分析。目标技能是指教学目标中要求学会的知识与技能。对学生目标技能的分析就是了解学生是否已经掌握或部分掌握了教学目标中要求学会的知识与技能。如果学生已经掌握了部分目标技能，那么这部分教学内容就可以省略。③对学生学习态度的分析。对学生学习态度的分析就是要了解学生对所要学习的内容是否存在偏见或者误解。如果学生对所学内容态度积极，就会认真学习所要学习的内容，就有可能取得好的学习效果。

2. 学生背景知识分析

学生在学习新的数学知识时，总要与背景知识发生联系，以有关知识来理解知识，重构新知识。数学教师对学生背景知识的分析，不仅包括对学生已具备的有利于新知识获得的旧知识的分析，还包括对不利于新知识获得的背景知识的分析。

（三）制定数学教学目标

高等数学教学目标是指在教师的主导作用下，对教学后学生学习过程及结果的预期，具有导向、指导、评价、激励等功能。课程目标是进行教学目标设计的基础，因为课程不仅是国家教育意志的具体体现，也影响到人们之间的思想学术交流，更关系到教师对课程标准的认识以及对其中课程目标的落实，因此教学目标的实现是该课程目标达成的前提和基础。

1. 数学教学目标类型

（1）知识与技能目标。知识与技能目标这一维度指的是数学基础知识和基本技能，其内容包括三类：第一类是数学概念、数学命题、基本数学事实这样一些用于回答“是什么”问题的陈述性知识；第二类涉及的是数学概念、数学命题、基本数学事实的运用，用于回答“做什么”问题的程序性知识；第三类是数学技能，包括智力技能和动作操作技能。

（2）过程与方法目标。过程与方法目标又称表现性目标，其表述是不需要精确陈述学习结束后的结果，主要描述内部心理过程或体验的方法，即主要描述过程性或体验性目标。

（3）情感态度与价值观目标。情感态度与价值观目标如同过程与方法目标，其表述也是不需要精确陈述学习结束后的结果，主要描述内部心理过程或体验的方法，这里的情感是指，在数学活动中比较稳定的情绪体验。态度是指对数学活动、数学对象的心理倾向或立场，表现出兴趣、爱好、看法等。情感态度与价值观目标这一维度的内容还包括宏观的价值观和书写审美观等。例如，对数学科学价值、应用价值和文化价值的看法；辩证的观点；数学的简洁美、统一和谐美、抽象概括美、对称美。

上述三维目标在一个空间内构成了立体的教学任务区。在知识技能方面规定了教学的知识的起点和终点；在过程与方法方面构建了联系目标能力与原有能力的问题情境；在态度情感方面确定了目标态度的内容和相应的态度活动情感体验，这为后面的教学设计应用学习原理和教学原理，进行分析与设计奠定了重要的基础。三维目标体现了教学应使学生在知识、能力和态度情感三方面和谐发展的课程改革理念。在实际的教学活动中，这三方面是相互联系、相互促进的。学科思想方法、学习能力只有在具体的学科知识的学习过程中才能得到发展，从价值观和方法论的角度审视知识教学，可以使学生站得更高，看得更远。

2. 数学教学目标阐述

教师在阐述教学目标时，可使用 ABCD 目标陈述法。在教学目标陈述中，一般包括四个要素：行为主体（Audience）、行为动词（Behavior）、行为条件（Condition）和表现程度（Degree），简称 ABCD 型，利用这四个要素陈述教学目标称为 ABCD 陈述技术。

（1）行为主体。行为主体即学习者，目标描述的不是教师的教学行为，而应该是学生的行为。把目标陈述成“教给学生……”“使学生……”等就是不妥的。

（2）行为动词。使用可以描述学生所形成的、可观察的、可测量的行为动词，它是行为目标的最基本成分，应说明学习者通过学习后，能做的内容，行为的表述要具有可观察、测量的特点，陈述的方式使用动宾结构的短语。

（3）行为条件。行为条件是指学习者表现行为时所处的环境，即影响学生产生学习结果的特定的限制或范围。

（4）表现程度。表现程度指学生学习之后预期达到的最低水准，用以评量学习表现或学习结果所达到的程度。

（四）应用数学教学媒体

教学媒体是在教学过程中传递和储存教学信息的载体和工具，传统教学媒体包括教科书、黑板、图示、模型和实物等，现代教学媒体包括展示台、计算机和网络等。在数学课堂教学设计中，必须重视教学媒体的选择与设计，因为它直接影响到教学信息的传输和表达的效果。

教学媒体在教学中具有重要作用，具体表现为：提供感知材料，提高感知效果；启发学生思维，发展学生智力；增强学习兴趣，激发学习动机；增加信息密度，提高教学效率；调控教学过程，检测学习效果。在选择教学媒体时，通常需要遵循目标性、针对性、功能性、可能性、适度性等原则。高等数学课堂教学中应用教学媒体时，需要注意以下方面：

1. 采用先进数学教学模式

新媒体的支持给高等数学教学改革提供了有利条件，就目前实际情况而言，高等数学课时多、信息量大，教师在制作教案的时候可以利用新媒体，自由编排教学内容，并做成适合大学生的电子教案。如教师可以运用计算机辅助教学课件的形象、直观、新颖、多样、高效等特点来丰富数学教学内容，对于数学中抽象且难以理解的问题，教师就需要运用图形展开教学，这样不仅可以让数学理论更直观，还能让课堂更具特色。又或者运用多媒体展开教学，但在运用这种方式的时候，教师应提前通过网络查询资料，筛选有用信息，并做好相关课件。同时，高校应该为教师提供教学系统，该系统中除了有多媒体教案、题型分析、真题解析等板块之外，还要设计教师备课系统，并在系统中给教师提供大量的备课元素，让教师进行选择性参考，这样既能节约教师的时间，又能展现出个性化教学特点，这对构建立体化教材体系有一定的积极作用。

2. 开发数学网上答疑系统

在高等数学课堂教学中，教师需要为学生提供多种多样的资源，让学生能自主探索，而找寻资源不仅能帮助教师自身，还能在设计教学环节中巩固自己的数学知识体系。在新媒体支持下，教师要想真正达到教学要求，就要建立与传统教学不同的教学体系，开发网上答疑系统，让学生能在平台中进行互动，平台可以由四个模块组成：①后台管理系统——在系统中建设与课程相关的内容，如教学动态、学生账户、课程目录等栏目。②教学资源——平台可以提供与数学教学相关的资源，让学生自主进行学习，这类资源可包括考研资讯、辅导、数学欣赏、数学综合训练等内容。③师生互动——在数学教学中，师生互动也很关键，通过这个平台，师生可以在线进行沟通，并设立专门的聊天室，当学生遇到数学疑问时，就可以在平台上直接询问教师，而教师就要及时解惑。同时，师生互动这个板块还可以分享学习方法和资料，利用这种途径教师能学到更多的教材内容，了解大学数学的各大知识点，学生也能阅读到自己需要的教材和文献，从而拓宽自己的数学思维。④日常管理——教师可以在自己所教的班级发布自己的留言，如给学生布置课后作业，让学生在这个平台中随时查阅教师的指令。

3. 丰富数学教学活动内容

从学院角度出发，可以建立两个微信群，如数学竞赛群和数学社群，并为其配备指导教师，由学生自行负责，继而在数学学习中让一些志同道合的学生能够通过网络环境聚集，他们可以一起切磋问题、分享资料、组织活动等，这就节省了传统教学模式所消耗的时间和成本。学校还可以建立数学建模群和互助群，让那些志于数学建模的学生能够找到自己的数学家园，教师也可以在群里分享录制的微课视频，整理数学相关资料，分享题库等，让学生能够真切地使用这些资料，从而提高自己的数学层次。除了数学教学外，教师也可以通过空间、微博、朋友圈等方式与学生进行情感交流，关注每位学生的心理动态，多发一些正能量文章，让他们把文章中的感悟作为激励自己的主要方向。

（五）构思数学教学过程

设计课堂教学过程时，可以考虑数学知识与学生生活实际联系起来，就能激活学生已有的生活经验，把经验迁移到学习数学知识上来。如果有应用数学知识的生活情境，就在学习数学知识和形成数学基本技能的基础上，学以致用，把所学的数学知识和技能应用到生活中，让学生亲身感受到数学与生活的联系，体会用数学知识解决实际问题的作用，从而增强学

生学习数学的兴趣和信心。另外，当学生面对一个现实的生活问题，要提取自身已有的数学知识来解决时，就需要把生活问题转化成数学问题，而这种能力正是数学学习所需要的，这里面蕴含着重要的数学转化思想。

数学教师个人的创新，在教学过程设计此处得到充分体现，教师可以按照教学顺序写成数个教学环节，如对于有关命题探究运用的课堂，可以选用不同的教学环节，如情境引入、提出问题、活动探究、猜想结论、验证结论、运用巩固、课堂小结、布置作业等。对于每一个教学环节，建议写明活动内容（这个环节应该做的事情、活动目的（为何设计这个环节）和活动的注意事项（说明这个活动中教师和学生的活动方式以及选择这个方式的原因；在这个活动中学生可能有哪些表现；对于预想的这些学生表现，教师如何应对等。实际上这回答了如何教的问题）。

（六）数学课后教学反思

任何一个教学设计，都是针对特定的学生群体的，有一定的针对性，因此，可以说明针对不同的学生群体，还可以怎样设计；任何一个教学设计都是根据学生情况有所侧重的，需要说明本教学设计中侧重学生哪些方面的发展，可能对哪些方面关注不够，如果仍然是针对同一水平的学生，侧重于关注不同方面的发展，那么教学设计可以做哪些调整。如果这节课已经上过，数学教师需要对这节课的教学过程进行回顾，思考这节课的教学目标的达成情况，即效果如何，需要分析造成这样效果的原因何在，在未来的数学教学中可以做哪些调整等。

第二节　数学课堂教学中的教师技能

一、数学课堂教学中的教师导入技能

数学课堂导入技能是在新的数学教学内容的讲授开始时，教师引导学生进入学习状态的教学行为方式。任何事情，良好的开端是成功的保障。作为数学课的起始，虽然所占时间短，却能对教学起到良好的作用。数学教师如何抓住上课起始的 3 ~ 5 分钟，采用恰当精练的语言，或鲜活的实例，或必要的演示来设置情境，使高校学生情绪振奋，精力集中地进入学习状态，这确实是需要数学教师认真研究和掌握的技能之一。高等数学课堂导入技能是数学教师必备的基本功。

（一）教师导入技能的使用目的

1. 吸引学生注意

在数学课程的开始，如果数学教师针对学生精心设计好导入的方法，用贴切而精练的语言，正确、巧妙地导入新课，可以集中学生的注意力，引起对所学课题的关注。注意力是开启心灵的门户，只有引起注意才能够产生意识。在数学教学之始，教师运用恰到好处的导言（也可以是例题、问题、生活实例等）将学生的注意力吸引到特定的教学任务之中，给学生较强烈的、新颖的刺激，帮助学生收敛课前活动的各种思想，在大脑皮层和有关神经中枢形成对本课新内容的“兴奋中心”，把学生的注意力迅速集中并指向特定的教学任务和程序之中，为完成新的学习任务做好心理上的准备。

2. 激发学习兴趣

兴趣是入门的向导，是感情的体现，能促进动机的产生，兴趣是认识某种事物或某种活动的心理倾向和动力，是进行教育的有利因素，对鼓舞学生获得知识、发展智能都是有作用的。浓厚的学习兴趣和强烈的求知欲望，能激发学生热烈的情绪，使他们愉快而主动地进行学习，并产生坚韧的毅力，表现出高昂的探索精神，能收到事半功倍的效果。在高等数学课堂教学中，数学教师要善于把貌似枯燥的数学知识用生动得体的语言或用模型形象展示，使学生顿时对教师要讲的内容产生兴趣，从而促使学习动机的产生，须知兴趣是学习动机中最现实、最活跃的成分。所以善于运用导入技能的教师往往用兴趣来调动学习情绪，使学生轻松愉快地听讲、演练、保持学习内在的动力持续发展。

3. 唤起学生思考

好的导入可以点燃学生思维，开拓学生思维的广阔性和灵活性，思维是各种能力的核心，导入采用形象化的语言叙述或设计出富有启发性的问题，可以启迪学生的思维，增长学生的智慧。导入新课也可看作是培养学生思维能力的创造性活动，它不仅能够启发学生从不同角度来思考问题，还能培养学生思维的广阔性和灵活性，使学生在思维过程中体会到思维的乐趣。在高等数学课堂教学中，数学教师要采用多种方式，为学习新知识、新概念、新定理做准备，唤起学生对本节课教师所讲内容的思考，或出示疑难问题，或提出悬念，给学生大脑皮层以较强的刺激，使之形成对新内容的兴奋中心，从而对本节课的内容深刻地思考，达到消化理解的目的。

4. 加强师生情感

新课程要求新型的师生关系，建立新型的师生关系既是新课程实施与教学改革的前提和条件，又是新课程实施与教学改革的内容和任务。师生关系主要是师生情感关系，师生情感关系问题虽然比较受到人们的重视，但总体上仍然难以令人满意。一旦师生情感出现问题，教学活动就失去了宝贵的动力源泉。优化师生情感关系，重建温馨感人的师生情谊，是师生关系改革的现实要求。尤其是对于高等数学学科，高等数学知识理解起来有一定的困难，要求师生之间一定要有良好的情感关系。情感因素在数学学习中占有重要地位，课堂上也不例外，教师亲切的教导、悉心的指正、殷切的希望都可以使导入技能注入感情色彩，沟通师生情感。

（二）教师导入技能的设计原则

第一，针对性原则。教师导入要针对数学教材内容，明确教学目标，抓住教学内容的重点、难点和关键，从学生实际出发，抓住学生特点、知识基础、学习心理、兴趣爱好、理解能力等特征，做到有的放矢。真正做到教材内容的逻辑顺序与学生的认知程序相一致。

第二，启发性原则。积极的思维活动是课堂教学成功的关键，富有启发性的导入能引导学生发现问题，激发学生解决问题的强烈愿望，能创造愉快的学习情境，促进学生自主进入探求知识的境界，起到抛砖引玉的作用。数学教师在备课时应深入钻研教材，选择有启发性的素材进行新课的导入，方能唤起学生的注意，有效地启发学生对新课内容的学习欲望。

第三，趣味性原则。趣味导入就是把与课堂内容相关的趣味知识，即数学家的故事、数学典故、数学史等传授给学生来导入新课。虽然高等数学面对的是相对成熟的大学生，但是导入技能中运用趣味性原则，依旧可以避免平铺直叙之弊，可以创设引人入胜的学习情境，有利于学生从无意注意迅速过渡到有意注意。

第四，直观性原则。在高等数学课堂教学中，教师要深入挖掘教材中蕴含的操作素材，设计一些操作性强的实践活动，如画、测、撕、折、旋转、平移、实验、想象、反思、体验，或利用多媒体等现代教学手段演示等直观方式创设情境，将学生的眼、耳、口、手、脑都动员起来，多种感官与思维器官协同参与，让学生在活动中自主探索，合作交流，始终给学生以创造发挥的机会，通过自己的探索，学会数学和会学数学，最终使学生能够既知道事物的表面现象，也知道事物的本质及其产生的原因。直观导入易于引起学生的兴趣，能帮助学生理解所学知识的形成与发展过程，便于学生在轻松愉悦的氛围中获得新知。

（三）教师导入技能的主要类型

教学没有固定的形式，任何一节课的开始，都没有固定的方法，由于教育对象不同、内容不同，导入的类型也可以多种多样，即使同一内容和对象，不同教师也有不同的处理方法。数学课堂教学中教师导入的类型很多，具体如下：

1. 直观导入型技能

常见的直观导入型技能有以下方法：

第一，直观描述法。直观描述法是从感性材料出发，联系生活实际和学生实际以直接感知的方式导入新课。

第二，教具演示法。教具演示法即数学教师通过特制的教具进行恰当的演示导入新课。在演示中最好让学生也参加进来，观察、抚摸，让他们也动手，可以调动学生的积极性，使所学的知识直观形象地展现在他们面前。

第三，实验导入法。实验导入法是数学教师利用学生的好奇，尽量设计一些富有启发性、趣味性的实验，使学生通过对实验的观察去分析思考、发现规律，进行归纳总结，得出新课所要阐述的结论。运用这种方法能使抽象的数学内容具体化，有利于培养学生从形象思维过渡到抽象思维，增强学生的感性认识。

2. 问题导入型技能

常见的问题导入型技能有以下方法：

第一，问题启发法。问题启发法是数学教师通过问题引起高校学生的注意，启发学生深入思考解决问题的方法，从而导入新课。

第二，巧设悬念法。数学教师设计一些学生急于想解决，但运用已有知识和方法一时无法解决的问题，形成激发学生探究知识的悬念而导入新课。

第三，揭示矛盾法。揭示矛盾法即通过揭示已有知识结构中无法解决的矛盾，突出引进新知识的必要性导入新课。

3. 联系导入型技能

常用的联系导入型技能有以下方法：

第一，结合数学史导入法。例如，教师在进行微积分的基本定理导入时，可介绍相关科学家牛顿对于微积分领域的具体开创性工作；微分中值定理导入时则介绍数学家拉格朗日；运筹学讲解时重点讲到数学家华罗庚不辞辛苦解决研究实际问题，以有效推广数学方法的感人事迹。利用结合数学史导入，可以让学生能够真正了解探索真理，接受崇高思想的熏陶，以培养独立思考、不畏艰难、实事求是的科学精神。

第二，类比导入法。类比导入法即根据新旧知识的内在联系，在原有知识基础上通过类比的方式导入新课。类比导入法就是当新旧知识有较强的相似性时，让学生用旧知识类比来得出新的知识，这种方法有利于培养学生的思维能力和发现问题的能力。类比主要是以两个或两个以上对象为基础的内部属性关系在某些方面的相似性。类比方法就是类比推理方法，通常而言，类比方法可为学生思维过程提供比较广阔的天地，在新概念导入时尤其重要，在高等数学教学中，主要有低维类比高维、离散类比连续等。低维类比高维是指一元函数的连续、导数、极限、积分和微分性质、概念类比推理为多元函数多重积分、连续、极限、偏导数和全微分的性质、概念。一元随机变量分布密度、概率分布列、分布函数由类比得到多元随机变量联合分布密度、联合分布列和联合分布函数。离散类比连续是指离散型和连续性随机变量重点对应类比性质和概念，但经由类比的结论需严格证明。

第三，实例导入法。实例导入法即通过分析与这节课联系密切的具体实例揭示一般规律的导入方法。相对于“一般”而言，“特殊”的事物往往比较熟悉，简单且直观，更容易被接受和理解。数学逻辑思维较强，辩证唯物主义中的认识论则指出，科学概念形成的基础是个别事物内容的表象和知觉。高等数学教学中，通过利用分析、比较、抽象、概括等方法。逐渐将现象的、具体的、感性的东西舍弃，最终将其概括为理性的、本质的和一般的数学概念。目前，实例导入法受到多数高校教学教材应用，课堂教学实践中使用该方法也比较普遍，尤其是在教学时间有限的情况下，采取不同教学对象和教学目的使用该方法效果比较明显，还可解决实际问题。针对如何提高实例导入效率而言，不能与传统教学相同，需对其教学模式进行改变：一是将共同数学的本质特征作为重点，便于为概念导入奠定基础。例如，积分概念导入时，可列举曲边梯形面积、物体垂直与液面压力等，虽然问题的实际背景不相符，但在解决问题时按照分割、近似、求和及取极限的途径；二是重点以概念导入实例为主，在数据统计整理中因参数导入而需要假设检验概念所列举的实例，应先讲清楚要解决的问题和已知条件，并将其归纳为参数假设问题，同时问题解决则需假设检验原理。

（四）教师导入技能的注意事项

第一，导入方法的选择要有针对性。要根据数学课堂教学的内容和重点而考虑所选择的类型与方法，同时还要考虑学生的认知特点和知识水平以及学校的现有设备条件，以学生的思维特点为中心确定导入所采用的方法。

第二，导入方法要具有多样性。不同的内容用不同的方法导入，每节课都给学生一种新的体验，有利于调动学生学习的积极性。最好是同一内容也要尝试着用不同的方法导入，然后对比分析，从中领会各种方法的优缺点。尤其是对师范生的培训更应该要求他们用不同的导入方法。

第三，导入语言要有艺术性。既要考虑语言的准确性、科学性和思想性，又要考虑可接受性。数学教师在创设情境时，语言应针对学生思维中的问题，启发他们思考，留有广阔的思考空间，既要清晰流畅、条理清楚，又要娓娓动听、形象感人，使每句话都充满激情和力量；直观演示时，语言应该通俗易懂，富有启发性；联系导入时，语言应该清楚明白、准确严密、逻辑性强，这样的教学语言，最能拨动学生的心弦，使他们产生共鸣，激起强烈的求知欲和进取心。

总而言之，数学课堂的导入，要以创设自然、真实、和谐的课堂探究环境为第一要务，在学生的情感体验与思维冲突中激发学习热情；在体验过程、落实双基、发展能力的同时，培养学生的自主探究的能力。在高等数学教学中，再好的导入规划也要灵活地具体操作，要在课堂教学中探究新生成的思路，不断完善自己的导入设计，让高等数学教学在自然和谐的状态中保持有效的学习。

二、数学课堂教学中的教师讲解技能

数学课堂教学中教师讲解技能是教师运用语言向学生传授数学知识的教学行为方式，也是教师利用语言启发学生数学思维、交流思想、表达情感的教学行为方式。数学学科以其图形、数、式的推证运算为主要内容，其教学手段和方式长期以来还是以教师的讲解为主。讲解仍然是教学的主导方式，是数学教学中应用最普遍的方式，讲解技能是数学教师必须掌握的主要教学技能。讲解实质上就是教师把教材内容经过自己头脑加工处理，通过语言对知识进行剖析和揭示，使学生把握其学习内容的实质和规律。在这一转换过程中，注入了教师的情感、智慧，使得难以理解的内容变得通俗易懂，对学生具有感染力。

讲解技能是数学课堂教学的主要方式，因为讲解是高校教师按教学设计向学生传输信息，主动权掌握在教师手中，便于控制教学过程；教师通过讲解最易把自己的思考过程和结果展示在学生面前，最容易引导学生思维沿着教师的教学意图进行，能充分发挥教师的主导作用；讲解能迅速、准确并且较高密度地向学生传授间接经验，快速高效。由于教师的精心组织，可将大量的知识在较短的时间内讲授出去，这是其他教学技能所不能比的，讲解可减少学生认识过程的盲目性，使学生快速获得数学知识。讲解为教师提供了主动权、控制权。当然，在现代课堂教学中，不需要满堂讲，而需要与其他技能相配合，才能取得最佳效果。

（一）教师讲解技能的使用目的

第一，传授数学知识和技能。传授数学知识和技能是讲解的首要目的，它与数学课程标准的教学目标和数学课堂中的具体目的都是一致的。高等数学课堂教学的首要任务是通过教师的细致讲解，使学生掌握符合社会发展需要、数学发展需要和学生成长需要的知识体系与技能。

第二，启发思维，培养能力。教师通过讲解揭示数学知识的结构与要素，阐述数学概念的内涵和外延，开启学生的认知结构，让学生在教师的讲解中领悟到数学思维方法，培养学生运用数学知识分析问题和解决问题的能力。

第三，提高思想认识，培养数学学习情感因素。教师通过对结合数学内容的思想、方法的来源，形成与发展的深入浅出、生动具体的讲解，让学生在领会数学知识内容的同时，思想认识得到提高，形成辩证唯物主义观点，并具有坚毅、认真的良好学习品质，激发学习数学的兴趣，培养学生数学学习的情感因素。

（二）教师讲解技能的设计原则

第一，科学性原则。由于数学的学科特点，数学课的讲解必须保证知识准确无误，推理论证符合逻辑，数学语言简练清晰。在讲解过程中，结构要组织合理，条理清楚，逻辑严谨，结构完整，层次分明。

第二，启发性原则。数学课的讲解一定要遵循学生的认知特点，由浅入深、由具体到抽象，采用多方启发诱导，让学生自己动脑思考去发现数学事实。注意观察学生听讲的表情反应，按接收回来的反馈信息，不断调整自己的讲解速度和方法。启发学生参与教学活动，注重师生双边活动。

第三，计划性原则。每堂数学课的讲解程序要计划周密，准备充分，深入分析教材，设计讲解方法。突出重点、分散难点、解决关键是讲解的三大要点。在备课时一定要分条例目，讲解时才能充分流畅。

第四，整体性原则。数学课的讲解不是孤立的，要同板书、提问、演示、组织等技能配合起来，综合运用，才能发挥课堂的整体效应。数学课的讲解要遵循整体原理，注意同其他技能协调配合的原则。

（三）教师讲解技能的主要类型

第一，问题型讲解。高等数学内容的理解主要是靠解决问题来实现，问题型讲解在数学课堂中就十分重要。一般而言，数学课堂基本是由问题组成的。高等数学的课程改革，有些优秀教师提出了“问题串”的教学模式，即把每节课的内容设计成“问题串”，随着一个一个问题的解决，要讲的主要内容就基本结束了。

第二，应用型讲解。应用的广泛性是数学的一大特点，数学应用在讲解中占一定比例。一系列数学理论被学生接受后，就是应用理论解决实际问题。应用型讲解要注重分析问题的已知到未知，采用分析、综合、类比、归纳、构造数学模型等方法去解决问题。

第三，解释式与描述式讲解。解释式讲解就是对较简单的知识进行解释和说明，从而使学生感知、理解、掌握知识内容。一般用于概念的定义、题目的分析、公式的说明、符号的翻译等。对于较复杂的知识单用解释说明的方法就难以收到好的讲解效果，需要其他技能配合，尤其是演示、实验、板书等技能的配合。描述式讲解就是通过对数学知识发生、发展、变化过程的描述以及对知识的内涵和外延的描述，使学生对数学知识有一个完整的印象，达到一定深度的认识和理解。根据教学内容和目的，描述可分为结构性描述和顺序性描述。对于结构性描述，要揭示数学知识的结构层次关系，突出重点，抓住关键，注意运用生动形象的比喻和类比。对于顺序性描述，要注意数学知识发展的阶段性，抓住知识的发展变化的关键点，而不是无重点、无中心的流水账。

（四）教师讲解技能的注意事项

第一，教师的讲解要有精、气、神，讲解时要面向全体学生。教师的讲解要有精、气、神表现在课堂教学中就是给人一种自信、稳重、令人信服的感觉。在高等数学课堂教学中，教师的声音要洪亮有力，吐字清晰、准确，语速快慢适中，感情充沛感人。有时数学课堂人数较多，有的教师教学时只面向少数学生，不顾及大多数学生的感受，这是错误的。无论是哪种讲解都要关注全体学生，这是高校教育课程改革的理念。

第二，讲解内容要正确，讲解方法要得当。教师在论述高等数学知识时，要一环扣一环，层层深入，顺其自然地得出结论。讲解时，一定根据教学内容、学生的知识水平、能力以及学校的设备条件等来选择最佳的方法，重点突出，条理清晰，符合逻辑规律。这是数学课堂教学要求的独特之处。

第三，讲解与板书技能、演示技能、提问技能相结合。教师在讲解时，必须与其他技能有效配合，否则将会事倍功半，学生难以接受。有经验的教师在数学课堂上，会巧妙地利用讲解技能，充分发挥其他媒体的优势，边讲边练，师生互动，将抽象的数学知识化解为具体形象的实践过程，通过精心设计的提问引导学生理解数学知识的实质。

三、数学课堂教学中的教师板书技能

板书在课堂教学中与讲授相辅相成，是教师向学生传递教学信息的重要手段。板书技能也是教师必须掌握的一项基本教学技能。教师在精心钻研教材的基础上，根据教学目的、要求和学生的实际情况，经过一番精心设计而组合排列在黑板上的文字、数字以及线条、箭头和图形等适宜符号称之为正板书，通常写在黑板中部突出位置。板书技能是指教师为辅助课堂口语的表达，运用黑板以简练的文字或数学符号、公式来传递数学教学信息的教学行为方式。

板书是教师上课时为帮助学生理解、掌握知识在黑板上书写的凝结简练的文字、图形、符号等，它是用来传递教学信息的一种言语活动方式，又称为教学书面语言。板书以其简洁、形象、便于记忆等特点深受教师和学生的喜爱。板书是课堂教学的重要手段，与教学语言有效结合，可以使学生的视觉与听觉配合，更好地感知教师讲授的内容。

由于数学的学科特点，在课堂教学中有大量的定理、公式需要证明和推演、论证。大量的数与式需要计算或推导，几何教学还需要图形、坐标的绘制。数学课的板书（包括版画）技能尤为重要。

（一）教师板书技能的使用目的

精心设计的板书浓缩教师备课的精华，它能够启发学生的智慧，在课内利于学生听课、记笔记，在课后利于学生复习巩固，进一步理解和记忆，并能给学生美的享受，对学生产生潜移默化的影响。板书还便于教师熟记教学的内容和程序。在数学课堂教学中，教师板书技能的使用要达到以下目的：

第一，突出教学重点与难点。教师要根据数学教学内容和学科的特点设计板书，板书的内容通常为教学的重点、难点，并且在关键的地方可以标识，例如，用不同颜色的笔书写和绘画。围绕数学教学重点和难点设计的板书，是以书面语言的形式简明扼要地再现事物的本质特征，深化教学内容的主要思想，明确本节内容与相关内容的逻辑顺序，使之条理清楚，层次分明，有助于学生理解和把握学习的主要内容。

第二，集中学生的注意力，激发学习兴趣。板书在文字、符号、线条、图表、图形的组合和呈现时间、颜色差异等方面的独特吸引力，能够吸引学生的注意力，激发数学学习兴趣，并且使学生受到艺术的熏陶和思维的训练。同时，板书使学生的听觉刺激和视觉刺激巧妙结合，避免由于单调的听觉刺激导致的疲倦和分心，兼顾学生的有意注意和无意注意，从而引导和控制学生的思路。

第三，启发学生的思维，突破教学难点。直观的板书可以补充数学教师语言讲解的不足，展示教与学的思路，帮助学生理清教学内容的层次，理解教学内容，把握重点，突破难点。好的板书，能用静态的文字，引发学生积极而有效的思考活动。

第四，记录教学内容，便于学生记忆。教师的板书反映的是数学课的内容，它往往将所教授的材料浓缩成纲要的形式，并将难点、重点、要点、线索等有条理地呈现给学生，有利于学生理解基本概念、定义、定理，当堂巩固知识。教师板书的内容往往就是学生课堂笔记的主要内容，这无疑对学生的课后复习起引导、提示作用，便于学生理解、记忆。

第五，明确要求和示范，提高课堂教学效果。数学无论是对定理的证明方法、格式、步骤，还是对平面、立体图形的画法都有严格而具体的要求。教师工整、优美的板书经常是学生书写（包括字体风格、列解题步骤等书写内容、运笔姿势等）的模仿典范。心理学认为，使学生获得每个动作在空间上的正确视觉形象（包括其方向位置、幅度、速度、停顿和持续变化等），对许多动作技能的形成是十分重要的。在学生看来，教师的板书就是典范，因此，教师正确的黑板字、图形，规范使用圆规、直尺绘图及标准的解题步骤都使学生养成了精细、严谨、整洁的数学学习习惯和方法。

（二）教师板书技能的设计原则

1. 板书目标明确，突出重点

板书是为一定的教学目标服务的，偏离了教学目标的板书是毫无意义的，数学教师设计板书之前，必须认真钻研教材，明确教学目标，只有这样，设计出来的板书，才能准确地展现教材内容，真正做到有的放矢。板书要从教材特点、学科特点和学生特点出发，做到因课而异、因人而异。板书要引导学生把握教学重点，全面系统地理解教学内容。因此，教师的板书要依据教学进程、教学内容的顺序与逻辑关系做到重点突出，详略得当，条理清楚，层次分明，力争在有限的课堂时间内，使学生能够纵观全课、了解全貌、抓住要领。为此，教师应根据教学要求进行周密计划和精心设计，确定好板书的内容格式，在教学时才能有条不紊地按计划进行。

2. 板书语言正确，书写规范

语言正确，书写规范是从内容上对教师板书提出的要求，数学教学的板书的用词要恰当，语言要准确，图表要规范、线条要整齐美观。板书要让学生看得懂，引发学生思考，避免由于疏忽而造成意思混乱或错误。板书是一项直观性很强的活动，教师的板书除了传授知识外，还会潜移默化地影响学生的书写习惯。因此，教师的板书应该规范、准确、整齐、美观。板书还应保证全体学生都看清楚，字的大小以后排学生能看清为宜。此外，在保证书写规范的同时，还应有适当的书写速度，尽量节省时间。

3. 板书形式多样，布局合理

第一，形式多样，趣味性强。好的板书设计会给学生留下鲜明深刻的印象，提供理解、回忆知识的线索。充满情趣的板书设计，给学生以美的享受，激起他们浓厚的学习兴趣，加深对数学教学内容的理解和记忆，增强思维的积极性和持续性。在高校课堂教学中，教师应该根据教学的具体内容和学生思维的特点，运用好板书。

第二，布局合理，计划性强。板书一定要在备课时预先计划好，该写哪些内容，应写在哪些位置，中间可擦掉哪些，最后黑板上留有的内容，都应认真考虑、周密计划。若板面不够或为了节省时间，可以预先将提问问题、定理内容等体现在多媒体课件上，做预先辅助板书。计划性是防止板书散乱，发挥板书示范作用必须遵守的原则。

（三）教师板书技能的主要类型

第一，提纲式板书。提纲式板书是运用简洁的重点词句，分层次、按部分地列出数学教材的知识结构提纲或者内容提要。提纲式板书适用于内容比较多，结构和层次比较清楚的教学内容。提纲式板书的特点是条理清楚，从属关系分明，给人以清晰完整的印象，便于学生对数学教材内容和知识体系的理解和记忆。

第二，表格式板书。表格式板书是将数学教学内容的要点与彼此间的联系以表格的形式呈现的一种板书，它是根据教学内容可以明显分项的特点设计表格，由教师提出相应的问题，让学生思考后提炼出简要的词语填入表格，也可由教师边讲解边把关键词语填入表格，或者先把内容有目的地按一定位置书写，归纳、总结时再形成表格。表格式板书能将教材多变的内容梳理成简明的框架结构，增强教学内容的整体感与透明度，同时还可以加深对事物的特征及其本质的认识。

第三，线索式板书。线索式板书是围绕某一数学教学主线，抓住重点，运用线条和箭头等符号，把数学内容的结构、脉络清晰地展现出来的板书，这种板书指导性强，能把复杂的过程化繁为简，有助于学生理清数学知识的结构，了解教师的解题思路，便于理解、记忆和回忆。

第四，关系图式板书。关系图式板书是借助具有一定意义的线条、箭头、符号和文字组成某种文字图形的板书方法，它的特点是形象直观地展示数学内容，能将分散的、相关知识系统化，便于学生发现事物之间的联系，有助于逻辑思维能力的培养。例如，讲完一个单元做单元小结时，一般用关系图式板书。

第五，图文式板书。教师边讲边把教学内容所涉及的事物形态、结构等用单线图画出来（包括模式图、示意图、图解和图画等），形象直观地展现在学生面前。图文式板书图文并茂，容易引起学生的注意，激发学习数学的兴趣，能够较好地培养学生的观察能力以及思维能力。

（四）教师板书技能的注意事项

第一，高等数学课堂中，板书的汉字、外文字母和数学符号都必须规范，不可以用怪僻、繁体、乱简化的字，如数学中的“圆”不可写成“园”。一些常用符号必须按要求书写，同时尽量做到笔顺正确，避免倒下笔现象。字迹清晰、工整、美观、漂亮。

第二，数学课的板书离不开作图。例如，代数中的函数图像和几何图形，画函数图像要画直角坐标系，图像尽可能从左到右或从上到下一笔画出；在求曲线方程时，应先建立直角坐标系，再写曲线上点的坐标；绘制图像、图形时，要规范使用作图工具，除草图外一律用标准的尺规作图，实虚分明，大小适中，位置得当。图像、图形与文字符号等的布局要合理，整体效果要最佳。

第三，可适当使用彩粉笔，突出重点或分门别类标号，但也不宜让黑板过于花哨，这样会喧宾夺主，分散学生的注意力。如果在板书中出了错误，擦拭时一定要用板擦。如果已经在课堂上停留了一段时间，那么改正时一定提醒学生注意。

第四，板书要和讲解交替进行，不能长时间地沉默板书，要一边写一边不时地转过身来解释、分析、重复所写内容，也可以在写某个概念、定理、结论之前，让学生思考问题等。如果只写不讲，板书再好也是无意义的。

四、数学课堂教学中的教师提问技能

提问在数学课堂上表现为师生之间的对话，是一种教学信息的双向交流活动，是数学教师在教学中所做的比较高水平的智力动作。高等数学课堂中的教师提问技能是通过师生相互作用促进思维、引发疑问、巩固所学、检查学习、应用知识实现教学目标的教学行为方式。对学习者而言，学习过程实际上是一种提出问题、分析问题、解决问题的过程。教师巧妙的提问能够有效地点燃学生思维的火花，激发他们的求知欲，并为他们发现、解决疑难问题提供桥梁和阶梯，引导学生去探索达到目标的途径，获得知识的同时，也增长了智慧，养成勤于思考的习惯。从技能的角度分析，提问技能是一项综合性技能。提问既体现了教师的个人素质与修养，又反映了课堂教学观念的影响。

（一）教师提问技能的使用目的

高等数学课很重要的目的之一是培养学生的思维能力、空间想象能力、数学运算能力、数学表达能力，增强数学建模能力，从而提高工程技术，提高国家科技力量，而教师适度地提出问题正是能够启发学生思维的导引。数学课堂的实质就是从问题开始，通过讲解有关的概念、定理、法则而使问题得到解决。在数学课堂上运用提问技能，可以使教师与学生双向知识信息交流系统运作通畅，反馈信息快捷而真实，进而教师可由反馈得到的信息来调整自己的教学行为。数学教师提问技能的使用目的如下：

第一，掌握课堂进程，调控教学方向。反馈是实现调控的必要前提。教师恰当的提问可以迅速获得学生的反馈信息，了解学生对知识的理解、掌握与应用的程度，找到问题的所在，并据此对课堂教学进程做出相应的调整。当学生思维理解出现偏差或障碍时，教师一个启发性的提问可以及时地扭转思路，激活思维，以此来控制教学方向。

第二，启发学生思维，激发求知欲望。教师根据学生已学过的知识或他们的社会生活实践体验，针对他们思维困惑之处的设问，使教材的内容与学生已有的知识建立联系，通过新旧知识相互作用，形成新的概念。教师的提问能激起学生的认知冲突，激发学生的好奇心，使学生产生探究的欲望，迸发学习的热情，产生学习的需求，进入“愤、俳”状态。在数学课堂无论是教师的设疑，还是学生的质疑，都是学生求知欲的催化剂，也是他们思维的启发剂。

第三，了解学习状况，检测目标达成。导入时的提问用于前期诊断，目的是了解学生的认知前提，寻找新旧知识的衔接点；讲授中的提问则是知识形成过程中的评价，是形成性评价的提问；概念、定理、法则讲完后，要利用举例应用的方式提问，来了解学生对新知识的理解与掌握情况。教师的提问，能了解学生能否使用数学语言有条理地表达自己的思考过程，是否找到有效解决问题的方法，是否有反思自己思考过程的意识。在教学过程中，学生的基础知识和基本技能掌握得如何、课堂教学目标是否实现；目标达成度的检测等都有赖于教师的提问。

第四，巩固强化知识，促进深入理解。数学概念、定理、法则的理解离不开发人深思的问题启发，知识与技能的巩固强化同样来自精心设计问题的诱导；教师恰到好处的提问可以促进知识的内化，构建认知结构，强化综合应用能力。教师有针对性的提问可以揭示内容的重点，引起学生的充分关注；针对易混淆的内容的提问，有助于学生厘清概念，明辨是非；分析应用型的提问，有助于学生认知结构的构建；对学生回答的追问，可以加深印象，巩固所学。

第五，理解掌握知识，培养学生能力。提问可以培养学生的思维能力、口头表达能力和交流能力。高等数学课堂提问能引起学生的认知矛盾并给学生适宜的紧张度，从而引发学生积极思考，引导学生思维的方向，扩大思维的广度，提高思维的深度。学生在回答问题时需组织语言，以便能言之有理、自圆其说、锻炼口语表达能力。同时，在与教师和其他学生探讨问题、寻求解决问题途径的过程中，培养了与他人交流、沟通的能力。

（二）教师提问技能的设计原则

数学课堂的提问不仅仅是为了得到一个正确的答案，更重要的是让学生掌握已学过的知识，并利用旧知识解决新问题，或使教学向更深层次发展。为了使提问能达到预期的目的，教师在设计提问时必须遵循以下原则：

第一，科学性原则。教师在数学课堂上所提的问题必须准确清楚，符合数学的学科特点。教师不可以将含糊不清、模棱两可或无定论的问题在课堂上提问给学生。科学合理的问题信息量应适中，过大或过小都不符合学生的思维特点，失去了提问的价值。问题的答案应该是确切和唯一的，即使是分散性的问题，其答案的范围也是可预料的。提问方式要科学，不可以先点名后提问。提问的顺序要符合逻辑和学生的认知规律。

第二，启发性原则。教师所提的数学问题必须符合学生的认知水平。把学生暂时接受不了的问题提问给学生，会造成学生的为难情绪和心理压力。把学生不需任何思考的问题提问给学生，又起不到启发思维或复习巩固的作用。教师提问的内容是学生需要经过认真思考才能回答上的，要具有启发性。

第三，恰当性原则。教师要依照数学教学的需要和学生思维的进程不失时机地提问，防止提出不必要的问题而画蛇添足，要考虑所提出的问题在教学中的地位、作用和实际意义。课前的复习提问要与新知识联系密切的；讲解中的提问一定是有利于下一环节的理解；讲完新知识的提问应是巩固所学新知识的；总结时的提问一定是概括所学新知识的，并起到提升作用。

第四，评价性原则。教师提出问题，学生回答后，教师要给予分析和评价。对回答正确的同学给予肯定和表扬，对回答有缺欠的同学给予补充，对回答不出来的同学给予启发和提示，最后给出标准答案。这样才能使数学提问真正发挥作用。教师恰当的评价可强化提问的效果，教师的一句赞许的话会使学生备受鼓舞。另外，教师提示时，要亲切诱导、平易近人，这样才可调动学习的情绪，学生真正得到提高。

第五，普遍性原则。提问的目的在于调动数学课堂上全体学生的积极思考，必须遵循普遍性原则，面向全体学生。要让所有的学生都能积极思考教师提出的问题，就应该把回答的机会平均分配给全班的每个学生。应针对学生个人的水平，分别提出深浅各异的问题，要使每个学生都有参与的可能，思维的积极性就能得到发挥。

（三）教师提问技能的主要类型

第一，检验性的提问。检验性提问又可以细分为知识性提问和理解性提问两种。知识性提问主要考查学生对于概念、定理、法则等基础知识的记忆情况。这种提问方式相对简单，学生只需凭记忆回答即可。一般情况下，学生会逐字逐句地复述所学内容，无需自己组织语言。然而，简单的知识性提问可能限制学生的独立思考，没有给予他们表达自己思考的机会。除了知识性提问，还有理解性提问。理解性提问旨在检查学生对所学数学内容的理解程度。通过这种提问方式，教师可以引导学生深入思考，表达自己对知识的理解。相比知识性提问，理解性提问更加鼓励学生发挥独立思考能力，促进他们深入探究数学概念的意义和逻辑。

第二，应用性的提问。应用性的提问是一种评估学生将所学的数学概念、规则和原理等知识应用于新的问题情境中解决问题能力的方式。通过应用性提问，教师可以考查学生将抽象的数学概念与实际问题相结合的能力。这种提问方式要求学生能够运用所学的知识，将其应用到具体的情境中，从而解决实际问题。这有助于培养学生的数学思维和解决问题的能力。应用性提问可以激发学生的思考，促使他们将数学知识与实际生活联系起来。通过面对不同的问题情境，学生需要运用所学的概念、规则和原理，分析问题并提出解决方案。这种提问方式培养学生的灵活性和创造力，帮助他们将抽象的数学概念转化为实际应用的工具。

第三，分析性的提问。分析性的提问是一种要求学生通过分析数学知识结构因素，弄清数学概念之间关系或事件前因后果的提问方式。这种提问要求学生能够辨别问题所包含的条件、原因和结果，以及它们之间的关系。学生不能仅依靠记忆回答此类问题，而是需要通过认真的思考，对材料进行加工、组织，寻找根据，进行解释和鉴别，才能解决问题。分析性提问常用于分析事物的构成要素、事物之间的关系和原理等方面。教师通过分析性的提问，可以促使学生深入思考数学问题，理解其中的逻辑关系和推理过程。通过这种提问方式，学生被引导去观察、分析和归纳数学知识，培养他们的逻辑思维和分析能力。

第四，综合性的提问。综合性的提问是要求学生发现知识之间的内在联系，并以创造性方式重新组合数学教材内容的概念、规则等的提问方式。这种提问强调对数学内容的整体性理解和把握，要求学生将原先个别的、分散的内容综合起来进行思考，并找出它们之间的内在联系，形成新的关系，并得出结论。综合性的提问能够激发学生的想象力和创造力。

第五，评价性的提问。评价性提问是一种要求学生运用所学的定理和概念对解题思路、方法等进行价值判断，或进行比较和选择的提问方式。这种提问是一种评论性的提问，学生需要运用他们所学的数学知识和各方面的经验，结合自己的思想感受和价值观念进行独立思考才能回答。评价性提问要求学生能够提出个人的见解，形成自己的思维方法，是最高水平的提问。

（四）教师提问技能的注意事项

1. 提问设计需要具有趣味性

在设计提问时，教师应该尽可能以学生感兴趣的方式提出问题。设计具有趣味性的问题可以吸引学生的注意力，激发他们积极思考并主动参与到数学问题的解决中。这种设计可以让学生从困倦的状态中转变，进入积极的思考氛围。教师设计问题时，应该将其与数学教学目标和教学内容相结合。每个问题的设计都应该是实现特定教学目标、完成特定教学内容的手段。纯粹为了提问而提问，而脱离了教学目标和教学内容的做法是不可取的。同时，教师在设问时要抓住数学教材的关键，特别是在重点和难点的部分设问。通过这样的设问，可以集中精力突出重点，突破难点，帮助学生更好地理解和掌握数学的核心概念和技巧。

2. 提问设计需要具有科学性

为了保证数学课堂提问的科学性，教师应该注意以下几点。首先，提问要直截了当，问题要明确，不含糊，避免模糊不清的描述。其次，问题要主次分明，围绕核心概念或重要知识点展开，不涉及无关内容。同时，问题的范围要适中，不宜过于宽泛或过于狭窄，能够覆盖学生所学的相关知识。此外，提问要语言规范，遵循数学术语和表达的准确性，避免歧义和误导。概念要准确，不应混淆或错误理解。教师在提问时要从学生的实际情况出发，考虑学生的认知水平和理解能力。问题应该针对大多数学生，激发他们的思维，引发大多数人的思考。针对不同水平的学生，教师可以提出难度不同的问题，以促使尽可能多的学生参与回答，问题的难易度要适度。

3. 提问设计注意语速和停顿

在提问过程中，教师需要注意语速和停顿的控制，不要随意解释和重复问题，而是给予学生足够的思考时间。通常情况下，问题提出后应留出 3 至 5 秒钟的思考时间。这段时间可以帮助学生思考问题、理清思路，并准备好回答。当学生思考不充分或无法抓住问题的重点时，数学教师不应该轻易代替学生回答或让学生坐下。相反，教师应该从不同的侧面出发，采取不同的方式给予启发或提示，培养学生独立思考和解决问题的意识与能力。通过鼓励学生自主思考，他们将更好地发展出解决问题的能力。同时，教师在提问时应该保持谦逊和善的态度。教师的面部表情、身体姿势以及与学生的距离和在教室中的位置等方面，都应该让学生感到信任和鼓舞。这种积极的态度能够建立起良好的师生关系，使学生更愿意积极参与讨论和回答问题。

4. 创设良好的课堂提问环境

提问应在轻松的环境下进行，也可以适度制造紧张气氛以提醒学生注意。教师要注意与学生之间的情感交流，消除学生过度紧张的心理，鼓励学生做学习的主人，积极参与问题的回答，大胆发言。教师要耐心地倾听学生的回答，对于回答不出的学生要给予适当的等待、启发和鼓励。学生回答问题后，教师应对其发言做总结性评价，并给出明确的问题答案，加强数学学习的效果。

5. 正确对待提问时意外答案

在教学过程中，学生的回答有时会出乎意料，这使得数学教师可能对这种意外答案的正确性感到不确定，并且无法立即做出应对。在这种情况下，教师需要避免妄下评判，而应实事求是地向学生说明情况。教师可以表示需要进一步思考或与学生一起研究，以确定答案的准确性。当学生纠正了教师的错误回答时，教师应以诚恳的态度接受纠正，虚心学习，并与学生一同探讨。这种互相学习的过程不仅能够加深学生对数学概念的理解，也能够促进师生之间的积极互动。通过与学生的互动和讨论，教师能够更好地指导学生，同时也有机会修正自己的错误。

五、数学课堂教学中的教师演示技能

数学课堂教学中的教师演示技能，是教师根据教学内容和学生学习的需要，运用各种教学媒体让学生通过直观感性材料，理解和掌握数学知识，解决数学问题，传递数学教学信息的教学行为方式。在数学教学中，由于数学自身的特点和信息时代对数学的要求，任何选择和使用的教学媒体，对数学教学信息的传播都有着重要的作用。随着教育的发展，现代教学技术设备的更新，高校办学条件的改善，当前更多使用常规媒体与现代媒体的有机结合。

由具体到抽象，由感性认识到理性认识，是人们认识一切事物的普遍规律。高等数学教学中运用直观演示手段，能够丰富学生的感性经验，减少掌握新知识尤其是抽象知识的困难。感性认识（或直接经验）是学生掌握书本知识的重要基础，教师传授的课本知识，主要是以抽象的语言文字为载体，而学生的直接经验是相对有限的，对于很多新知识的理解是有困难的。为了保证教学的效率与系统性，不可能让学生事必躬亲。在教学中运用直观演示的手段，

可以避免教学内容抽象、空洞、难于理解的缺点。人的思维发展是从形象到抽象的，高校学生的思维需要具体的、直观的感性经验来支持，进而达到抽象。因此，演示在数学课堂教学中得到广泛应用。如今，大量的新技术和新媒体进入教学领域，为教学演示提供了丰富的手段和材料，对改革教学方法起了极大的推动作用。

演示技能的运用能使学生获得生动而直观的感性知识，加深对数学教学内容的认识，把课本知识和实际事物联系起来，形成正确而深刻的概念；能使学生获得理解抽象知识必需的感性材料，减少学习抽象知识的困难；能够提高学生实验操作的能力；有助于培养学生的观察和思维能力，开发学生潜能，减轻学习的疲劳程度，提高教学效率；有助于提高学生学习的兴趣和积极性。

（一）教师演示技能的主要类型

高等数学课堂的教学媒体包括常规媒体和现代媒体，具体如下：

第一，教科书与图书。数学教科书是按照数学课程标准编写的、形成学科体系的、具有内在逻辑性的文字教材，是教学信息的主要载体。

第二，实物与模型。在高等数学课堂上，有时运用一些实物以帮助学生建立抽象的概念、定理等。无论哪种实物都具有直观形象性或能够揭示数量特征。模型是物体形状的三维表现，它能以简洁明快的线条展示物体的内部结构，有助于学生空间想象能力的形成，常在几何教学中使用。

第三，图表。数学中的图表是数学理论的生动描述，是数学模式之间联系的清晰展现。图表的正确使用可以揭示数量之间的关系，发现其中的规律，也能够启发学生思维，寻找解题思路，把握知识结构，巩固所学知识。

第四，计算机。计算机是一种具有交互作用的媒体，它以“刺激—反应”为基本模式，通过人机对话功能构成了媒体与刺激对象之间的交互作用。在所有的现代教学媒体中，计算机具有高速、准确的运算功能，能够记忆储存大量的教学信息，能将抽象的内容形象化，还能进行动态图像的模拟等。恰当地使用计算机技术，可以使其为教学服务，成为教师教的有力工具，学生学的好帮手，学校教学改革的良好平台。

（二）教师演示技能的注意事项

第一，演示的媒体要恰当。首先要熟悉数学教材内容，明确教材的重点和难点，按照传统方式准备好教案；其次要根据教学内容选择教学媒体，并考虑各种媒体综合运用的效果。并不是所有的内容都可以使用多媒体，只有适合用视听媒体提高教学效率的关键性内容才使用它。不同的内容要用不同的媒体。

第二，演示的媒体要实用。教学媒体要针对某个数学教学重点或难点来设计，紧扣教学内容，切忌为追求视听效果而使媒体内容华而不实。外观精美的媒体固然能够吸引学生的注意力，但过于绚丽，则会适得其反，使学生的注意力转移到媒体本身上来，对其内容却没有留下深刻的印象。设计媒体时一定要充分考虑学生的认知规律，将完美的外在形式与实用的内容有机结合，这样才能真正有效地辅助教学。

第三，演示的时机要适当。密切结合数学教学内容使用媒体，掌握适当的演示时机，过早的演示容易使学生产生依赖心理，而不再去积极想象所学内容的形状，演示过晚同样不利于学生的思维。高等数学教学中有命题、定理的推演过程，一般要求板演进行，如果想通过媒体演示则要求必须与讲解同步，最好是分步演示。

第四，演示必须与讲解技能相结合。为了使学生的观察更有效，数学教师在恰当地使用演示技能的同时，还要用简洁的语言适时地引导和启发学生思维，使其更好地掌握所观察的内容。媒体的演示要与语言讲解恰当结合。教师把媒体展示给学生之后，不做讲解只让学生自己观察的做法是不正确的。同样，在学生观察时，教师滔滔不绝地进行详尽的讲解，不给学生留下思考的余地，也是不可取的。讲解与演示有机结合，讲解与学生的思维有机结合，才可以体现出教师演示的教学艺术。

六、数学课堂教学中的教师变化技能

数学课堂教学中的教师变化技能是教师的一种智力动作，变化技能是反映课堂上师生间的相互作用，实质是数学教学系统中的信息回路的形成，教师根据学生的反馈信息做出的反应，不断调整教学信息输出，从而有效地控制教学系统的一种教学行为方式，它也是当今新课程改革中，所提到的最新教学模式——生成性教学。数学课堂上教师运用变化技能的目的是唤起学生的数学学习兴趣，形成生动活泼的课堂学习情境，增强学生学习本节课的求知欲，调动学生学习数学的主动性。

（一）教师变化技能的主要类型

在数学课堂教学中教师变化技能是丰富多彩的，从不同的角度可以分为不同的类型，具体如下：

1. 教师声音的变化

教师声音的变化是指教师讲话的语调、音量、节奏和速度的变化，这些变化在吸引学生注意力方面具有显著效果，可使教师的讲解、叙述富有戏剧性或使重点突出。声音的变化还可用来暗示不听讲的学生，使他们注意。有经验的数学教师在把学生注意力吸引过来之后，用平稳低沉的语调进行讲解，学生会更加专心地听讲。在讲解或叙述中适当使用加大音量、放慢速度可以起到突出重点的作用。

2. 教师节奏的变化

教师节奏的变化主要指教师在讲解的过程中，适当地改变节奏能起到引起学生注意力集中的作用。一般而言，最常用的是停顿。停顿在特定的条件和环境下传递着一定的信息，是引起学生注意的有效方式。在讲述一个事实或数学概念之前做短暂的停顿，或在讲解中间插入停顿，都能引起学生的注意，有利于学生掌握重点和难点。停顿的时间一般为三秒左右，时间不宜过长。恰当地使用停顿，会使人感到讲解的节奏而不觉枯燥。

3. 教师肢体的变化

教师肢体的变化可以分为目光的变化、表情的变化及头部动作的变化。

（1）目光的变化。眼睛是心灵之窗，它是人与人之间情感交流的重要方式。数学课堂教学中，教师应利用目光接触与学生增加情感上的交流。教师讲话时要与每个学生都有目光接触，这样会增加学生对教师的信任度。从走进教室的一刻起，教师就要有意识地用自己和蔼、信任的目光，尽可能平均投向全体学生，这不仅会缩短师生间的心理距离，还会让每一位学生有一种被重视感、被关注感，有利于师生间的情感交流。在教学中，切忌教师目光游离不定，注视天花板或窗户，这对师生交流非常不利。教师要善于用目光与学生的目光进行对话，将学生的活动用目光施加影响。教师与学生目光接触的变化运用得好，会给学生留下深刻的印象。

（2）表情的变化。在师生情感交流中，教师的表情对激发学生的情感具有重要作用。许多教师都懂得微笑的意义，学生会在教师的微笑中感受到教师对他们的关心、爱护、理解和友谊。在师生之间情感的交流中，学生会从爱教师、爱上教师的课到欣然接受教师对他们的要求和教育。

（3）头部动作的变化。教师的头部动作可以传达丰富的信息，是与学生交流情感的又一种方式。在与学生交流的过程中，学生可以从教师的点头动作获得回答问题或调整回答的鼓励。教师这样做既鼓励了学生又不中断学生的回答，使学生感受到良好的民主气氛。教师不满意学生的回答或行动时可以运用摇头、耸肩和皱眉等方式来委婉地表达自己的感情，这比用语言直接表达更易于学生接受，更富于表现力。

4. 教师位置的变化

教师位置的变化是指教师在教室内身体的移动，它有助于师生情感的交流和信息的传递。如果教师总站在一个位置，数学课堂会显得单调而沉闷。恰当地运用身体移动能激发学生的兴趣，引起注意。教师在讲课时由于板书和讲解的需要在黑板前走动，但不要变化太大，否则学生听课容易分心。在学生回答问题、做练习、讨论、做实验时，教师在学生中间走动，这样可以密切师生关系，还可以进行个别辅导、解答疑难、检查和督促学生完成学习任务。

（二）教师变化技能的注意事项

教师变化技能实施时应注意以下方面：

第一，根据教学目标选择变化技能。在设计数学课堂教学时，要根据不同的教学目标选择合适的变化技能。变化技能应该有明确的目的，不能仅仅为了变化而变化，否则会本末倒置。教师要充分认识到自己的教态对学生的教育作用和情感上的激发作用。

第二，根据学习任务特点设计变化技能。选择变化技能时应考虑数学教学内容和学习任务的特点，有利于发展学生的学习能力和培养学生的学习兴趣。变化技能的设计应围绕学生的学习特点，运用不同的变化方式，包括语言和非语言行为变化，使学生能够理解并发挥最大的效果。

第三，变化技能之间、变化技能与其他技能之间的衔接要流畅。在数学课堂教学设计中，各种变化技能需要与其他技能相互配合，要考虑技能之间的衔接，避免生硬的过渡。例如，表情、目光和头部动作应该作为不可分割的整体，流畅地与其他技能相结合。

第四，变化技能的应用要有分寸，不夸张。变化技能是引起学生注意的方式，但在引起学生注意后，要及时进入数学教学过程，避免过度使用变化技能分散学生的注意力。例如，在学生做题时，教师应避免过大的动静，以免影响学生的思考。

教师在实施变化技能时，要注意以上方面，选择适合的技能，设计合理的变化方式，确保教学目标的实现，并促进学生的学习效果。

七、数学课堂教学中的教师结束技能

一堂好课应该有一个良好的开端和一个耐人寻味的结尾。数学教师在课堂教学结束时应合理安排，精心设计一个言有尽而意无穷的课堂结语，以善始善终，为课堂教学画上完整的句号。结束技能是指教师在一个教学内容结束或一节课的教学任务终了时，有目的、有计划地通过归纳总结、重复强调、实践等活动来巩固、概括和运用学生所学的新知识和新技能，将其纳入原有的认知结构，使学生形成新的完整的认知结构，并为未来的教学做好过渡。一堂课通常经历多个教学阶段，每个阶段都有各自的特点和任务，有主次之分。后面的教学活动往往会冲淡前面的学习内容，学生难以形成完善的知识结构。通过恰当的结束语，可以帮助学生进行简要的回忆和整理，理清知识脉络，有助于学生把握教学重点，使学生更容易从复杂的教学内容中简化储存信息。结束语实质上是一种及时的回忆，通过再次重复和深化知识，可以加深记忆。在教学设计中，如果一个完整的教学内容需要利用几个课时才能讲完，教师需要在结束语中对本节课的教学内容进行总结概括，同时为下一节课或以后的教学内容做好铺垫，以确保教学的连贯性和延续性。

（一）教师结束技能的主要类型

教师教学结束的具体方法多种多样，以下是常用的一些方法：

第一，练习法。通过让学生完成练习和作业的方式来结束课堂教学。教师设计精心的练习题，巩固学生的基础知识和基本技能，并及时获得课堂教学效果的反馈。

第二，比较法与归纳法。比较法是通过辨析、比较、讨论等方式引导学生对教学内容进行分析和比较，找出各概念的本质特征以及它们之间的联系和异同点，使学生对内容的理解更加准确、深刻。归纳法是引领学生以准确简练的语言对课堂讲授的知识进行归纳、概括、总结，梳理知识脉络，突出重点和难点，形成系统的知识结构。

第三，提问法与答疑法。提问法是在课堂教学结束时，教师围绕教学内容进行口头提问，让学生回答，然后进行必要的修正和补充。教师需要针对要点、难点和关键点进行提问，以确保学生的回答不偏离主题。答疑法是让学生在新内容讲解后提出问题，教师和学生一起回答问题。这种方法帮助学生提出不明白的问题，并通过启发式的方式引导学生理解和解决问题。

第四，承上法与启下法。承上法是数学教学结束与起始相呼应的结束方法。教师在结束时回顾开头设置的悬念、问题、困难、假设等，并进行解答或总结，使学生豁然开朗、茅塞顿开，增强学生的学习兴趣。启下法是指在数学课堂教学结束时，教师巧妙设置悬念，引发学生的探究欲望，为后续教学奠定良好的基础。

第五，发散法与拓展法。发散法是引导学生对已学的结论、命题、定律等进行进一步的发散性思考，以拓宽知识的覆盖面和适用面，并加深对已学知识的理解。这种方法能够培养学生的发散和创造性思维，拓展教学主题和内容。拓展法则是教师在总结归纳所学知识的同时，将其与其他科目或以后要学的内容或生活实际联系起来，将知识向其他方面扩展或延伸。这样的结束方法可以拓宽学生的知识面，激发他们对学习新知识的兴趣。

教师可以根据具体情境选择适合的结束方法，承上法与启下法可以使教学过程更具逻辑性，发散法与拓展法则能够培养学生的思维能力和兴趣，为他们进一步的学习打下坚实的基础。

（二）教师结束技能的注意事项

教师结束技能实施时应注意以下方面：

第一，自然贴切，水到渠成。教师在课堂教学结束时应严格按照课前设计的教学计划进行，使教学过程有序进行，力求达到课堂教学结束的自然和谐。结束时要符合课堂教学内容的客观要求，并体现教学的科学性。

第二，语言精练，紧扣中心。教师在结束时应使用简洁而精准的语言，紧扣本节课的中心内容，对知识进行梳理和总结，形成清晰的知识网络结构。结束语要突出重点，深化主题，让学生对课堂所学知识有一个明确的认识。避免冗长和拖泥带水的结束，而应准确地提炼和升华主题，以简洁有力的语言画龙点睛。

第三，内外沟通，立疑开拓。结束时应注意课内与课外的互动，与其他学科的联系，拓宽学生的知识面。教师应鼓励学生提出问题，启发他们继续思考和探索，激发他们的学习兴趣。同时，教师也要与其他学科进行沟通，使学生能够将所学知识与其他学科相结合，形成综合性的学习。

教师在实施结束技能时，要注意以上方面，使教学结束自然贴切，语言精练，与内外沟通，为学生的学习提供良好的结束环境。

第三节　数学概念教学与命题教学实施

一、数学概念教学实施

数学知识由一系列的数学概念、数学命题、数学推理和数学问题解决组成。数学概念是构建数学知识体系的基础，它反映了事物的本质属性和数量关系的思维形式。学习数学就是学习数学概念及其性质和概念间的关系。数学概念的学习对于数学教学的质量和实现教学目标至关重要。通过概念的教学，学生能够理解数学对象的本质属性，并正确区分同类事物的本质属性与非本质属性。数学概念学习包括概念名称、定义、例子和属性的学习，这些方面帮助学生全面理解和掌握数学概念。数学概念的形成标志着人们从感性认识上升到理性认识的阶段。概念的形成是通过实践从事物的众多属性中抽象出其本质属性的过程。数学概念学习的实质在于概括出一类事物的共同本质属性，并通过肯定和否定例证来验证概念的正确性。在数学学习中，概念的内涵和外延是关键要素。概念的内涵描述了事物具有的特征和性质，而外延描述了适用于该概念的对象的范围。理解概念的内涵和外延有助于学生深入理解数学概念，并扩展概念的应用范围。通过系统地学习数学概念，学生能够建立合理的数学认知结构，提高数学能力，加深对数学知识的理解和记忆。数学概念教学为学生构建数学思维提供了重要的支撑，促使他们形成全面的数学认知和问题解决能力。因此，教师在数学教学中应重视数学概念的教学，以提高教学效果和学生的数学学习能力。

（一）数学概念的限制与概括

概念的限制与概括是明确概念的逻辑方法。概念限制是按照概念的种类关系逐级进行，使外延较大的概念包含外延较小的概念。在使用限制方法时，必须遵守两个规则：一是按照种类关系逐级进行限制，二是限制必须适度，否则会模糊概念的本质。

概念的概括是通过减少概念的内涵，以扩大概念的外延的逻辑方法。概括是由外延较小的概念过渡到外延较大的概念的思维过程。概括要正确，也必须遵守两个规则：一是反映概念的种类关系，二是适度进行概括。

在数学概念学习中，学生需要同时把握概念的内涵和外延。理解概念的内涵是理解概念所反映对象的本质属性，是学习的核心。弄清楚概念的外延是明白概念中各种因素的内在联系，是学习的基础。在数学概念学习过程中，通常通过对概念外延的学习奠定基础，从而实现对概念的本质理解。

（二）数学概念间的逻辑关系

1. 相容关系

在数学教学中，概念之间的关系可以根据它们的外延集合来划分。如果两个概念 A 和 B 的外延集合有交集，就称这两个概念具有相容关系。相容关系可分为三种情形：①全同关系：如果两个概念 A 和 B 的外延完全重合，即它们的外延集合完全相同，但内涵可以不同，这两个概念具有全同关系，也称为同一关系或重合关系。②交叉关系：如果两个概念 A 和 B 的外延集合只有一部分重合，即它们的外延集合存在交集但不完全相同，这两个概念具有交叉关系，称为交叉概念。③从属关系：如果 A 概念的外延集合包含 B 概念的外延集合，即 B 概念的所有元素都属于 A 概念，这两个概念间的关系称为从属关系，也称为包含关系。在从属关系中，A 概念被称为 B 概念的属概念或上位概念，而 B 概念被称为 A 概念的种概念或下位概念。需要注意的是，属概念和种概念是相对的，它们的身份取决于相对的概念。同一个概念在相对不同的概念时可以是属概念或种概念。这种相对性体现了概念之间的包含与被包含关系。

2. 不相容关系

在数学教学中，存在一种不相容关系，即当两个概念 A 和 B 属于同一属概念下的种概念，但它们的外延集合的交集为空集。这种关系可以称为不相容关系、全异关系或排斥关系。不相容关系又可细分为反对关系和矛盾关系：①反对关系（对立关系）：在同一属概念下的两个概念 A 和 B，它们的外延之和小于属概念的外延，并且这两个种概念具有全异关系。这种情况下，两个概念间的关系可以称为反对关系或对立关系。②矛盾关系：在同一属概念下的两个概念 A 和 B，它们的外延之和等于属概念的外延，并且这两个种概念具有全异关系。这种情况下，两个概念间的关系可以称为矛盾关系。需要注意的是，这种不相容关系指的是在同一属概念下的种概念之间的关系，它们的外延集合的交集为空集。而不同属概念下的概念之间的关系可能是相容关系或其他类型的关系。这种关系的存在反映了概念之间的排斥性和互斥性。

（三）数学概念学习的因素

由于高等数学是从大量的各类复杂的活动中抽象出来的空间形式与量的科学，因此数学概念就具有多样性，然而数学概念的多样性体现了数学概念思维的复杂性，从而决定了数学概念学习不是简单的学习，它的学习需要经历曲折的过程。

数学概念学习要经历"感知—认知冲突—认知稳定"的不断发展过程。随着学习进程的深入，概念在学习者的大脑中不断发展。突破认知冲突，进入认知稳定阶段，就必须摒弃许多限制，扩大认知范围。然而，由于学生先期的认知模式已经稳定在大脑中，根深蒂固，两者的矛盾冲突便会导致错误产生，这种错误有时是学生学习数学概念过程中必不可少的环节与内容。此外，在概念学习过程中，如果向学生的认知结构中加入不恰当或不充分的信息，就会加剧认知冲突的非概念一方，导致错误概念的产生。

在数学概念形成过程中，各个阶段、各个层次都有可能导致错误概念的产生。由于产生错误的环节、背景不同，因而错误的形式以及呈现方式也有区别。影响数学概念学习的原因主要有以下方面：

1. 数学概念意象化

概念意象是与概念相关的认知轮廓，它包含了与概念接近但与概念本质无关的特征。概念意象是直观的、模糊的、可变的。在数学中，概念意象对于概念的形成、理解和运用起着重要作用。学生在记忆、表征和运用数学概念时，通常与概念意象相联系。然而，如果概念意象贫乏或不恰当，就容易导致错误概念的产生，甚至出现概念意向化的情况，即用概念意象代替概念本身，从而引发常见的错误。其中，常见的概念错误主要集中在以下几个方面：

（1）用日常生活概念代替数学概念。许多数学概念是从日常生活概念中抽象而来的。学生在接触某个数学概念之前，与之相关联的日常概念已经存在于他们的意识中。然而，由于日常概念的宽泛性、易变性和多义性，学生在学习抽象的数学概念时容易产生错误。

（2）用概念的典型性代替概念。学习者在概念学习的初期阶段，通常通过观察和分析典型概念来获得概念的本质特征。然而，正是这种典型性使得学生在获得概念的同时也加强了与概念无关的特征，导致在运用概念时不仅使用了与概念相关的特征，还使用了与概念无关的特征，从而产生对概念的错误理解。

（3）用形象代替数学概念。数学概念意象中的许多意象是通过学生自己的言语符号描述的。学生在描述一个概念时，通常会使用实例、实物和图形，运用自己的语言组织概念。然而，这种组织有时会出现“异化”的情况。学生在表述概念时使用的语言是一种图像和符号的混合描述，而不是明确的定义。在这个过程中，学生对于描述的语言和符号的使用不准确容易导致概念错误，包括变异、修正、遗漏、添加等情况的出现。

2. 数学认知惯性

在认识数学新概念的过程中，思维惯性是经常发生的，惯性指在新情境中用原有的思维模式进行思维，使新内容不自觉地受到限制，归入原有的范围内。学生在受到限制的领域内试图建立新问题的各种联系，导致错误结果的产生。

具体而言，从“感知—概念意象—概念定义—概念运用”的认识阶段转换中，学生容易把前一阶段所形成的概念带入后一阶段中，如感知到的实例直接进入概念意象，把概念意象当作概念定义，概念定义生硬运用，各种惯性就会产生概念错误。概念时，如果不建立概念内部及概念之间的联系，而仅仅记忆其表达形式，概念就不能被真正理解，这种学习方式获得的概念就是孤立的，所知的概念内部对象就是僵化的，这种因孤立僵化看待概念而产生的错误，不仅会出现在位置固定上，也会出现在各种概念交织的一个复杂背景中。在这种背景中，学生往往同时接触多个概念，只有恰当地建立这些概念之间的联系，才能解决问题。然而，由于孤立僵化地运用每一个概念，就会出现对每一个概念都很熟悉，但问题却终究解决不了，或者概念定义背得很熟，运用时却不知所措的情况。

（四）数学概念获得的方式

高等数学概念的获得有两种主要方式：第一种方式是学生通过观察大量同类事物的不同例证，独立发现同类事物的关键特征，这种方式被称为概念形成；第二种方式是直接向学生展示定义，利用他们原有的认知结构中的相关知识来理解新概念，这种方式被称为概念的同化。

1. 数学概念的形成要由具体事实概括出新概念

数学概念的形成是通过从大量具体事实中归纳出新的概念，这需要从实际经验中的生动事例出发，以归纳的方式概括出一类事物的本质属性，初步形成一个新的概念，该模式的主要操作步骤如下：

（1）观察实例。观察概念的各种不同正面实例，可以是日常生活中的经验或事物，也可以是教师提供的典型事物。

（2）分析共同属性。分析所观察实例的属性，通过比较得出各实例的共同属性。

（3）抽象本质属性。从共同属性中提出本质属性的假设，即从具体例子中归纳出一般性的特点或规律。例如，对于平行线的形成，可以假设在同一个平面内，两条直线间的距离处处相等且不相交。

（4）确认本质属性。通过比较正例和反例来检验假设，确认本质属性的准确性。

（5）概括定义。在验证假设的基础上，从具体实例中抽象出本质属性，推广到一切同类事物，概括出概念的定义。

（6）符号表示。用习惯的形式符号表示概念，为概念赋予符号表示，以便在数学表达和计算中使用。

（7）具体运用。通过举出概念的实例，在一类事物中辨认出概念，或运用概念解答数学问题。通过具体的实际运用，使新概念与已有认知结构中的相关概念建立实质性的联系，并将所学的概念纳入相应的概念体系中。

数学概念的形成要求由具体事实概括出新的概念这一模式，较之同化模式强调了概念的来龙去脉、强调了概念体系、强调了对概念学习过程的认识。在教学方法上能够体现“发现法”、数学“再创造”等理念，有利于培养学生观察、发现抽象概括的能力。

2. 数学概念的同化要利用旧知识导出新概念

数学概念的同化是指利用旧知识导出新概念，即通过使用已有的认知结构中的相关概念来学习新概念。同化是学生学习数学概念的主要方式，其基本操作步骤如下：

（1）揭示本质属性。给出概念的定义、名称和符号，揭示概念的本质属性，明确新概念的含义。

（2）讨论特例。对概念进行特殊的分类，讨论各种特例情况，突出概念的本质属性，并通过特例来加深对概念的理解。

（3）新旧概念联系。将新概念与原有的认知结构中的相关观念建立联系，将新概念纳入相应的概念体系中，使其与已有的知识相融合，实现概念的同化。

（4）实例辨认。辨认正例和反例，通过对实例的分析和比较，确认新概念的本质属性，使新概念与原有的认知结构中的相关概念精确区分开来。

（5）具体运用。通过各种形式的练习和应用，运用概念解决实际问题，加深对新概念的理解和掌握，使其与相关概念融会贯通，形成整体的认知结构。

需要注意的是，数学概念形成和数学概念同化是有区别的。数学概念形成强调对物体或事件的直接经验，通过抽象出它们的共同属性来形成概念。而在数学概念同化的过程中，新概念的共同属性通常由教师指出，不需要学生自己去发现，而是要求学生将新概念与已有的相关知识联系起来。在概念形成过程中，学生需要对所发现的共同属性进行检验，并通过修正来确定其本质属性。而在数学概念同化过程中，学生需要辨别新学习的概念与原有认知结构中的相关概念的异同，并将新概念纳入原有的认知结构中。

数学概念的形成和概念的同化之间并不是绝对的对立，两者既有区别也有联系，甚至相互融合。概念形成中，也常常需要已有知识经验基础，用具体的、直接的感性材料去同化新概念，因此概念的形成中蕴含着概念的同化；概念的同化中也常常采用大量丰富的例子丰富学生的感知，因此概念的同化中也包含概念的形成因素。尽管采用概念的形成的教学方式有助于让学生经历概念形成的过程，但相对费时，采用概念同化方式教学有助于节约教学时间，利于培养学生抽象思考和逻辑思维能力，但不易于调动学习者学习的积极性，两者各有利弊。因此，在实际数学教学中，应把两种形式结合起来综合使用，互为补充。

（五）数学概念下定义的方法

概念是反映客观事物思想的抽象概括，在人的头脑中通过词语表达出来，这就是给概念下定义。明确概念意味着明确概念的内涵和外延。因此，概念定义是揭示概念内涵或外延的逻辑方法。概念定义可以分为两种形式：内涵定义和外延定义。无论哪种形式，概念定义都由三个部分组成：被定义项、定义项和定义联项。被定义项是需要明确的概念，即需要给出准确定义的概念，它是被定义的对象，需要明确其含义和范围。定义项是用来明确被定义项的概念，即通过其他已知概念来解释和描述被定义项，定义项提供了对被定义项的解释和理解，使其具有明确的含义。定义联项是用来连接被定义项和定义项的逻辑关系或连接词语，它确立了被定义项和定义项之间的联系，使定义具有逻辑一致性和连贯性。高等数学概念下定义的方法如下：

第一，直觉定义法：也称为原始定义，是凭直觉产生的原始概念，这些概念不能用其他概念来解释。直觉定义主要适用于几何中的点、直线、平面等概念，以及集合中的元素和对应关系等。

第二，属加种差定义法：按照“邻近的属 + 种差 = 被定义概念”的公式进行定义。种差指的是被定义概念与同一属概念下其他种概念之间的差别，即被定义概念具有而其他种概念不具有的属性。通过邻近的属加种差定义方法可以简化种差的描述。①发生式定义法：通过描述被定义概念所反映对象的发生过程或形成特征来揭示其本质属性。②关系定义法：以被定义概念与另一对象之间的关系或它与另一对象对第三者的关系作为种差的定义方式。

第三，揭示外延的定义法：对于一些概念，其内涵不易揭示，可以直接指出其外延作为定义。常见的类型包括：①逆式定义法（归纳定义法），给出概念的外延，逆向反推概念的内涵。②定式定义法（约定式定义法），通过约定的方法揭示概念的外延。这种定义方法是根据实践或数学自身发展的需要而指定的。

第四，描述性定义法（刻画性定义法）：适用于描述体现运动、变化、关系等特征的概念。这些概念经过严格的表述，超越了直觉描述阶段，例如函数、数列极限等概念。

通过这些定义方法，可以确立数学概念的准确含义，帮助学生理解和运用这些概念。

二、数学命题教学实施

“数学命题是表示概念具有某种性质或概念之间具有某种关系的判断，是人类对客观世界‘数量关系和空间形式’方面的规律性认识，它们构成了数学课程内容的重要组成部分，数学课程中常见的命题是反映数学基本事实且具有一定认识功能、实用功能的真命题，主要有公式、定理、原理、法则这四种形式”[①]。高等数学内容丰富，含有大量的数学命题。数学命题学习的认知过程主要分为三个阶段：命题的获得、命题的证明、命题的应用。在评估学生是否掌握命题时，主要从命题的理解、命题的记忆和命题的应用三个方面进行判断。数学命题教学的目标是培养学生的理解、记忆和应用能力。下面主要以高校文科生的数学命题教学为例进行分析：

（一）数学命题理解的教学

要理解数学命题，学生必须掌握其背后的原理和思想，即了解命题的由来、获取方式以及应用范围。然而，现实情况是，高校文科生数学的课时有限，在教学过程中，定理证明的讲解过程往往是文科生最难集中注意力的部分，这与学生的接受能力和心理状态有关。教师无法完整呈现所有知识，而学生也无法完全接受所有内容。由于数学的严谨性和科学性，高等数学中的命题陈述较为抽象，这进一步降低了文科生的兴趣和信心。因此，为了让文科生获得适当的数学知识，可以采用发现教学模式。这种模式要求学生像数学家思考数学问题，像历史学家思考历史问题，通过利用教师或教材提供的材料，亲自发现问题的结论和规律，成为真正的“发现者”。因此，在教学过程中，教师可以尽量将命题的讲解直观化，通过创设问题情境的方式引入，使学生更易于掌握知识，并有助于整体知识体系的理解。要合理运用发现教学模式，教师需要在有限的数学课堂时间内让学生在其能力范围内有所发现。教师应积极创设合理的问题情境，贴近学生的学科实际，使学生在最集中注意力、最积极思考的状态下进行尝试学习，并促进学生进入自己的最近发展区。

根据维果斯基的最近发展区理论，教师设定的问题不能过于困难，要与学生的智力水平和能力水平相适应。如果难度过大，学生将无法找到解决问题的突破口，长此以往将影响学生的学习积极性。在对文科生进行教学时，必须从一个较低的起点开始，与他们的基础对接，使知识能够在他们的最近发展区内获得，从而让学生建立学习的自信心。同时，学习兴趣是学生学习积极性和自觉性的核心因素，也是学习的强化剂。因此，要培养学生的学习兴趣，可以给他们提供一个探索的低起点，让他们有参与的可能。通过创设

① 李红玲．大学文科数学命题教学模式与方法［J］．内江师范学院学报，2016，31（8）：96.

问题情境和实际应用的方式，使学生能够在学习中发现问题的乐趣和应用的意义，激发他们对数学的兴趣和好奇心。

综上所述，对于部分对数学学习缺乏兴趣和信心的学生，教师需要思考如何简化内容，使其易于理解。发现教学模式可以帮助学生主动探索和发现数学知识，而创设问题情境和实际应用可以增加学生的学习兴趣和参与度。通过这些方法，教师可以帮助学生建立对数学的理解、记忆和应用能力，从而打破学习的恶性循环，提高学生的数学学习效果。

（二）数学命题记忆的教学

深刻理解与牢固记忆是熟练应用的前提与基础。学生在理解数学命题之后，需要记忆这些命题以便于灵活运用。为了帮助学生进行有效的记忆，教师需要在记忆方法上下功夫。教师应该分析数学命题的结构形式，并解释其蕴含的数学意义和作用。然而，由于一些命题的复杂性，记忆变得困难。因此，教师需要巧妙地将知识的科学性、思想性、实用性和趣味性结合起来，构建合适的记忆方法，让学生在轻松愉快的氛围中学习和记忆，从而取得良好的学习效果。记忆法是人为地采用特殊方式进行识记，以改善记忆效果的技巧和方法。根据不同的分类标准，记忆方法可以分为不同的类型。例如，根据记忆的思维类型，可将其分为理解记忆法和联想记忆法；根据记忆对象的不同，可将其分为系统记忆法、概括记忆法和图形记忆法等。

在高等数学教学中，常用的记忆方法包括图形记忆法和口诀记忆法。图形记忆法利用图形辅助记忆，图形具有直观性，能够简明扼要地表示材料的基本内容，使复杂的记忆材料变得条理清晰、形象明了，具有易于分析、比较、理解和记忆的特点，是提高记忆效率的有效方法。口诀记忆法则采用谐音、歌诀、顺口溜、打油诗等语言形式，形象生动地概括材料的现象、特征、过程和规律，以达到最优的教学效果。口诀记忆法可以分为押韵记忆法和谐音记忆法，其中押韵记忆法根据最后一个字的音调组成朗朗上口的话，便于记忆；谐音记忆法则根据谐音，在一句话中增加或减少一些字，便于记忆。这些记忆方法可以单独使用，也可以组合使用，具体应根据内容进行选择。

高等数学教师在教学过程中需要不断思考、总结和完善，根据教学内容构建相关的记忆方法，把看上去枯燥复杂的数学内容转化为形象直观的图形或生动活泼的口诀等形式。这样可以方便学生理解和记忆数学知识，同时也能够帮助他们将数学与生活联系起来，激发学习兴趣，推动学生的学习主动性，提高学习效率。

（三）数学命题练习的教学

为了巩固和深入理解数学命题，应用该命题解决各种问题是至关重要的。通过应用，学生能够明确数学命题的适用范围、注意事项以及与已有知识之间的联系，从而在他们的心中形成一个完整的知识结构体系。为了实现知识巩固的目标，数学教学通常采用课堂例题和课后习题两个环节。在课堂上，教师主导教学，示范性地呈现典型题目的分析和解决过程。通过教师的指导和解释，学生能够更好地理解数学命题的应用方法和解题思路。而课后习题则侧重于学生的自主学习，学生通过练习课后习题来巩固和迁移数学课堂中所学的知识。通过解决一系列的习题，学生能够运用数学命题解决实际问题，提高问题解决的能力，并巩固他们对数学知识的理解和记忆。课堂例题和课后习题的结合能够有效地帮助学生巩固数学知识。在课堂上，学生通过观察和参与教师的解题过程，掌握解题方法和技巧。在课后习题中，学生通过独立思考和实践运用，进一步巩固和加深对数学命题的理解。

通过课堂例题和课后习题的有机结合，学生能够在教师的指导下初步掌握数学命题的应用技巧，然后通过自主学习和实践运用，逐渐提升解题能力和数学思维水平。这种综合性的教学方式有助于学生形成扎实的数学基础，并培养他们的问题解决能力和创新思维。

第六章　高等数学课堂教学方法及文化渗透

高等数学课堂教学要根据高等数学学科特点，在充分认识教学对象的基础上，采用丰富多样的教学方法，提高学生学习高等数学的兴趣和效率，此外需要将数学文化渗透进课堂教学中。本章重点探讨数学课堂教学中的类比法与化归法、空间几何体体积求法及其解答思路、数学课堂教学中的归纳法与应用策略、数学课堂教学中的建模方法及其应用、高等数学课堂教学中渗透数学文化的方法。

第一节　数学课堂教学中的类比法与化归法

一、数学课堂教学中的类比法

高等数学课程在高校理工科类和经管类各专业中是必修的一门重要基础课和工具课，它为学生学习后续的专业课程、理解专业知识、解决实际问题和提高自学能力提供了必要的数学基础知识和常用方法。高等数学课程的特点是内容多、覆盖面广、教学时间有限且难度较大，因此教师需要重视各专业的高等数学教学，并不断探索如何提高学生学习的积极性和教学质量。在高等数学课程中，恰当运用类比法可以帮助揭示高等数学新旧知识之间的相互联系，帮助学生正确理解高等数学的基本概念和掌握计算方法。类比法是一种教学方法，通过将数学知识与学生熟悉的实际情境或其他学科的知识进行类比，使学生更好地理解和应用数学概念。通过类比，学生可以将抽象的数学概念转化为具体、可视化的形式，激发学生的学习兴趣，从而提高高等数学教学的实效性。

“所谓类比教学法就是利用类比方式进行教学，即在教学过程中把新知识与记忆中结构相类似的旧知识联系起来，通过类比，从已知对象具有的某种性质推出未知对象具有的相应性质，从而寻找解决问题的途径”①。在高等数学课堂教学中，运用类比法对于学生的学习起着重要的作用。通过类比法，学生能够通过新旧知识之间的联系更容易地掌握高等数学课堂教学的内容。类比法的运用可以帮助学生理解高等数学中的抽象概念。数学中的概念常常是抽象的，对学生来说可能较为抽象和难以理解。但通过类比，将抽象的数学概念与学生熟悉的实际情境进行类比，可以使学生更加容易地理解这些概念。此外，运用类比法实施教学还能够激发学生的学习动机。通过将数学知识与学生生活中的实际问题或其他学科的知识进行类比，可以增加学生对数学的兴趣和好奇心，激发他们主动探索和学习的欲望。通过类比，学生可以将数学知识与实际问题相结合，意识到数学在解决实际问题中的重要性，从而提高他们的学习动机。

（一）类比法应用于数学概念教学

在高等数学课堂教学中，概念教学是一个难点。为了帮助学生准确理解新概念，教师可以采用类比法进行概念教学。通过将相同或相似的数学概念进行类比，引导学生发现新旧知识之间的异同点和本质属性。学生通过联想和类比，发现相似概念之间的相似之处，从而进行推理，产生举一反三的效果。在高等数学课堂中，许多概念教学都可以运用类比法。例如，在导数与微分、最值与极值、拉格朗日中值定理与罗尔中值定理、柯西中值定理、不定积分与定积分等概念的教学中，可以运用类比教学法。例如，在学习连续、左连续和右连续概念时，可以与极限、左极限和右极限概念进行类比；学习导数、左导数和右导数概念时，可以与连续、左连续和右连续概念进行类比。通过类比法，引导学生对比分析概念的内涵，帮助他们抓住概念的本质，将旧知识迁移到新知识上，从而准确理解新概念。

在使用类比法时，教师不仅要阐明问题的共同点，还要指出它们的不同点。

---

①　李子萍，费秀海．类比法在高等数学教学中的应用体会［J］．数学学习与研究，2021（29）：10.

例如，在讲解三个微分中值定理时，通过类比教学，可以得出拉格朗日中值定理是柯西中值定理的一个特例，进一步得出罗尔中值定理是拉格朗日中值定理的特例。类似地，对于微分几何意义的学习，教师可以与导数的几何意义进行类比教学，通过联系新旧知识，比较它们的区别和联系，帮助学生更好地理解微分几何意义。通过类比法实施教学不仅能使学生更好地理解新概念，而且在类比教学过程中提高了学生的知识迁移能力和逻辑思维能力，培养了学生良好的数学思维。因此，在高等数学课堂教学中，教师可以积极运用类比法，帮助学生更好地理解概念，提高他们的学习效果和数学思维能力。

（二）类比法应用于极限计算教学

在高等数学学习中，极限是一个贯穿始终的重要概念，因此掌握极限知识对于进一步学习高等数学具有重要意义。学生在学习极限时面临的最大困难是极限计算，主要是因为对于计算极限的多种方法缺乏灵活运用，对于具体问题不知道如何选择合适的方法。在极限计算教学中，运用类比法可以帮助学生灵活掌握各种极限计算方法。对于极限计算，首先需要判断是否可以使用常用的计算法则进行计算，如果不能使用常规方法，则需要先判断函数的类型，然后结合函数类型选择适当的方法进行计算。在高等数学教学中，运用类比法对极限计算进行教学可以帮助学生克服困难，提高他们的计算能力。教师可以通过类比引导学生灵活把握各种极限计算方法，先判断问题类型，再选择合适的计算方法。例如，$\frac{0}{0}$型的方法有去零因式法、第一重要极限法、无穷小等价替换法和应用洛必达法则求极限，对于同类型的极限计算则再结合函数特征选择恰当的方法。

例 1：

求 $\lim\limits_{x \to 3} \frac{x^2-9}{x^2-5x+6}$

分析：此题属于$\frac{0}{0}$型，可以用去零因式法和洛必达法则求极限。

解如下：

方法一：

$$原式=\lim_{x\to 3}\frac{(x-3)(x+3)}{(x-3)(x-2)}=\lim_{x\to 3}\frac{x+3}{x-2}=6\ )$$

方法二：

$$原式=\lim_{x\to 3}\frac{\left(x^2-9\right)'}{\left(x^2-5x+6\right)'}=\lim_{x\to 3}\frac{2x}{2x-5}=\frac{2\times 3}{2\times 3-5}=6$$

例 2：

$$求\lim_{x\to 0}\frac{1-\cos x}{3x^2} \tag{6-4}$$

分析：此题也属于$\frac{0}{0}$型，又含有三角函数，可以用第一重要极限法、无穷小等价替换法和应用洛必达法则求极限。

解如下：

方法一：

$$原式=\lim_{x\to 0}\frac{2\left(\sin\frac{x}{2}\right)^2}{3x^2}=\frac{1}{6}\lim_{x\to 0}\left(\frac{\sin\frac{x}{2}}{\frac{x}{2}}\right)^2=\frac{1}{6}\left(\lim_{x\to 0}\frac{\sin\frac{x}{2}}{\frac{x}{2}}\right)^2=\frac{1}{6}$$

方法二：

$$原式=\lim_{x\to 0}\frac{(1-\cos x)'}{\left(3x^2\right)'}=\lim_{x\to 0}\frac{\sin x}{6x}=\frac{1}{6}\lim_{x\to 0}\frac{\sin x}{x}=\frac{1}{6}$$

所以，原式 $=\lim_{x\to 0}\frac{\frac{1}{2}x^2}{3x^2}=\frac{1}{6}$。显然，例 1 和例 2 都属于$\frac{0}{0}$型，但方法又不完全相同，通过如此类比，有利于学生熟练掌握各种极限计算方法，形成良好的认知结构和完整的知识体系。

（三）类比法应用于不定积分计算教学

在高等数学学习中，积分运算是一个重要的内容，但对于学生来说，积分运算相对灵活，很难掌握解题的技巧。特别是在定积分的计算中，它是建立在不定积分的基础上进行的，因此高校教师需要深入讲解不定积分的计算方法和技巧。在不定积分的教学中，教师可以根据教学内容的安排，精心设计课时，确保学生充分了解与不定积分计算相关的基本内容。在此基础上，通过从性质、计算方法和特征等多个方面入手，运用类比法作为主要手段，引导学生自主认识与不定积分计算相关的基本知识。教师在不定积分的计算教学中，可以采用以下方法运用类比法：

第一，类比被积函数的类型。如果被积函数是和差的关系，可以运用积分运算法则和积分公式进行计算；如果被积函数是乘积或商的关系，需要通过等量变换将被积函数转换为和差的关系，然后再利用积分运算法则和积分公式进行计算。

第二，用类比法选择积分方法。如果被积函数是乘积关系，且是两个不同类型函数的乘积，可以采用分部积分法进行积分计算；如果被积函数含有根号，可以选择第二换元法进行积分计算；对于其他情况，可以考虑使用第一换元法或有理函数积分法进行积分计算。

总而言之，类比法在高等数学教学中应用广泛。教师在高校数学教学中应多运用类比法，通过将学生难以理解的新知识与类似的旧知识进行类比，使新知识变得容易理解。同时，通过类比法的实施，还可以促进学生类比思维能力的发展，提高学生在知识迁移中发现问题、处理问题和解决问题的能力。此外，类比法的运用还可以提高学生对高等数学学习的积极性，从而提高高等数学教学的质量。

二、数学课堂教学中的归化法

化归是一种解题思想，也是一种有效的数学思维方式。在探索数学问题时，人们通常会通过巧妙地转化或变形将未解决的问题转化为已解决的问题。化归法的应用范围广泛，方式多样，可以根据不同的分类和使用领域进行划分和运用。

第一，根据待解决问题的属性，化归法可以分为证明中的化归法、计算中的化归法和构建新科目体制中的化归法等。

第二，根据使用的领域，化归法可以分为内部和外部化归法。内部化归法指的是数学问题之间的转化，而外部化归法则是将实际问题转化为数学问题。

第三，根据使用的广度和维度，化归法可以分为单维、二维、多维和广义化归法。单维化归法适用于单一学科体系内的化归；二维化归法将两个相似的数学支系进行转化；多维化归法适用于跨越多个学科体系的化归，例如换元法和待定系数法；广义化归法则是指超越数学领域的化归法，如数学建模法。

第四，常见的化归方法包括瓜分法、求变法、映射法和极端化法等。瓜分法将待解问题分解为简单熟悉的小问题，逐个求解。求变法是一种重要的化归方法，包括等价变形法、分步变形法、参数变形法和换元变形法等。映射法通过映射将原问题转化为另一个问题的解，然后利用逆映射得到原问题的解。极端化法是指通过考虑极端情况解决问题，将问题转化为易解或已知的问题，然后推导出原问题的解。这种方法一般适用于问题具有多种情形的情况，需要发挥联想构建解决方案。

总而言之，化归法是一种重要的解题思想和数学思维方式。通过将问题转化为已解决的问题，可以更好地解决复杂的数学问题，并且可以应用于不同领域和维度的数学学科中。

（一）化归法应用于数学极限教学

两个重要极限为 $\lim\limits_{x\to 0}\dfrac{\sin x}{x}=1$，$\lim\limits_{x\to 0}(1+x)^{\frac{1}{x}}=\mathrm{e}$（等价于 $\lim\limits_{x\to\infty}\left(1+\dfrac{1}{x}\right)^{x}=\mathrm{e}$）。在解函数极限问题时，很多时候只要将其转化为这两个重要极限的形式便清晰了。

例 1：

$$\lim_{x\to 0}\frac{\sin x^2}{\sin x}=\lim_{x\to 0}\frac{\sin x^2}{x^2}\cdot\frac{x}{\sin x}\cdot x=\lim_{x\to 0}\frac{\sin x^2}{x^2}\cdot\lim_{x\to 0}\frac{x}{\sin x}\cdot\lim_{x\to 0}x=1\times 1\times 0=0$$

例 2：

$$\lim_{x\to\infty}\left(1-\frac{3}{x}\right)^{-x}=\lim_{x\to\infty}\left(1+\frac{3}{-x}\right)^{\frac{-x}{3}3}=\left[\lim_{x\to\infty}\left(1+\frac{3}{-x}\right)^{\frac{-x}{3}}\right]^3=\mathrm{e}^3$$

在函数极限中，还有一种不定式的极限问题，其主要形式为：$\frac{\infty}{\infty}$，$\frac{0}{0}$，$\infty-\infty$，$0\cdot\infty$，0^0，$0-0$，∞^0以及1^∞等形式，其中，$\frac{\infty}{\infty}$，$\frac{0}{0}$为两大基本的类型，其他的形式都能够使用恒等变形或者取对数的方式变为$\frac{\infty}{\infty}$或$\frac{0}{0}$型，之后使用洛必达法则使其得解，其中，1^∞类型的函数求极限时能够化归为求第二个重要极限的类型。

上列题是通过化简、取对数等方法来实现恒等变形，将其他的不定式极限都化归为$\frac{\infty}{\infty}$型和$\frac{0}{0}$型，最后使用洛必达法则。

（二）化归法应用于数学求导教学

一元函数的求导，一般按公式或四则运算便能解出，或者化归为函数极限去解。例如，求 f（x）=x^2 在 x=0 处的导数，则有以下解法：

例 1：

$$f'(x)=2x，f'(0)=0$$

例 2：

$$f'(0)=\lim_{x\to0}\frac{f(x)-f(0)}{x-0}=\lim_{x\to0}\frac{x^2-0}{x}=0$$

高阶导数是以一阶导数为基础定义的，故可化归为一阶导数问题，如$f(x)=\mathrm{e}^x\sin x+x^2$，求$f'''(x)$的问题。可以先求一阶导数$f'(x)=\mathrm{e}^x(\cos x+\sin x)+2x$，在一阶导数的基础上再求导，可得二阶导数$f''(x)=2\mathrm{e}^x\cos x+2$，在二阶导数的基础上再求导，可得三阶导数$f'''(x)=2\mathrm{e}^x\cos x-2\mathrm{e}^x\sin x$。函数对自变量求偏导数时首先将除此之外的自变量都看成常数，从而使多元函数变成一元函数，像高阶偏导数、全微分等都是通过化归实现降元的。

综上所述，化归法在高等数学课堂教学中具有深远的影响。如果不运用化归思想，许多高等数学题目可能会成为未解之谜，解答过程可能会变得冗长繁琐，理论体系可能会失去严谨性，一些公式也可能无法得到证明。化归法的魅力在于它的显著影响，它在高等数学课堂教学中扮演着不可或缺的角色。通过化归法，学生可以更好地理解和解决复杂的数学问题，简化解题过程，推动数学理论的发展。因此，化归法在高等数学教学中的地位不可忽视。它的应用帮助学生培养数学思维和解决问题的能力，提高他们对数学知识的理解和掌握水平。教师在教学中应充分利用化归法，引导学生运用化归思想解决问题，使他们能够更好地应用数学知识，提高高等数学课堂教学的质量和效果。

第二节　空间几何体体积求法及其解答思路

求空间几何体的体积问题侧重于考查球、棱柱、棱锥、棱台、圆柱、圆台、圆锥的结构特征和体积公式，此类问题对学生的观察和空间想象能力有较高的要求，解答此类问题，需仔细观察空间几何体，明确其结构特征，对其进行合理的拆分、转化，选择合适的体积公式进行求解。下面简要探讨三种求空间几何体体积的方法及其解答思路。

第一，公式法。对于一些简单的空间几何体，如球、棱柱、棱锥、棱台、圆柱、圆台、圆锥等，可直接运用其相应的体积公式来求其体积。学生需要熟记棱柱和圆柱的体积公式：$V=Sh$（S是柱体的底面面积、h是柱体的高）、圆锥和棱锥的体积公式：$V=\frac{1}{3}Sh$（S是锥体的底面面积、h是锥体的高 $V=\left(S_{上}+S_{下}+\right)h$（$S_{上}$、$S_{下}$是台体的上下底面面积、$h$是台体的高）、球的体积公式：$V=\frac{4}{3}\pi R^3$（$R$是球的半径），求得公式中相应的几何量，将其直接代入公式中进行计算即可，公式法适用于求解一些简单且规则的空间几何体，通常不需要进行转化和变形，只需灵活运用简单空间几何体的体积公式。公式法是求空间几何体体积的基本方法，在利用公式法求空间几何体的体积时，需先判断几何体的类型，再结合已知条件确定体积公式中的几何量.在求锥体、柱体、台体的体积时，需结合已知条件找准底面，并求出高和底面的面积；在计算球的体积时，需找准球的球心，确定球的半径。

第二，等积法。等积法包括等面积法和等体积法，等面积法是通过改变平面图形的底和高，利用等面积的原理来求面积的方法；等体积法是通过改变几何体的底面和顶点，利用等体积的原理来求体积的方法，运用等积法求空间几何体的体积，需先根据题意选择易于求得面积的底面和高，通过转换几何体的底面和顶点，求得问题的答案。

第三，割补法。对于一些简单的空间几何体，如棱柱、圆台、棱锥、球等，可以直接套用几何体的体积公式进行求解；对于一些较为复杂且不规则的空间几何体，通常需采用割补法，通过分割与补形，将原几何体构造成较易计算体积的、规则的空间几何体，以便根据简单空间几何体的体积公式进行求解。

总而言之，只有将解答空间几何体的体积问题转化为简单的、规则的空间几何体的体积问题，才能使问题快速得解，这就要求熟悉常见空间几何体的结构、性质、体积公式，灵活运用等积法、割补法，将问题进行合理转化，然后选择与之相应的空间几何体体积公式进行求解。

第三节　数学课堂教学中的归纳法与应用策略

一、数学课堂教学中的归纳法应用重点

“数学归纳法主要是介于自然数范围、命题下的演绎推理方法，具有严谨的推理模式及科学的使用方法，能综合分析给定命题在整个或局部自然范围下是否成立，探究某种规律或明确某个命题的成立范畴，可以帮助学生更好地理解代数结构、运算及数学分析”①。下面以高等代数教学为例探讨归纳法的应用。高等代数中的多项式、行列式、矩阵、线性空间等方面的问题都介于自然数下，与数学归纳法产生关联，教师通过数学归纳法教学一般可以在运用阶、元、行列、未知量、维数等的综合分析中更好地处理代数分析问题。数学归纳法应用于高等代数教学时需要注意以下方面：

第一，从学生了解程度角度而言，数学归纳法不仅是一种方法，也是一种思维方式。在代数教学中，学生需要具备较高的知识构建能力，并且需要激发他们主动学习数学的意愿。只有在主动内化数学归纳法思维的基础上，才能切实运用数学归纳法来分析高等代数问题。然而，在具体的教学过程中，由于未全面掌握学生的了解程度、渗透力度、质控保障和课后评价等因素，

① 田金玲．高等代数教学中数学归纳法的应用分析［J］．江西电力职业技术学院学报，2020，33（12）：45.

导致数学归纳法在代数教学中的应用效果不够突出。

第二，从渗透力度角度而言，数学归纳法在代数教学中应用广泛，可以涉及各种代数结构。然而，在实际的高等代数课堂教学中，由于学情分析不到位，无法充分结合学生的个性偏好和认知学习能力来优化教学课程，这制约了学生的学习主动性和学习效果。

第三，从实际运用角度而言，教师在运用数学归纳法进行教学时，需要进行统筹性的对比、系统、关联教学，帮助学生更好地掌握数学归纳法在高等代数中的运用机制。然而，目前的高等代数教学课程缺乏细致的系统教学工作，导致学生无法从整体视角构建数学归纳法的知识体系。

第四，从质控保障角度而言，质控保障可以在课堂授课活动中尽可能地保障实现教学目标，帮助学生更好地掌握代数学中的概念、定理和代数方法等。然而，由于教学语言组织、教学环境优化和课堂教学节奏管理等方面的问题，代数教学课程的质量难以得到切实保障。同时，教师通过课后评价可以发现教学活动中的不足和学生学习质量等方面的信息，在明确存在问题的情况下，可以为教学计划编制和课堂教学优化提供针对性的指导。

二、数学课堂教学中的归纳法应用措施

（一）数学的学情分析

数学的学情分析是了解学生学习情况的过程，涉及知识基础、学习能力和个性偏好等方面。基于对学生的了解开展数学教学工作可以贴合学生的实际情况，针对性地优化教学活动和数学归纳法的应用，从而提高课堂教学效果。在进行学情分析时，数学教师可以从以下角度出发：

第一，知识基础分析。通过综合分析学生试卷、习题、作业等的完成情况，教师可以了解学生对数学归纳法、代数学等知识的掌握情况。抽样分析学生群体对某一知识点的掌握情况也是一种有效的方式。

第二，学习能力评估。教师应灵活运用学生自主分析、自主探究的教学手段，观察学生在课堂回答问题时的逻辑思维能力、问题处理能力等，并进行综合评价。这有助于了解学生的学习能力，为后续教学提供指导。

第三，个性偏好了解。学生的学习偏好对于优化课堂教学氛围和提升学生参与主动性非常重要。教师可以通过分析学生的兴趣倾向、学习意识、专注力等方面的情况，了解他们的个性偏好，并根据分析结果采取相应的优化

措施。

通过对学生的全面了解和学情分析，数学教师可以更好地制定教学计划，优化教学活动，提升学生的学习效果。此外，教师还应注意课堂教学的语言组织、教学环境的优化以及课堂教学节奏的管理，以确保教学质量的保障。同时，通过课后评价，教师可以了解教学活动中存在的不足以及学生学习质量等方面的信息，并对教学过程进行细致、全面的分析，为教学计划编制和课堂教学的优化提供针对性的指导。

综上所述，数学的学情分析是了解学生学习情况的过程，涉及知识基础、学习能力和个性偏好等方面。通过对学生的了解，数学教师可以根据实际情况优化教学活动和数学归纳法的应用，提高课堂教学效果。同时，教师还应注意教学质量的保障，包括对课堂教学的语言组织、教学环境的优化以及课堂教学节奏的管理。通过课后评价和细致的分析，教师可以不断改进教学工作，提高学生的学习质量和效果。

（二）数学的目标导向

在目标导向性下的数学归纳法运用中，重视数学归纳法的基本内容和思维要求是关键。首先，从基本内容的角度，教师应重点教授数学归纳法的内涵和推导证明机制，以帮助学生初步掌握数学归纳法。在教学计划和课前准备中，应为数学归纳法的独立教学留出足够的时间和空间。其次，从思维要求的角度，教师应鼓励学生展开主动思考，基于数学归纳法的思维机制剖析数学问题。教师可以引导学生正向验证、反向推导以及发现数学问题的共性特征等，帮助学生形成全面的数学归纳法认知。同时，教师还应结合数学归纳法的特点，引导学生进行多层次、深入的思考。

在具体教学中，应重视基础内容和思维形成两个方面。首先，在代数课程中专门设置一节课程来剖析数学归纳法的基本内容，让学生了解不同类型的数学归纳法以及其在多项式、线性空间、矩阵等领域的应用特点。这样，学生在了解数学归纳法的基础上，能够更好地参与数学归纳法与代数学的融合教学。其次，重视思维形成，教师可以鼓励学生构想数学归纳法的特征和运用机制，并与具体数学问题结合。通过从正向验证和反向推导等不同角度的思考，逐步强化学生在数学归纳法思维方面的能力。

综上所述，在目标导向性下的数学归纳法运用中，教师应重视数学归纳法的基本内容和思维要求。通过深入教学和引导学生进行思维训练，可以提高学生在数学归纳法应用中的理解和能力。

（三）数学的课中质量控制

数学的课中质量控制旨在关注教学语言组织、教学环境优化和课堂教学节奏管理等方面，以实现教学目标的达成。

第一，从教学语言组织的角度，教师应重视激发学生的主动思维和课程信息传递的效力。在运用数学归纳法和代数学组织教学语言时，教师可以采用启发式教学和问题探究式教学等灵活方法，通过暗示、引导和问题激发学生的思考主动性。为确保课程信息传递的效果，教师还可以根据教学难点、教学目的和认知误区等因素，重点优化课程内容的组织。

第二，从教学环境优化的角度，数学归纳法在代数学中的应用要求学生进行细致、深入、规范和严谨的探究。除了借助多媒体教学来冲淡学习的枯燥感，教师还应善于运用合作探究等方法，激发学生的成就感和满足感，营造良好的学习氛围。

第三，从课堂教学节奏管理的角度，教师应根据教学流程和教学内容合理规划教学时间。如果课堂时间不足，教师可以优化教学计划，并通过激发学生在课下的自主学习来帮助他们系统构建数学归纳法和代数学知识体系。主要的措施包括：①重视语言组织：教师在阐述推导验证机制时，要全面、细致、严谨地解释推导过程中的误区和难点，避免产生模糊认知。②重视环境优化：教师要结合学习氛围，引导学生通过头脑风暴等形式展开讨论，提高学习效果。③重视节奏管理：教师要提前规划高等代数和数学归纳法教学中各个知识点的课时安排，以指导课堂的节奏管理工作。

（四）数学的课后评价

数学的课后评价的优化措施主要体现在以下方面：首先，教师应能够即时记录教学信息，包括学生的课堂表现、试卷、习题、抽问结果等。这样可以为课堂教学活动提供明确的记录，及时发现教学中存在的不足，并为课程的优化提供指导。其次，教师在开展教学活动时应及时进行课堂总结和阶段性教学总结。通过总结，教师可以回顾课堂教学的过程和效果，分析教学中的问题和不足之处。这样可以及时发现并解决问题，进一步优化教学活动，提高教学效果。此外，教师还应明确具体记录类目，以便更加准确地评估学生的学习情况和课堂表现。通过记录类目，教师可以对学生的学习成果进行评估，了解他们在数学学习中的表现和理解程度。这样可以更有针对性地指导和优化课堂教学活动。

第四节　数学课堂教学中的建模方法及其应用

“数学建模就是将实际问题转化为数学模型，运用数学的思想和方法对模型进行处理，从而有效地解决实际问题。数学中的一些概念、定理都是以物理、化学等学科为背景而产生的，所以不难看出数学模型的重要性和普遍性，即便是当前的某些学科的问题的解决依然可以看成数学模型。因此，数学建模无论是在过去、现在还是未来，都是一个非常有力的工具”①。数学建模是将实际问题转化为数学模型，并利用数学语言、方法和符号进行求解的过程。这一过程不仅可以解决实际问题，还能培养学生的主动探索、团结协作和积极进取的精神。在解决问题的过程中，数学建模启发学生的创新意识，促进学生的创新思维，并提高他们的创新能力，从而为社会培养高层次的合格人才。

在高等数学课堂教学中，通过数学建模，学生能够在实际问题中运用数学知识和技巧，培养解决问题的能力和创造力。教师可以选择一些相关的实际问题，引导学生进行模型的建立和求解过程，让他们从实际中感受到数学的应用和价值。同时，教师还可以组织学生之间的合作，让他们在团队中共同解决问题，培养团队合作和沟通能力。这样，学生不仅能够理解数学的抽象概念，还能够将其应用于实际情境中，提高数学的实用性和吸引力。

一、数学课堂教学中建模方法的应用原则

数学课堂教学中应用建模方法的原则是为了培养学生解决实际问题的能力和应用数学知识的能力。传授高等数学知识的同时，教师应注重培养学生的创新能力、逻辑思维能力、运算能力以及运用数形结合方法解决实际问题的能力。在教学中，渗透数学建模的方法和思想，让学生真正理解数学的本质，并学会运用数学方法解决实际问题。毕竟，学习数学的目的就是为了解决现

① 任伟和，杜慧慧，李晓辉．数学建模方法在高等数学课堂中的引入 [J]．数学大世界（上旬），2019（10）：63.

实生活中的问题，而数学建模正是连接理论与实践的桥梁。教师在数学课堂教学中应遵循以下原则来应用建模方法：

第一，知识与实际结合。教师应将数学知识与实际问题相结合，引导学生从实际情境中抽象出数学模型，并运用相应的数学方法进行求解。通过实际问题的解决过程，学生能够更好地理解数学的应用和意义。

第二，培养思维能力。教师应注重培养学生的创新思维和逻辑思维能力。通过引导学生进行问题的分析、归纳、推理等思维过程，激发学生的创造力和解决问题的能力。

第三，强化实践操作。教师应鼓励学生通过实际操作，运用数学建模方法解决问题。例如，学生可以进行实际测量、数据收集，然后利用数学模型进行分析和预测，从而提升他们的实际操作能力和数学应用能力。

第四，合作与交流。教师可以组织学生之间的合作，让他们在团队中共同解决问题。通过合作和交流，学生可以互相借鉴、互相补充，提升团队合作和沟通能力。

二、数学课堂教学中建模方法的应用重点

数学课堂教学中应用数学建模方法的重点在于扩展传统教学的范围，引导学生解决生活实际问题，并培养学生的创造性思维，数学建模方法的应用重点如下：

（一）引导学生了解数学建模内涵

在高等数学教学过程中，教师应引导学生了解数学建模的内涵，并利用数学建模的思维来处理实际问题。数学知识的产生与生活实际问题的规律总结密切相关，各种数学公式和概念都是通过抽象化总结现实生活中客观事物之间的关系而得到的。因此，教师应引导学生关注各种生活实际问题，并尝试从中抽象出相关的数学概念，从而使学生能够理解数学模型的建立基于基础数学理论知识。教师在课堂中需要引导学生形成数学建模的意识，掌握相关的建立方法。为此，教师可以深入分析各种数学模型，让学生感受到大部分数学模型都是从实际问题中提取出来的。通过联系实际问题来进行数学知识的讲解，教师可以使学生意识到数学知识可以解决实际问题，从而潜移默化地形成数学建模的意识。通过引导学生了解数学建模的内涵、利用数学建模的思维处理实际问题，并通过联系实际问题进行数学知识的讲解，教师可

以帮助学生从基础数学理论知识中理解数学模型，并掌握相关的建立方法。这样的教学方式能够使学生形成对数学模型建立的意识，并掌握解决实际问题的数学工具和思维方法。

（二）将建模思想融入数学课堂中

在数学课堂中将建模思想融入教学，可以让学生对数学建模有更深刻的理解。对于高校学生来说，在学习数学过程中，只要掌握了一些解题方法，并能灵活运用，就可以将这些方法应用于解决生活中遇到的实际问题。因此，高校学生在学习数学知识时需要掌握一些解题方法，教师应重点讲解数学解题方法，以培养学生的解题能力。同时，教师也要不断引导学生，让他们运用这些数学方法来分析和解决实际问题，为学生建立数学模型打下良好基础。通过将建模思想融入数学课堂教学中，教师能够引导学生理解数学建模的意义，培养学生将数学方法应用于实际问题的能力。这样的教学方式使得学生能够将抽象的数学知识与实际问题相结合，形成解决问题的思维模式，并为将来成为应用型人才打下基础。

（三）重视举行数学建模竞赛活动

在高等数学课堂中，重视举行数学建模竞赛活动，以考查学生的数学建模水平。教师可以结合数学建模的思维来讲解数学理论知识，并根据相关教学内容进行相应的方法调整。引导学生利用数学模型对各种问题进行分析和探讨，寻求最终结果。这样的过程不仅能增加学生对数学模型的兴趣，还能提升他们的建模水平。通过利用数学模型分析解决实际问题，学生能够深入理解各种数学概念，并优化各种数学公式。为了提升学生的能力，教师可以通过考试和举办建模竞赛等方式来培养学生的建模意识。在竞赛中，学生能够应用数学建模解决具有实际性的问题，激发他们在建模方面的潜力，并选拔出优秀的专业学员。

总而言之，将数学建模融入高等数学课堂中可以有效地将所讲授的数学理论知识与实际问题联系起来。教师通过科学引导，培养学生逐步树立起构建数学模型的意识和方法，全方位培养学生，培养符合当今社会发展需求的新时代人才。同时，在课堂中引入数学建模也能够潜移默化地让学生形成数学建模意识，使他们能够将生活中的实际问题与理论知识联系起来。

第五节　高等数学课堂教学中渗透数学文化的方法

高等数学课程是高校理工、经管、文法等专业的重要公共基础课程。它所教授的内容和方法对学生的后续课程学习以及未来的工作产生深远影响。然而，在长期的教学实践中，教师往往过于注重数学的逻辑性、系统性、定理的证明、公式的推导和解题的演练，而忽视了数学知识产生的历史背景和文化价值。这给很多学生留下了数学课枯燥、抽象的印象，导致他们失去了学习数学的兴趣和积极性，仅仅掌握形式计算和解题的能力，与教育的初衷相去甚远。数学文化具有比数学知识体系更为丰富和深邃的文化内涵。数学文化是对数学知识、技能、能力和素质等概念的高度概括。在数学文化观念下，数学教育不仅仅是学习数学的基本知识点和基本运算，更重要的是学会分析和研究问题的方式和方法。数学文化对于提高学生的文化修养和综合素质起着重要作用。

在高等数学课堂教学中，将数学文化有效地渗透进去，将数学文化与课堂教学有机地结合起来，使得数学文化内化为学生自身的文化修养和人文素质，尤其重要。教师应注重讲授数学知识的历史背景和文化意义，引导学生了解数学的发展过程和数学家的贡献，培养学生对数学的兴趣和好奇心。同时，教师可以引入有趣的数学问题、数学思维的启发，让学生体验数学的美感和智慧。通过这样的教学方式，可以提高学生的数学文化素养，培养他们的综合素质，使他们不仅仅是数学的应用者，更是数学的欣赏者和参与者。高等数学课堂教学中渗透数学文化的方法如下：

一、课堂融入丰富的数学史知识

在高等数学课堂中，将数学史系统地融入教学是非常重要的。通过介绍数学的形成和发展故事，数学在社会和经济发展中的作用，以及数学家的生平和贡献，可以帮助学生感受到数学文化，提升他们的数学素质。具体而言，数学家的轶闻趣事可以激发学生学习数学的兴趣。数学家的榜样作用对学生具有巨大的激励作用。而对数学家如何发现问题、发明方法、创造思想并解决问题的介绍，则有助于加深学生对数学的理解。例如，在高等数学的第一次课上，可以向学生介绍微积分学奠基人牛顿和莱布尼兹。通过介绍这两位数学巨人的成长经历，让学生感受到数学家平凡而伟大的人格魅力，以及对数学执着的追求精神，从而激发学生学习高等数学的兴趣。在初次接触微积分内容时，可以先引入微积分产生和发展的历史。在日常学习和教学中，教师应当注意收集和整理相关的数学史资料。同时，要不断创新，设计适合本校和学生实际情况的数学文化案例。可以按章节搜集数学史知识，并在每节课的教学中将其与课堂内容有机地结合起来。在搜集资料的过程中，可以让学生参与其中，激发他们的主动性，从而更有利于数学文化在课堂教学中的渗透。通过将数学史融入课堂教学，学生能够更好地理解数学的发展历程，体会数学家的智慧和贡献，同时增强他们对数学的兴趣，提高数学素养，以及培养他们的综合素质。

二、在实际问题中渗透数学文化

为了培养学生解决实际问题的能力，并更好地渗透数学文化，教学中可以穿插一些来源于社会中的实际问题。通过引入实际问题，教师可以引导学生思考问题的解决方法以及需要运用哪些数学知识。从问题的解决过程到如何利用数学知识解决实际问题，一步一步地引导学生，以培养他们运用数学知识解决实际问题的能力。例如，在讲解变化率和相对变化率时，可以引入一些盈余问题和弹性问题。通过建立总收益函数和总成本函数的数学模型，并结合具体例子，可以确定税率。这样做不仅可以加深学生对变化率和相对变化率的理解，更重要的是提高学生对高等数学重要性的认识。通过案例教学渗透数学文化，可以更好地促进学生接受案例中所承载的实际应用信息。这样可以培养学生的实际应用能力，进一步达到培养人才的目的。通过穿插实际问题和案例教学，学生能够将数学知识应用于解决实际问题的能力得到提升。这种教学方法不仅能够培养学生的实际应用能力，还能够加深他们对数学的理解和认识，同时也更好地渗透数学文化，使学生更加重视高等数学的学习。

三、开展多样化的数学教学活动

教师应该结合现代化的教学手段，开展多样化的教学活动。在高等数学课堂中，教师可以插入一些小的专题讲座，并充分利用网络资源。通过给学生放映一些与数学文化相关的讲座视频，如林家翘教授的“数学科学的几种新的发展趋势”和张顺燕教授的“相识数学”，可以让名家走进高等数学的课堂，为学生带来不同的视角和思考方式。在讲解级数时，可以引入阿基里斯追龟问题，并辅以动画讲解，以增加学生的兴趣和理解度。对于高等数学中涉及的几何图形，教师可以穿插“几何的美”这一小专题，并配以历史上的名画，让学生在学习中感受数学独特的魅力。

总而言之，将数学文化融入高等数学课堂教学中，可以让学生亲身体验数学文化的魅力，激发对高等数学的兴趣，并领悟数学所承载的人文价值。这对于提高大学生的数学素质具有重要意义，同时也为他们形成健全的人格奠定了良好的基础。通过现代化教学手段和多样化的教学活动，教师能够更好地渗透数学文化，让学生更加主动地参与学习，并培养他们的数学素养和综合能力。

第三篇
数学文化融入高等数学课堂的实践研究

第七章　数学文化融入高等数学课堂的教学模式

高等数学作为理工类院校最为重要的数学基础课之一，有着丰富的数学背景与数学思想，而传统的高等数学课堂教学模式缺少师生交流，降低了传承微积分数学文化的效率，因此将数学文化融入高等数学课堂的教学模式中具有重要意义。本章重点探讨高效课堂与深度教学模式、双导双学与翻转课堂教学模式、现代教育技术下的数学教学模式、基于问题驱动的线性代数教学模式、基于数学文化观的高等数学教学模式。

第一节　高效课堂与深度教学模式

一、高效课堂教学模式

（一）高效课堂教学模式的理论分析

1. 教学实践论

教学实践论是基于自然主义经验论提出的，强调教学实践的特殊性。这种特殊性主要体现在三个方面。首先，学生的实践活动是为了认识客观世界和形成系统知识，是一种认识性实践。其次，学生在教师的指导下进行这种实践活动，这与成人生活实践和学生学习实践有所不同。最后，教学是一种简化的实践活动，具有高效率。在中国的新课程改革过程中，实践的作用备受重视。

（1）教学实践论的注意事项。

第一，应当避免教学实践论与教师的教学实践相提并论。我们所探讨的教学实践论，是对教学过程本质的探讨，是研究学生获得知识与发展的过程与途径，而教师的教学实践特指教师的教学工作，是对教师教学工作实施的研究，如教师的教学实践机智、教师实践智慧等命题都不包含在教学实践论的研究范畴之中。

第二，学生在实践中获得直接经验与学习间接经验的关系处理。教学实践论主张通过实践活动使学生获得亲身经验，这并不意味着学生的学习完全依赖于直接经验的获取方式。相反，间接经验的学习成为学生获得大量科学文化知识和技能的便利途径。只是在学生获得间接经验的时候应当关注学生内化这些知识的手段，注重以实践的、活动的方式让学生的学习变成可以感知的过程，而不是机械接受的过程。

（2）教学实践论中的“学生为中心”。

第一，教学实践论尊重学生的主体地位。学生是课程教学实践的主体，无论是教师还是新媒体设备都只能起到辅助作用。因此，在高校数学课堂教学中，为了体现学生的主观能动性，必须增加课堂实践环节，让学生主动发现问题、解决问题。

第二，尊重学生个体差异，因材施教。教学实践论虽然将学生作为课堂学习主体，然而每个学生对知识吸收能力和逻辑思维能力各不相同，因此，在具体的课堂实践中难免会出现知识理解能力高低不一的情况。面对此种情况，教师除了要更改教学方式之外，还要重点关注学生的日常生活，通过对其生活体验的观察，因材施教。

第三，教学实践论关注学生在生活中获得实践经验。对学生而言，其所有的实践课程体验主要来自课堂教学，只有一小部分与自己日常生活相关，然而，丰富的生活经验或多或少会对教师教学产生影响，所以教师在课堂情境实践教学中，可借助创设生活情境的方式，引导学生思考问题，解决问题，让教学实践更加生活化、日常化，学生也容易理解课堂教学的含义。

2. 建构主义理论

（1）建构主义理论的学习观。建构主义认为，知识不是单纯地通过教师的传授而得到的，而是学习者在一定的社会文化背景下，通过他人（教师、家长及学习同伴等）的帮助，利用必要的学习手段及学习资料，通过意义建构的方式而获得的。因此，建构主义的学习观有以下方面：

第一，学习是学生建构知识的过程。学习的目的是积累知识和运用知识。积累知识就像建房子所需要的材料，运用知识就相当于用材料把“房子盖好”。学生的主动建构知识即是学生对知识的主动吸收，以自己的经验为背景，对所遇到的新问题充分调动自己的知识经验，通过分析、归纳、演绎等得出自己的结论和认识。此外，学生学习是在一定的外部环境下，通过自我经验建构自己的知识体系，所以学生本身具有互动性。

第二，从学生角度解析事物。学生在对事物观察的过程中，会有一个自己的主观意识判断，若没有一个行之有效的借鉴方式，多数情况下，会根据以往经验，对刚刚获取的新信息进行识别判断，这样就会产生自己全新的理解。

第三，学习应该是一个交流和合作的互动过程。虽然建构主义强调自主的建构，但不是说这种建构是孤立状态下独自产生的，而是认为应当通过交流和合作的方式完成建构过程。交流，也可称为对话，是通过与学习伙伴或教师等人的沟通讨论，逐步完成自身对意义的建构。合作是另外一种互动方式，在学习中学习者与同伴共同协作完成对学习主题的创设、资料的收集与整理、问题的论证与检验等工作，最终实现对所学内容的意义建构。

（2）建构主义理论的教学观。建构主义教学理论是建构主义学习理论的教学观的对应体系，它引发了学习方式和学习过程的变革。这一理论要求摒弃传统的以教师为中心的教学模式，并提出了以学生为中心的建构主义教学模式。在该模式中，教师扮演学习的组织者和指导者的角色，致力于辅助和促进学生的学习。同时，教师运用情境、合作和对话等方式，激发学生的主动性和积极性，主要的教学模式有：支架式教学、抛锚式教学、随机进入教学等。

（3）建构主义理论中的“学生为中心”。建构主义突出地体现了以学生为本的理念，在其学生观、教学观等理论阐述中均可以发现学生为本的观点。

第一，强调学生的主体性发展。无论是学生的学习还是教师的教学设计，建构主义均要求关注学生的主体性发展，将学生视作信息加工的主体、意义的主动建构者，教学中强调学生将知识内容与原有知识结构的连接，不求一致答案的获得，而是个性化的知识内化过程。

第二，重视学生已有经验。建构主义立场反对对学生进行死记硬背的知识灌输，而是强调将学习者已有的知识和经验作为新知识发展的基础。在这一观点下，教师的角色是引导学生在他们既有的知识和经验的基础上，构建新的知识和经验。教学并非简单的知识传递，而是知识的加工和转化过程。这个过程的目标是将新知识与学生已有的知识和经验相结合，形成一个更为完整的知识框架。

第三，师生关系定位。从师生关系定位上我们亦可以看出建构主义学生为本的思想。建构主义认为教师应当是学生学习的促进者与帮助者，与学生是合作伙伴关系，在教学中教师的教学设计与教学行为都应当以学生为中心，符合学生建构的要求，促进学生的意义建构。

3. 交往教学论

交往教学认为教学要建立在师生亲密友好交往基础上的一种教学论主张。教学形式中师生交流方式应该是平等的、多元化的，双方都可以就一个观点各抒己见，让学生有表达的自由，这样一来课堂教学才能有成果，教学目标才有成效。

交往教学强调的是教师与学生平等相处，注重爱心教育，要经常利用课间参加班级活动，这样既可以和学生交朋友，进行情感交流，也可以用自己的知识辅助答疑，寓教于乐。视学生需要，激发其学习兴趣。课堂教学中，教师并非绝对的权威，每一个学生都可以发表自己的观点、看法，师生之间互相交流，共同提升课堂教学成果。学生也在一次次的互助学习中，逐渐提升自己的思想水平。交往教学同样应用于学生之间，没有成绩优劣的优生、差生，只有平等互助，共同提升学习成绩。

交往教学论认为交往具有永恒性。教学中无时不存在着交往，交往贯穿于师生学习活动的始终。在高校数学课堂教学中，师生之间的言语表达是交往的主要表现形式，而除言语之外的神情、体态等也被视作是交往的一种存在形式。非言语交往同样能够传递有效的信息，师生之间眼神、手势等的交往能更真切体现出师生之间交往的默契。如果学生在课堂上出现沉默，教师也应当将之视为一种交往中的信息传递，是学生思想状态、注意力分布问题的表达，可能表达着学生对交往内容的好恶态度，教师应当及时调整交往策略，提出更有意义与吸引力的交往主题，改变学生的交往状态。

交往教学论认为交往具有整体性。不同于传统的数学课堂教学提问的对话形式，交往教学中的交往不是教师与个别学生的单独对话，而是强调交往的整体性，即交往是教师与学生、学生与学生、教师与文本、学生与文本之间的多维度的交往。

总而言之，在实际高校数学课堂教学中，教师如果采用交往教学方式就应当注意：重视教学中的合作关系，教师与学生没有主次之分，而是学习中的合作者。在传统教学中，教师把握着课堂的主要话语权，在其有目的的引导下，学生跟随教师的思维完成学习任务。

（1）交往教学论的过程。在数学课堂教学中要实现交往的目的，就应当有完整的交往教学流程，具体包括设计目标、交往准备、合作探究、交流互动、评价反馈等环节。

第一，教学目标。在交往教学中，明确的教学目标至关重要。教师需要根据学科的特点和学生的水平来设计目标，注重培养学生的发现学习、探究学习和自主学习能力，以提高学生的自主意识和学习能力。通过设定明确的目标，学生可以明确知道他们需要学习什么，为他们的学习提供方向和动力。

第二，教学预案。在交往教学中，教师需要创造适宜的情境环境，通过情境教学来设置学习任务。这要求教师在课前进行细致的准备和研究，以确保学习任务的质量和有效性。教师需要考虑如何引发学生的学习兴趣，如何设置问题和挑战，以及如何提供必要的支持和指导，以确保学生在情境中能够积极参与、探索和学习。

第三，合作探究。学生的积极参与是交往教学的核心要素。教师应该鼓励学生在小组中进行合作探究，通过小组成员之间的依赖、沟通和合作解决问题。教师可以采用合作学习的策略，组织学生进行小组活动和项目，让他们共同努力，分享知识和经验，互相支持和学习。通过合作探究，学生可以从不同的角度和思维方式中受益，并培养解决问题和团队合作的能力。

第四，交流互动。交流和互动是交往教学中不可或缺的部分。在小组内部和小组之间都存在交流和互动。小组内部成员的交流旨在促进问题的解决和共同的探讨。他们可以互相提出问题、分享观点和解决方案，从而深化对学习内容的理解。而小组之间的交流旨在分享经验和成果，评析对方的观点。通过与其他小组的交流，学生可以了解不同小组的思路和方法，拓宽自己的视野，以及接受来自其他学生的反馈和建议，从而进一步提升学习的效果。

第五，评价反馈。为了能够保证教学交往的有效实现，评价反馈是不可或缺的环节，包括对学生交往表现的评价、教师地位作用的评价、交往实现程度的评价、交往氛围的评价等方面，只有认真地评价与反馈才能为下次交往提供修改的意见，确保教学交往能够在课堂内实现其内容、形式等的充分展现，并能够达到预定交往目标。

（2）交往教学论的注意事项。

第一，交往教学的适切性。教师应当注意交往教学对于不同学科、不同内容、不同年龄段学生的适切性问题，不能盲目使用交往教学模式。在学生学习的过程中有些内容可以通过交往教学模式使学生获得良好的发展，例如，关于高校数学理解的知识和关于思维技能的训练等，交往教学可以使学生形成深刻的印象与独特理解，掌握思维的方法；而有些概念性知识和事实性知识如果使用交往教学不当则会使学生产生混淆。因为交往教学不提倡在交往终了盲目作出决定，如果学生的交往没有形成一致的意见将会影响学生对概念的理解与获得。

第二，交往教学的时机把握。交往教学存在很多优势，但教师需要根据学生的情况对是否使用或在哪些水平的问题上使用交往教学模式做出判断，教师应当先对学生的交往给予指导，等学生能够很好地理解交往的本质及方式的时候再逐步深化对交往教学模式的使用。

第三，交往教学过程中教师作用的发挥。在交往教学中，可能由于学生的基础或个性问题出现不能主动参与交往的情况，尤其是在学生数量较多的课堂中，教师比较难以关注到每个学生，使某些学生得不到应有的发展，因此对学生参与状态的调整就是教师重要作用的体现。此外，教师应当能够获取关键信息，对交往过程是否偏离了主题而做出判断，并能够引导学生围绕主题进行交往。

综上所述，其中不免有重叠的观点，亦会有相互包含的特点，如教学实践论中包含着建构主义的思想，教学认识论中包含着交往理论的思想等，这是因为在各个理论形成与发展的过程中积极地从当时最为先进的哲学、心理学等学科中汲取有益成分，最终完成了其理论框架。虽然各个理论强调的重点不同，但在理论基础相通的情况下，就难免出现相近的理论主张。当然如果仔细推敲，有些内容仅可称为教学思想或流派，这些教学理论是教学论学者依据不同的理论基础提出的，对数学课堂教学有着重要的指导意义，对本国乃至世界各国的教育、教学都有着深远的影响。我们不能简单评述哪种理论更好，因为它们在不同时期、不同条件下都对课堂教学起到了积极的指导作用，并在相当程度上对学生的发展起到了促进作用，并且各个理论的教学主张都有其有意义的内容，至于其不足与缺憾也会在教学实践中逐步显露并得到修正。这些教学理论、教学思想或流派并不是完全独立的，它们之中有些内容是相互包含、相互支撑的，因此各个观点不是对立关系，只是强调的重点不同。因此，我们也不必强调哪种理论更好，在学习及使用这些教学理论的时候，我们应当与教学实践相结合，针对高校数学学科、内容以及学习主体结合不同的教学理论指导教学实践。

（3）交往教学论中的“学生为中心”。交往教学更看重学生的主体地位，所以在课堂教学中充分尊重学生的话语权，教师只起到引导作用。与传统的教学相比，交往教学更容易激发学生的学习兴趣，让学生在轻松、愉悦的环境下掌握课堂知识。此外，交往教学课堂情境设计中，将学生放在主导地位，学生要在教师的引导下，发挥主观能动性，积极表达对课题的思考。通过小组合作学习达到互相促进、互相学习、共同提高的目的。针对我国传统的课堂教学一向忽视生生交往的情况来看，交往教学可能不能立马达到教学预期效果，但能让学生在合作学习过程中，形成自我思考，从而掌握新的思维方式，不断扩展自己的大脑知识库。

（二）高效课堂教学模式的有效设计

1. 数学活动设计

数学活动是学生经历数学化过程的活动，是学生自己建构数学知识的活动，它直接支撑并贯穿于数学教学的整个过程，其有效性决定了数学课堂教学的有效性。

（1）情境性数学教学活动的设计。

第一，情境性活动要尽可能贴近学生的生活实际，关注学生的生活世界，重视学生的亲身体验，让学生真切地体会到数学来源于生活，数学就在我们身边，从而对数学产生亲切感。

第二，情境性活动要为教学内容服务，为达成教学目标奠定基础。

第三，情境性活动要蕴含明确的数学问题，便于让学生经历和体会数学学习中“问题情境—建立模型—解释应用—拓展”的过程，强化数学应用与建模意识，提高发现问题、提出问题、分析问题和解决问题的能力。

第四，情境性活动可以适当借助一些现代教育技术手段辅助进行。在情境性活动中，都可以采用现代教育技术手段模拟呈现情境，促进师生之间的交流、合作，为学生提供更多动手、动脑的机会，充分挖掘学生的潜能，展示学生的创新能力。

第五，情境性活动的设计要注意把握度。情境性活动是教学的“土壤”，是教学的种子赖以生存的环境，但教学的种子也不能一直埋在深处，经过一定的发展，教学的种子要生根、发芽，冲出土壤的环境向空中生长，汲取必需的养分。因此，教学的种子埋在情境性活动的“土壤”中的深度非常重要。

第六，情境性活动的设计要注意多样化。不同的内容、不同的时机、不同的对象采用不同的情境性活动方式，让学生不再对数学下“枯燥、抽象、单调、难学”的定义。

（2）探究性数学教学活动的设计。探究包含两个过程，即“探”的过程和“究”的过程。“探”包括解题思路的探寻，数学规律的探索，数学问题的探讨，问题结论的发现，数学猜想的提出，数学命题的推广等；“究”包括数学规律的确证，数学问题背景的追查，数学对象之间逻辑关系的追究，数学问题结论的验证，数学猜想和命题推广的证明等。探究性数学教学活动设计需注意以下方面：

第一，找准探究问题。问题是探究的出发点，没有问题，探究活动无从谈起，没有价值或没有思考力度的问题也无法实施探究过程，开展的活动难以诱发和激起学生的探究欲。因此，找准探究问题对设计探究活动至关重要。寻找探究问题要站在学生的思维角度进行，预计数学活动中可能会出现的思维“拐点”，造成学生悬而未决但又必须解决的问题点。

第二，探究的针对性。找准探究问题是探究的起点，按照这个起点，要围绕学习主题和学习过程开展有针对性的系列的探究活动，设计探究性数学活动要预设探究线路和预料多种情形，总体上把握探究的方向。针对所要完成的教学目标，不同的探究活动完成的目标有所不同，教学设计要制定不同的计划，采用相应的过程和方法。

第三，探究的真实性。开展探究的问题必须是学生真实遇到的数学或生活中的问题，而不是脱离学生实际或超出思维水平的问题，或者纯粹是学术上的抽象问题。只有这样，学生才能以自然的、积极的状态投入探究过程。在探究的过程中暴露教师和学生真实的思维过程，保护学生的思考和展示的积极性。

第四，方式的多样性。数学的探究活动应该保持思维活动的开放性，鼓励学生从多角度探究问题，因此，在设计探究活动时应考虑以多种方式进行，以此激发学生学习的主观能动性，引发学生积极分析和思考，让他们能够主动地从探究的一个阶段过渡到另一个阶段，从一种方法联想到另一种方法，这样可以慢慢打开学生广阔的思维空间，促进学生自主探究。

（3）认识性数学教学活动的设计。在高校数学教学活动中，很多学习活动本质是认识活动，即学习数学概念，如几何对象、数学概念等，形成数量关系、概念认识、符号意识和发展空间观念。认识性活动能够为后期学习打好基础，积累学习知识和活动经验。教师要采取合理的策略设计数学活动，让学生的经历更加丰富，使学生认知实现从具体到抽象、从感性到理性、从现象到本质的提升。

第一，认识性数学教学活动的原则。在认识性数学活动中，要特别遵循三个原则：一是现实性原则，利用感性材料将学生现有的知识和经验结合起来设计活动，培养学生的“数学现实”；二是科学性原则，从数学的本质出发，教师采用数学表达的方式让学生理解数学概念，寻找新概念和旧概念之间的联系，建立两者的关系，培养学生透过现象看本质的认识；三是应用性原则，学生在实践应用中学习知识，夯实基础，有利于今后数学水平的提升。

除此之外，教师要培养学生实现两个条件来认识数学：①学生要具有归纳和概括能力，找出不同事物或者事件的共同特征；②学生要有辨别的能力，能够找到概念之间的相同或者不同的标志，这有利于学生对概念进行分类和区分。上述两个条件是对学生从事认知数学活动的要求，学生只有具备基本学习能力才能进行数学认知活动。教师在教学过程中，主要起到点拨和引导的作用，建立数学活动情境，组织学生有序地开展活动，调动学生的积极性，让学生学习更多的数学知识。

第二，认识性数学教学活动的步骤与策略。数学中认识性活动有多种对象，包括数学概念、几何对象、数理关系等。下面以概念形成过程为例，分析认识性数学活动设计的一般步骤和策略。

首先，创设情境，形成表象——“变化”图示。认识性数学活动其实就是情境性活动的一种，情境性活动能够将学生已有的认知经验激发出来。所以，高校教师应该先建立合适的活动情境，激发学生已有的认知经验，这样就能够保证学生在熟悉的场景中认识数学对象，有利于学生的学习。教师可以通过游戏活动、物品展示、提问问题、趣味故事和手动操作的方式来建立活动场景，同时，教师引导学生在活动中认识数学对象，学生实现了初步学习的目的。

其次，抽象特征，初步理解——“固化”表征。概念教学的第一步是提出概念，帮助学生从感性认识到理性认识，建立科学的概念。教师引导学生建立感性认识的同时，还要进一步对概念进行解读，将概念的抽象特征传递给学生，上一步是让学生在大脑中形成概念的表象，这一步则让学生学习概念的特征。

再次，突出关键，解决问题——“深化”探究。在第一步的学习中，学生能够认识和了解概念。但是，这种认识是浅表的，片面的，学生对概念的理解缺乏准确性，无法掌握概念的关键因素和本质内容。教师要从正反两个方面设置问题，让学生在解决问题中，加深对概念的理解，掌握概念的重点和难点，让学生更全面、更深刻、更准确地理解概念。

最后，实践应用，巩固理解——“强化”认知。概念的理解从本质上说是一种心理活动。学生初步学习概念后，还要对概念进行由浅入深、透过现象看本质、由浅入深和去粗取精的深入学习，对概念进行加工、概括和深化的学习。教师可以设计一些实践活动加深对概念的理解，或者设计一些问题，让学生在思考和解答过程中加深对概念的认知。

高校教师要按照程序设计认识性数学活动，即由表及里，从现象到本质，由抽象到具体，从感性到理性，从理解认识到实践应用的逻辑过程，要按照学生认识事物的规律开展教学。教师要将数学本质和高层次的数学思维渗入到认识性数学活动中，也就是教师要重视数学的本质。

2. 数学习题设计

高校数学有效教学是一个复杂的系统工程，涉及的因素比较多，其中习题教育是进行有效学习的有力保证。所以，只有将课堂练习这一环节设计好，数学教学才会有效果。数学习题设计要根据学生的学习能力和学习情况，在选材、难度、数量、层次和练习目的等方面要按照一定的原则进行设计，同时有的题目还要多元化，如一题多变、一题多问、一题多解和多题一解等。

（1）数学习题设计的原则。数学习题有效设计要遵循以下五项原则：

第一，明确性原则。练习的目的很明确，是为了让学生掌握新的知识、巩固基础、提升解题技巧、进一步提高学生的数学能力，这样能够了解学生的学习效果，及时发现教学中存在的问题。课堂练习不是教学的“程式”，不能因为别人练习了，自己也要练习，练习不能成为束缚学生的工具。所以教师进行课堂练习设计时，必须严格遵守明确性原则，要以学生的实际情况为基础，学生通过练习实现巩固和掌握知识的目的，还要将习题的教育和评价功能发挥出来。

第二，就近性原则。教师在设计数学习题时要以课本内容为基础，深入挖掘课本知识，选择课本中的精华部分，不能放弃课本而舍近求远。根据学生的真实水平和练习需求对课本的习题进行取舍，不能照搬照抄，也不能将课本中的题目全部舍去，选出来的题目要能够帮助学生巩固和掌握知识，提升其学习能力和培养学习技巧。对于简单、烦琐、重难点的题目要注重取舍，或者将题目进行适当的修改。选择课本的习题能够让学生重视课本的内容，掌握基础知识，知道知识的“根”在哪里，学生通过深入挖掘课本能够提升自己的学习能力和学习水平。

第三，适当性原则。教师要根据学生的整体情况合理地设计习题，不能过于追求做题速度，应合理规划，让学生充分思考解决问题，所以，通过练习能够达到熟练的目的，但是题目数量设置要合理。有的习题数量达不到要求，特别是计算方面的习题，缺乏练习会导致学生不能很好地掌握基础知识，无法形成解题思路，也不能实现熟能生巧的目的。如果搞题海战术，由于作业量过大，学生就会急于写作业，甚至抄作业，而无法用心做题，这样会增加学生的学习负担，学生只是疲于应付，而无法达到做题的目的。

第四，适中性原则。教师要从学生的学习水平出发，题目难易程度的设计要与学生的水平相适应。题目过难，过于烦琐，甚至超纲，学生不但不会提升学习成绩和学习能力，还可能慢慢地否定自己，对学习也失去了兴趣，甚至选择了放弃。如果题目过于容易，学生会认为做题非常无聊，毫无挑战性，习题无法吸引学生学习，使学生缺乏学习的积极性和主动性，更无法实现通过做题来巩固和掌握知识的目的，无法培养学生的学习能力和学习技巧，学生的创新能力更无从谈起。所以要控制好习题的难易程度，要与学生的学习能力和水平相适应。

第五，层次性原则。教师要根据学生的特点，采用多层次的方式来设计习题，以满足不同层次学生的学习需求。所以，习题要分为基础类习题、发展类习题和拔高类习题，这样就能够满足不同层次学生的学习需求。有的习题包括了多个问题，这些问题要以由易到难的递进形式来设计，同时每个习题之间还要有联系。

（2）数学习题设计的要求。重点题型的数学题目能让学生发现问题的核心要点，掌握了方法以后就能独自解决问题，教师应该在学生解决问题的过程中进行指导。教师应尽可能多地利用教科书中的练习题，做到“一个问题包含多个问题”“一个问题包含多个解决方案”“一个问题有多种变化”和“一个问题包含多个解”，这是数学习题设计的要求。

第一，一个问题包含多个问题。在设计练习时，我们通常从同一主题开始，并引发多个问题，形成一组互相关联的问题，以加强高校学生对新知识或新方法的掌握。“一个问题包含多个问题”有助于培养学生多方向思考的能力。

第二，一个问题包含多个解决方案。具有相同基本内容的问题会以多个面孔出现，学生需要具备厘清问题本质的能力和独立思考的能力，并在练习中提高学生的数学视野。“一个问题包含多个解决方案”是问题解决角度的集中表现，也是多方向思考的基本形式。

第三，一个问题有多种变化。“一个问题有多种变化”是多方向思考的基本形式。在教学实践中，出题人同时兼顾了命题角度和解决角度两个方面，以便学生可以进行横向联想并发现规律，它把问题解决变成了一个整体，使学生能够通过灵活创造来真正学习解决问题的“方法”。

第四，一个问题包含多个解。数学中有许多问题具有开放性的特征，这些问题不止有一种解法。要想提高学生的数学能力，使其掌握数学知识点，就要通过多做题来达成。“一个问题包含多个解”是说在实践设计中要考虑解决方案的多样性。学生们在一个非线性情境中，通过开放式非线性思维去思考和解决问题，有助于学生发展创新性思维技能。“一个问题包含多个解”是这样的一个形式：命题角度集中，而解决方案却是多方向的。设计“一个问题包含多个解”的练习题对学生的思维空间有提升作用，有助于激发学生的学习潜力，调动学生的积极性，并为教师提供了总结和改进方法的良好资源。

3. 数学问题改编设计

数学问题是在数学中需要回答或解释的疑问，涵盖了广义的数量关系和空间形式中的困难和矛盾。这些问题可以以广义和狭义的方式来理解。在狭义的数学问题中，问题已经明确表述为题目形式，包括求解、证明、设计、评价等类型。在教学中，数学问题通常指的是这种狭义的数学问题，也被称为数学题。这些数学问题具有接受性、封闭性和确定性的特点。为了教学的目的，我们可以使用数学问题改编的方法。数学问题改编是对已有问题的条件和结论进行改造，从而得到新的题目。改编问题是指经过改造后的问题，而对应的原始问题则是改编前的问题。改编问题不仅承载了特定的知识内容，还蕴含了数学思想方法，并赋予了新的问题情境。通过改编问题，我们可以巩固教学目标，并进行变式训练。这种方法可以帮助学生更好地理解和运用数学概念、技巧和原理，培养他们的问题解决能力和创新思维。因此，在数学教学中，改编问题是一个重要的教学策略和方法。

（1）数学问题改编的方式。从问题的内容和结构角度，解决或证明数学问题是一个包含两个子系统的体系：问题条件系统和问题结论系统。因此，对数学问题的适应主要涉及两种基本方法：改变条件和改变结论。问题条件系统包含三个基本元素：一是元素限定；二是构件模型；三是结构关联。其中，元素限定是指问题条件系统的组成部分；构件模型是指问题条件系统中的组件部分；结构关联是指各个组件之间呈现出的不同关系。

问题结论系统包括三个要素：一是考察对象；二是设问层次；三是呈现方式。其中，考察对象是指在整个问题结论系统中的特定主题；设问层次是指对于一个问题或者多个问题采取设问的方式进行；呈现方式是指问题所求结论的要求和表达方法。例如，判断或对于题目要求的计算和解决方案等，可以将其分为公开性（包括半公开性）和非公开性两种类型。

（2）数学问题改编的要求。数学问题更容易改编，但数学问题要想改编好也不简单。必须注意问题的科学性、典型性、相关性、可变性和创新性，并且必须考虑许多因素和要求。

第一，对典型问题进行改编。数学问题的改编围绕着目标传达了教学意图，因此在改编时，应强调主题内容，并应注意材料的选择。数学问题的改编应通过关注重点或难点的内容来确定改编的必要性并确保改编问题的价值，从而突出教育的核心任务。另外，由于教科书中的样本问题和习题是经过反复研究的典型问题，因此，有必要从高校数学教科书中的样本问题和习题中得出适合改编的原始问题。使用教科书样本问题和练习作为原始问题之后，再结合历年来的考试和竞赛中的情况进行改编。

第二，改编需要符合学生的学习情况。改编后的数学问题最终还是由学生来解决的，因此，在改编问题的过程中，始终要以学生为改编问题的出发点，并综合考虑学生的学习情况和水平后进行改编。因此，改编的数学问题必须与学生的条件相匹配，并且在改编内容、改编方法、改编难度、改编程度等方面都应适当。根据教师的学习要求和教学目的进行调整。如果不需要改编，则无须进行调整。

第三，改编来自变化。高校数学问题除了包含“定量关系”以外，还包含“空间形式”，并且这两者都存在一定程度的可变性。只要能够识别和转换原始问题的可变因素，就可以创建出不同类型的改编问题。这些改编问题都来源于原始问题中的某一个因素。因此，改编具有可变性。

第四，改编问题应考虑全面。改编数学问题是一个周到细致的思考过程。在改编过程中，有必要反复探究各种情况，以确保思想的严谨性、改编内容的科学性。在整个改编过程中，需要注意六个方面：①内容是否基于大纲。改编后的问题应该符合课程标准和教科书要求，不能出现过于奇怪或困难的问题。②数据是否足够准确。适当改编后的问题应该数据准确且没有常识或科学错误。③逻辑是否严格和全面。改编后的问题里面出现的逻辑关系都应该是正确合理的，如果出现分类情况，就要做到不重复不遗漏。④表达是否简洁，易于理解。改编后的问题应尽可能简洁。⑤情况是否有效。改编问题中包含的情境信息应与现实和理由相一致。⑥答案是否正确。改编后的问题应该与学生的学习内容相一致，在解决改编后的问题时，应该有正确、没有争议的答案。

第五，改编贵在创新。改编问题与原本问题相比，要求蕴含某些新意，具有一定的创新性，并且创新性也正是改编题的魅力所在。改编问题的创新之处就在于改编处，其要求不仅仅是形式新，还有内容新，尤其是在解题方法上要有不同程度的丰富与创新。因此，改编问题与原本问题相比往往具有形式新、内容新、解法新等特点。

4. 数学试题创新设计

对于试题设计的创新策略而言，题有三意：一为题意；二为立意；三为创意。题意主要是指题的含义，即“告诉学生什么”，包括题的内容、题的表述、题的背景、题的求解等；立意是题意的主旨，即“考查学生什么”，是试题的考查意图；创意是评价题的新颖性和创造性，即“认为怎样”“意”中，题意为表，立意为核，创意为魂，三者类别分明、层次清楚。数学试题的设计要着重考虑这三者。数学试题设计的基本要求在于知识，根本立意在于能力，魅力元素在于创新。在高校数学考试中，常常会设计一些富有创新性的问题，以评估学生对数学问题的理解、观察、探究、猜测、抽象、概括、证明和表述能力，以及他们的创新意识。这种设计有助于真正实施素质教育和创新教育，促使学生在数学学习中展现出创造性和创新性，培养他们的批判性思维和解决问题的能力。通过这样的试题设计，学生被鼓励思考和应用数学概念和原理，培养他们的探索精神和创新思维。这样的考察方法有助于培养学生的综合素养和创新能力，使他们成为未来社会的有价值的创造者和贡献者。

（1）数学教学生活化设计。数学源自现实生活，也可以还原到现实生活中。在高校数学教育中，我们可以从生活中提取一些适用于数学的素材，将生活中的问题转化为数学问题，或者将高校数学中需要测试的问题赋予生活背景。这样的做法可以激发学生运用数学思维解决实际生活问题的能力，提高他们的问题解决意识和实践能力。这种教学方法体现了“生活中有数学”的理念，使学生能够将抽象的数学概念和技巧应用于实际生活中，更好地理解和掌握数学的实用性和重要性。通过将数学与生活相结合，我们能够增强学生对数学的兴趣和动机，培养他们的创造力和创新思维，使数学教育更加贴近学生的实际需求和社会发展的要求。实际生活中提取素材的来源非常广泛，主要包括以下方面：

第一，日常事件。将测试的内容和贴近学生生活的日常事件结合起来。如学业测试、选课问题、灯笼制作问题、新种子发芽问题、学校知识竞赛等各种日常事件。

第二，焦点热点。将测试的内容和近期国际国内的焦点、热点问题结合起来。

第三，科技活动。将测试的数学知识与数学能力和科技活动结合起来。

第四，体育竞赛。将测试的数学知识与数学能力和体育竞赛活动结合起来。

第五，商业活动。将测试的数学知识与数学能力和商业活动结合起来。

（2）自主定义的创新设计。自主定义型创新问题是指要求学生通过特定的数学关系提炼一些信息，并基于定义的信息来解决问题。此信息通常包括新概念、新计算、新属性、新规则等。由于“超常规”的思维意识和“不同教科书”中知识的形式，它具有一定程度的创新和自主权。试题的技能水平应该在课程大纲的要求之内和高校生通常具备的认知技能之内。在设计这些问题的过程中，它们所基于的数学关系或数学模型通常具有“原型”，该原型存在于学生所学的数学知识中或未学到的数学知识中。使用这些“原型”可以直接定义新信息，也可以通过对设计问题的概括、推导来定义新信息。

（3）操作实验的模拟设计。操作实验型创新问题是指通过动态变形方法（例如折叠、切割、堆叠、拆卸和透视）去研究几何特性或数量关系，从而获得的新对象或图形。这种类型的问题可以分为三种类型：观察类型、验证类型、探索类型，这种问题的完成受条件而不是实际完成条件的限制，因此它是模拟化的。因此，设计方法也应该采用模拟方法，其类型包括折叠、切割、堆叠、透视等。

（4）认知评价的开放设计。认知评估创新问题要求学生使用学到的知识来确定他们对概念、定律和模型理解的正确性，评估数学问题推理过程的合理性或根据他们的要求编写示例。例如，通过提升、猜测、设计的方式来获得对数学问题正确的认识和理解。在这其中，最大的特点是开放性，因此这类问题应该采用开放性策略。

上述讨论的关于数学问题的创新设计策略可以混合使用，这也仅仅只是所有设计中的一部分，还不够完善。实际上，测试题的设计通常要结合多种策略，这是一种知识、能力和智慧的结晶呈现。

（三）高效课堂教学模式的具体策略

1. 善于引导学生积极思考的策略

高校数学课堂应充满智慧，智慧的数学课堂应表现出学生“积极思考”的状态。学生“积极思考”的状态是衡量高效课堂的一个重要指标。积极思考是学习数学的重要方式之一，积极思考作为内隐的心理活动，是指学生围绕问题的解决过程主动地开展思维活动的过程，属于元认知体验范畴；而作为外显的行为表现来看，又是一种主动参与的学习方式和学习状态，它是促进课堂有效教学行为发生的着力点，对推动教学进程发挥动力作用。因此，数学教师在教学中要善于引导学生积极思考。

高校教师引导学生积极思考的关键在于要在教学过程中利用好引起学生积极思考的“触发点”，这里所谓的“触发点”，是指引发、触动思考的“开关”或“契机”，也是开启和维持思维活动的动力机制。就课堂教学进程而言，“触发点”的产生有多个不同的来源，并在各个教学环节中发挥着关键作用，如图 7-1 所示。六个“触发点”形成的结构是课堂教学系统的一个层面，也是一个开放的子系统。又因为数学教学过程实质上是数学问题解决的认知过程所以积极思考的过程始终附着于问题的解决过程，则“触发点”形成的逻辑线索符合教学过程中的问题线。教师若能把握好引起学生积极思考的“触发点”，就能在有限的时空里开展无限的思维活动，并以此扩充数学课堂的知识广度、思想深度和智能厚度，从而实现高效教学。

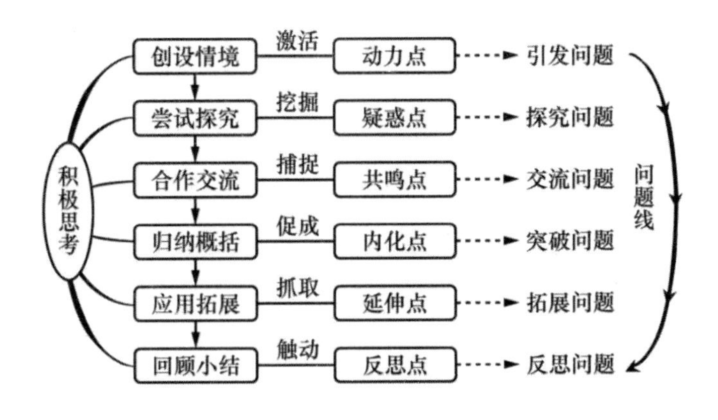

图 7-1　积极思考的六个“触发点”

（1）创设情境中的激活动力点。情境认知理论认为，任何数学知识都是与情境相关的，换言之，要将数学知识的教与学置于一个情境脉络之中，这是知识本性所决定的。因此，学生的积极思考应根植于一定的情境土壤，思考的动力来源与情境土壤的营养成分密切相关。有价值的教学情境应该是在生动的情境中蕴含着一些有思考力度的数学问题，即能让学生“触景生思”，这是评价数学情境是否有效的核心要素。但是，有价值、有营养的教学情境未必能引起学生积极思考的兴趣。如果高校教师善于创设突出生活性、新奇性、趣味性或挑战性等特点的教学情境，这种情境就会激活学生思考的“动力点”，对问题产生思考的动力，思维与情境就容易达成无缝衔接。

（2）尝试探究中的挖掘疑惑点。数学探究是指学生围绕某个数学问题，自主探究、学习的过程，这个过程包括观察分析数学事实，提出有意义的数学问题，猜测、探求适当的数学结论和规律，给出解释或证明。整个过程就是学生积极思考的活动载体，学生积极思考的目标指向就是自主突破问题疑难，使问题得以解决。在这个过程中，学生产生疑惑的心理是很正常的现象，并且还会伴生释疑解难的心理倾向。在这种心理倾向下，学生往往会围绕问题通过积极思考尝试经历从未知到已知、从困惑到明朗、从不会到学会的认知体验过程。在对问题的尝试探究中，疑惑的心理现象主要发生在数学知识发生发展的生长点和衔接点、数学思想方法的转折点、数学思维的症结点等处。对于这些生长点、衔接点、转折点和症结点处所发生的疑惑点，教师不仅不能忽视，相反还更要挖掘并暴露出来，以此有效激发学生的问题意识和求知欲，形成积极思考的内在动力。

（3）合作交流中的捕捉共鸣点。课堂中的合作交流突破了个体为中心的学习界域，是对话教学的体现形式之一，并且它是以对话为精神的教学，是对话主体从各自的理解出发，以语言文字等为媒介，以沟通为方式，以意义的生成为实践旨趣，促进主体取得更大的视界融合的一种活动，合作交流展现的是民主、平等的师生关系，营造的是无拘无束的内心敞亮和积极主动的互动交往氛围。在和谐的师生关系和积极主动的互动交往氛围中，能有效激活和呵护学生积极思考的意识。

（4）归纳概括中的促成内化点。学习是一个学习者通过应用已有的认知结构来内化新知识的过程。在数学学习中，学生通过将旧知识与新知识相互作用，通过思维活动来巩固和理解新知识。内化过程不仅帮助学生理解新知识并赋予其心理意义，还能改造和重组原有的认知结构，形成新的认知结构。学生的内化过程需要整合上层知识和下层知识，将新知识与已有知识形成一个连贯的知识网络。为了实现全面的理解，教师和学生需要对材料中的离散信息进行归纳概括，形成有序的内化点，并将其与已经掌握的知识联系起来。这个过程是复杂的，但对于深入理解和应用知识至关重要。通过有效的内化过程，学生可以建立起牢固的知识结构，使他们能够更好地理解和应用所学的数学知识。

（5）应用拓展中的抓取延伸点。当高校学生对所学知识达到一定的理解程度时，教师要适时引导学生进行横向延拓或纵向探索，即学生对新学知识在横向上与已学知识建立广泛联系，在纵向上加强思维的量度和深度，使得他们对新知的理解更为透彻，便于在头脑中形成新的认知网络结构。在高校数学课堂中，引导学生对新知进行横向延拓或纵向探索往往在应用拓展环节，并且是有梯度地逐步推进。在这一环节中蕴含有学生积极思考的“触发点”。而触发学生积极思考的方式经常是采用变式延伸，即将某一个可变式的问题，围绕新学知识进行衍变，延伸出多个新问题，以此巩固或提升对知识的认知，我们把这种可变式的问题称为“延伸点”。教师要善于抓取“延伸点”拓展出新问题来激发学生积极思考。

（6）回顾小结中的触动反思点。反思是思维的一种形式，是个体在头脑中对问题进行反复、严肃、执着的沉思，这种沉思是一个能动的、审慎的认知加工过程。所以反思可以看作是一种高级认知活动，是一种特殊的问题解决。反思也是思考的另一种表达形式，反思就是思考。在高校数学课堂小结中，让学生进行回顾性反思，经过“能动的、审慎的”的认知加工过程有利于对知识、方法等学习内容的深层次理解，升华学习内容，将学习进程推向高潮。但是，要保障反思的有序性和有效性，需要教师以问题为导线，触动学生的“反思点”，以此触发学生的积极思考。事实上，数学课堂教学进程中能引起学生积极思考的“触发点”远不只有上面列出的六个，并且不同教师引导的方式各有不同。要引导学生积极思考，最重要的是教师要随时关注学生、灵活地调控课堂，不拘泥于程序化教学，以积极思考的意识营造积极思考的氛围，以积极思考的方式拓展智能灵动的生态空间。

2. 科学引导学生有效解题的策略

（1）“双向”策略。

第一，动静转换。动和静是表现事物状态的两个侧面，它们相比较而存在，依情况而转化，动中有静，静中寓动在数学解题中，我们常常用“动”与“静”的双向转换策略来处理数量或形态问题。用动态的观点来处理静态的问题谓之“动中求静”。

第二，分合更替。分与合是任何事物构成的辩证形式之一。在数学解题中，我们常常将求解问题分割或分解成多个较小的且易于解决的问题，这体现了由大化小、由整体化为部分、由一般化为特殊的解决问题的方法，其研究方向基本是“分”，但在逐一解决小问题之后，还必须把它们总合在一起，这又是“合”，这就是分类讨论和整合的思想策略。有时也反过来，把求解的问题纳入较大的合成问题中，寓分于合、以合求分，使原问题迎刃而解。

第三，进退互化。顺势推进是人们认识事物或解决问题的自然过程。但是，这种过程有时不是平坦的，并不能直达目的，这时往往采用迂回策略，即以退求进，或先进后退才能达到目的，这种进退互化的迂回策略正是解决问题的一种重要的辩证思维。

第四，高低相映。数学解题中，当遇到不熟悉的问题情境或是复杂的模型而不易着力时，我们常常将之进行拔高或降低，使之与我们熟悉的研究对象建立联系，通过“以低映高”或“以高看低”来研究原问题，这是一种以转换的方式来间接解决问题的重要策略。其常见的做法是高维与低维（立体、平面问题的转化）、高阶与低阶（组合恒等式的变换）、高次与低次（等式两边的平方、开方的转换）的转化。

第五，放缩搭配。当数学问题中出现不等关系时，往往要用不等式的性质和一些结论来解决问题，其中放缩法是一种重要的工具。放缩法是一种有意识地对相关的数或者式子的取值进行放大或缩小的方法。放缩法按照不等式的方向有放大和缩小的情况。利用不等式的传递性放缩时，对照目标进行合情合理的放大和缩小，在使用放缩法证题时要注意放和缩的“度”，否则就不能同向传递了。放缩法具有非常灵活的技巧，有时，同一个问题中既要采用放大的方法，也要采用缩小的方法，两者注意搭配使用。

（2）“多想少算”策略。

第一，巧用定理，直奔主题。在某些高校数学问题求解中，恰当使用一些定理或重要结论往往能简化运算步骤，甚至能直接得出结论，收到意想不到的效果。

第二，数形结合，相得益彰。数形结合是重要的数学思想方法，应用非常广泛。在解高校题时，面对抽象的问题或较复杂的表述时，要考虑是否能将“数”的问题用“形”来直观表达，或是将“形”的呈现用“数”来刻画，以此借助数与形的各自优势辅助解题。

第三，特值代换，事半功倍。特殊蕴涵一般，故一般可由特殊加以检测。特值代换是“多想少算”的常用策略。在求解数学问题时，通过代入关键性的特殊值对问题进行探索，可以考虑在特殊条件下的结论是否成立。

第四，极限分析，直透本质。在对一些动态性问题的求解中，结合极限思想来分析问题的动态情况，更能把握问题中某些变量“变”的规律和某些变量中存在的不变关系，从而直透问题的本质。采用极限分析策略有利于加深对问题的理解、寻找解题思路、发现问题结论和优化解题方法。

第五，语义转化，变向求解。语义转化策略类似于翻译，将一种数学语言形式翻译成另一种数学语言形式或由一种形式意义翻译成另一种形式意义，是转化与化归思想的一种体现形式。在高校数学解题中，根据问题的条件进行语义转化可以激活问题的背景空间，将问题的求解通过更为熟悉的模型而变向求解。数形结合思想方法的应用本质上是对同一数学对象进行代数释意与几何释意的互补。

第六，换元消元，化繁为简。面对多元问题或具有复杂结构的变元问题，为了简化结构和便于运算，可以考虑先对问题中的变元进行换元或消元处理。

二、深度教学模式

（一）深度教学模式的操作框架

深度教学模式的操作框架可以归纳为：一个终极价值；两个前端分析；四个转化设计；四个导学模式。其中，价值导向是深度教学的核心价值，分析、设计与引导是深度教学的三个实践环节，分析与设计之间、设计与引导之间以及引导与分析之间则形成双向生成的互动关系。

1. 一个终极价值

一个终极价值是指促进学生的意义建构与持续发展，人是意义的追寻者和存在物，是意义的社会存在物。人在意义中存在，在存在中发展，在发展中不断提升意义。正是意义，成为人的存在之本和发展之源。凡是有点深度的教学，都必须立足于学生作为人的这种本质规定性，引导和促进学生的意义建构与持续发展。这是深度教学的核心价值和终极追求。

所谓“意义建构”是指学习者根据自己的经验背景，对外部信息进行主动选择、加工和处理，从而获得自己的意义，获得基于自身的而非他人灌输的对事物的理解。意义大致包含三种含义：①语言文字或其他符号所表示的内涵和内容；②事物背后所包含的思想和道理；③事物所具有的价值和作用。具体而言，深度教学条件下学生要建构的意义主要包括以下两个层面：

（1）知识层次的意义。知识层次的意义主要涉及知识的产生与来源、事物的本质与规律、学科的思想与方法、知识的关系与结构以及知识的作用与价值。

（2）生命层次的意义。人的生命的核心是精神生命，所谓人的生命意义其实就是人的精神意义。换言之，生命层次的意义其实就是学生的精神意义，在教学条件下，学生的精神意义主要包括五个方面：需要与兴趣、愿望与理想、意识与思想、情感与精神、价值与信仰。

2. 两个前端分析

两个前端分析是指学科教材与学生学情的深度分析，学科教材的分析状况在很大程度上决定着学科教学内容的深度，学生学情的分析状况又在很大程度上影响着学生学习过程的质量。学科教材与学生学情的深度分析是深度教学的两个前提。

高校数学等学科教材的深度分析具有以下四个方面的特征：首先是深刻

性，即对学科教材的本质和内核有着超越表面层面的深入理解。其次是完整性，即能够从多个角度全面理解学科教材的内涵，超越教材本身的范畴。第三是反思性，即能够超越具体知识，对具体知识背后的本体性知识进行思考和领悟。最后是整体性，即具备超越学科教材局部认知的能力，善于从整体角度把握学科教材的基本结构（表 7-1）。

表 7-1　学科教材深度的分析

主要对象	基本路径	重要特性
学科教材的本质与内核	表层—本质	深刻性
学科教材的多维内涵	双基—多维	完整性
学科教材的本体性知识	具体—本体	反思性
学科教材的基本结构	局部—整体	整体性

对学生学情进行深度分析需要从以下三个方面入手：首先是前理解。该方面涉及对学生的先见、先知和先验知识进行深入分析，以确定学生学习中的关键节点和困难之处。其次是内源性。在这个方面，需要深入分析学生的兴趣、情感和思维需求，以确定学生兴趣产生的根源、情感共鸣的点以及思维迸发的时机。最后是发展区。这方面的分析需要深入探究学生的最近发展区，以确定学生学习与发展的层次序列（表 7-2）。

表 7-2　学生学情的深度分析

主要对象	基本路径	重要目标
前理解	先见、先知与先验	学习的关节点与困难处
内源性	兴趣、情感与思维	兴趣的引发处、情感的共鸣处与思维的迸发处
发展区	发展的空间与水平	学习的层次序列

3. 四个转化设计

四个转化设计是指从目标的内容化到活动的串行化，从实质上而言，教学结构其实是学科教材结构和学生心理结构的深层转换，而学生的学习与发展状况其实取决于教学结构的状况。换言之，教学设计必须抓住教学实践中的若干关键转化环节，做好转化设计。基于学科教材和学生学情的深度分析，深度教学需要做好四个转化设计：目标的内容化、内容的问题化、问题的活动化与活动的串行化。

（1）目标的内容化。在做好学科教材和学生学情两个前端分析之后，教师先需要做的是深度教学的目标设计。深度教学的目标可以从三个方面加以考虑：①体现终极价值。深度教学的目标设计始终都要将促进学生的意义建构与持续发展作为终极价值追求，其中的关键是确定学生意义建构的内容和程度。②聚焦核心素养。深度教学的目标设计要对着重培养学生的核心素养加以明确定位。③兼顾三维目标。深度教学的目标还要全面兼顾新课程教学的三维目标，即知识与技能、过程与方法、情感态度与价值观。

（2）内容的问题化。为了确保教学内容与学生之间建立实质性的联系，需要通过学科问题的设计来实现内容与学生内心世界的沟通。学科问题具有多重作用：首先，它能够有效沟通学科教学内容与学生的内心世界之间的联系，使学生能够更好地理解和吸收知识。其次，学科问题能够激发学生的兴趣、情感和思维，激发他们的学习动机和探索欲望。最后，学科问题能够促进学生持续建构知识，通过不断的提问和探究，帮助学生在学科领域中建立起深层次的理解和思考能力。因此，将教学内容转化为适当的学科问题成为深度教学中的一个重要设计任务，有助于提升教学效果和学生的学习体验。

（3）问题的活动化。问题和活动之间形成了双向关系，问题为活动提供了明确的目标和动机支持，而活动则为问题的提出和探究提供了实践和交流的平台。活动不仅是教学的基本实现单位，也是学生学习与发展的实现机制。在深度教学中，学生通过问题引导下的活动，不断进行学科本质和自我意义的建构。教师需要科学合理地设计学科学习活动，根据学科问题进行转化和设计。这样的设计有助于激发学生的学习兴趣和主动参与，使学生能够在实践中进行探索和发现，培养他们的问题解决能力和批判性思维。通过问题的活动化设计，教师能够更好地引导学生深入学习，促进他们的主动学习和自主发展。

（4）活动的串行化。为了引导学生持续的建构，不断地提升学生学习与发展的水平，高校数学教师在深度教学实践中需要做好第四个设计，即活动的串行化设计。所谓序列，是按照某种标准而做出的排列。在深度教学中，活动的串行化设计主要遵循四个标准：①顺序性。根据学生的认知特点与思维顺序，考虑活动的先后顺序，做到各种活动的切换自然得体。②主导性。抓住学生学习的关节点和困难处，准确定位学生学习的主导活动，做到关节点和困难处的学习突破。③层次性。根据学生的最近发展区，依次设计不同的学习阶梯，促进学生渐次提升学习与发展的水平。④整合性。根据教学的核心目标，优化组合各种类型的教学活动及其要素，发挥教学对于学生发展的整体效应。

4. 四个导学模式

四个导学模式是指，从反思性教学到理解性教学，深度教学的反思性、交融性、层次性与意义性决定了深度教学的四个基本导学模式：①反思性教学是教师引导学生通过间接认识、反向思考和自我反省等认知方式，达到对学科本质的深入把握和对自我的清晰认识；②对话式教学是教师按照民主平等原则，围绕特定话题组织的师生之间、生生之间和师生与文本之间的多元交流活动，旨在引导学生完整深刻地理解课程文本的意义；③阶梯式教学是教师根据学生的最近发展区，通过设计学习阶梯和支架，不断挑战学生的学习潜能，逐步提升他们的学习与发展水平；④理解性教学旨在创造一种以意义建构为目的的学习环境，基于学生的前期理解，通过多向交流引导学生真正理解知识的意义和与自我相关的意义，进而提升他们的生命价值。

作为深度教学的四个基本导学模式，反思性教学、对话式教学、阶梯式教学与理解性教学都是为了促进学生的持久学习，都是以促进学生的意义建构与持续发展作为核心价值和共同目标。四者之间相互联系，相互支持，共同构成深度教学的实践体系。对于深度教学的这四个基本导学模式，教师需要从整体上加以理解，并在实践中加以综合灵活地运用。

深度教学的实现与否取决于教师四个方面的实践智慧：①分析力，即学科教材和学生学情的深度分析。②设计力，即目标的内容化、内容的问题化、问题的活动化与活动的串行化设计。③引导力，即反思性教学、对话式教学、阶梯式教学与理解性教学四个导学模式及其策略的运用。④认识力，即对生命与智慧、学科与教材、知识与能力以及学习与发展四大课堂原点问题的深入认识。

（二）深度教学模式的关系状态

作为一种教学形态，深度教学与教学本身的存在状态密切相关。教学的不同存在状态，在很大程度上规定了深度教学的内涵和方式。事物都是在一定的关系中存在的，关系的状态规定着事物的存在状态。从分析的角度，教学的存在状态可以用其中所涉及的关系状态来加以描述。对于任何学科教学，它在学生和教师互动的背景和框架下，都具有以下三种基本的关系状态：

第一，生与学科的关系状态。学生与学科的关系状态涉及的问题实质是“学科学习何以可能”。作为学生学习的主要载体和对象，学科教学内容与学生心灵世界之间的关系状态，用心理学术语表达就是学科逻辑顺序与学生心理顺序之间的关系状态，影响着学科教学的存在状态与深度状况。在这里，学生与学科的关系状态又取决于学科教学内容与学生心灵世界的交融状况。当学科教学内容没能进入学生的心灵深处，与学生的兴趣、情感和思维发生实质性的联系，连学习都很难真正发生，当然就无法达到深度教学了。

第二，学科与学习的关系状态。学科与学习的关系状态涉及的问题实质是“学习学科的什么”，换言之，学科是学生学习的对象。但是，学生究竟应该学习学科的哪些，对于这个问题的回答与实践，便构成了学科与学习的关系状态。因此，学科与学习的关系状态取决于教师的学科理解方式及其水准，进而影响着教学本身的存在状态与深度状况。在这里，教学的深度状况标志着教师的学科理解水平和学生的学科学习水平。

第三，学生与学习的关系状态。学生与学习的关系状态涉及的问题实质是“持续学习何以可能”。任何教学关心的最基本问题是“学生学习的发生与维持”。

综上所述，学习是一个持续的过程，学习是一个建构的过程。只有引导学生持续的建构，才接近了学习的本质。反之，这种“学习”既不能让学生产生持续的变化，也难以对学生形成持久而深远的影响，而真正的学习就没有发生。在这里，学生持续建构的过程、方式与状况决定着学生与学习的关系状态，进而又在很大程度上决定着教学的存在状态与深度状况。

需要注意的是，学生与学科、学科与学习以及学生与学习三种关系及其所有因素在师生互动的背景与框架下，共同构成了学科课堂中的学习共同体。正是这个学习共同体，合力影响着学科教学的存在状态和深度状况，并决定着学生学习与发展的最终状况。深度教学就是教师引导学生持续建构学科本质，促进学生意义理解和可持续发展的教学。因此，可以将深度教学描述为一个由心灵深处与学科本质的交互融合关系、学科本质与持续建构的相互依存和心灵深处与持续建构的互相支持关系三者有机结合而成，共同促进学生意义建构的活动结构。深入分析这个活动结构，可以帮助我们逐步揭示深度教学的基本性质、支持条件和实现机制。

（三）深度教学模式的创新路径

1. 深入学科教材本质的反思性教学

深度教学是引导学生深度建构学科教材的本质，唯有通过反思，学生才能真正把握学科教材的本质。这就是深度教学的第一个教学模式：深入学科教材本质的反思性教学。

在高校中，虽然教师都主要承担的是某一个学科的教学，但如果教师仅仅是将自己的任务理解为教材，就会导致：学生只是学了教材，却没能真正认识这门学科；学生只是学到了某些浅显的教材知识，却很少把握该门学科的精髓，长此以往，学生自然难以发展出良好的学科核心素养。改变这种状况的前提就是转变我们的教材观念：教师的教学任务不是教材，而是用教材教，教师用教材来教学生学习学科。鉴于学生学习时间和精力的有限性，教师的任务主要是用教材来引导学生把握学科的本质，其原因是为了更好地解决时下人们普遍关注的话题——培育学生的学科核心素养。

不管是引导学生把握学科的本质，还是培育学生的学科核心素养，先应引导学生借助教材来学习学科，换言之，就是要引导学生着重从学科的以下五个要素来展开学习：

第一，对象—问题。包括高校数学在内的所有学科都有自己特定的研究对象和研究问题，如数学主要研究现实世界的数量关系和空间形式。而在各门学科内部的不同领域，又涉及具体的研究对象和研究问题。

第二，经验—话语。所有学科都有自己特定的经验形式与话语体系。对于高校学生而言，就是要掌握不同学科的基本活动经验、问题表征方式和语言表达特点。

第三，概念—理论。所有学科都有自己特定的概念系统与理论体系，具体表现为学科中的概念、原理、结构和模型等概念性知识。

第四，方法—思想。所有学科都蕴含有经典的思想方法，包括哲理性的思想方法、一般性的思想方法与具体性的思想方法。

第五，意义—价值。所有学科都有自己独特的意义与价值，具体表现为学科知识的作用与价值以及学科知识所蕴含的情感、态度与价值观。

（1）反思性教学的主要目标。从教学目标而言，深入学科教材本质的反思性教学旨在培育学生的学科核心素养。学科核心素养特指那些具有奠基性、普遍性与整合性的学科素养。其中，具有奠基性的学科素养是指那些不可替代和不可缺失，甚至是不可弥补的学科素养，如学科学习兴趣、学科思想方法等。具有普遍性的学科素养是指超越各个学科并贯穿于各个学科的学科素养，如思维品质、知识建构能力等。具有整合性的学科素养是指对那些更为具体的学科素养起着统摄和凝聚作用的学科素养。

从分析的意义上而言，学科核心素养的基本结构可以归纳为“四个层面”与“一个核心”。“四个层面”分别是：①本源层，即对学生的学科学习最具有本源和发起意义的那些素养，主要表现为学科学习兴趣；②建构层，即学生在学科学习中所具有的知识建构能力，主要表现为发现知识、理解知识和构造知识的能力；③运用层，即学生运用学科知识解决问题的能力，集中表现为实践能力与创新能力；④整合层，即学生在长期的学科学习中通过领悟、反思和总结，逐渐形成起来的具有广泛迁移作用的思想方法与价值精神。“一个核心”是指学科思维。正是依靠学科思维的统摄和整合，学科核心素养的所有四个层面及其各个要素才形成了有机的整体。

本书认为有四个因素与学科核心素养的发展密切相关：①学科活动经验；②学科知识建构；③学科思想方法；④学科思维模式。其中，学科活动经验是学科核心素养发展的重要基础。离开学科活动经验，学科核心素养的发展便成为无源之水。知识建构能力不仅是影响学科核心素养发展的重要影响因素，而且它本身就是学科核心素养的组成部分。例如，作为高校数学学科的精髓，数学学科思想方法在一定程度上决定着学科核心素养的发展状况。学科思维模式是特定学科的从业者和学习者在分析问题与解决问题时普遍采用的思维框架和思维方式，它在学科核心素养发展中起着决定和整合的作用。

（2）反思性教学的基本方向。在教育意义上，学科是指高校的教学科目。在学科课堂中，教师的直接任务是引导学生学习学科。引导学生学习学科是引导学生学到学科中最有价值的知识。而在高校数学深度教学的视域中，其实质是要引导学生把握学科的本质，对于这个问题，可以从两个方面加以思考：①研究对象。学科的研究对象决定着学科的本质。不同的学科有着不同的研究对象，不同学科的各个分支也有不同的研究对象。不同学科的不同研究对象决定了不同学科的研究过程、研究方法和研究结果的不同。具体而言，学科的研究对象就是学科的独特研究问题。因此，独特的研究问题决定着学科的本质。②存在形态。学科的存在形态决定着学科的本质。任何学科都具有三个基本存在形态：知识形态、活动形态与组织形态。学科的知识形态主要表现为学科的核心知识，包括核心的概念、原理和理论等。学科的活动形态主要是指学科研究者发现知识和解决问题的活动样态，具体表现为学科的研究方法与研究手段。学科的组织形态主要是指学科知识的组织系统，常常表现为学科的基本结构。

（3）反思性教学的重点环节。反思总是去寻求那固定的、长住的、自身规定的、统摄特殊的普遍原则，这种普遍原则就是事物的本质的真理，不是感官所能把握的，这意味着，作为主体对自身经验进行反复思考以求把握其实质的思维活动，反思是引导学生把握学科教材本质的核心环节。

在汉语语境中，一般将反思理解为对自己的过去进行再思考以总结经验和吸取教训。在教学条件下，人们常常谈论的“反思性教学”“反思性学习”都是将“反思”理解为经验的改造和优化。从源头上而言，“反思”乃是一个外来词，为近代西方哲学尤其是黑格尔哲学所常用。实际上，具有真正哲学意义的反思概念是随着近代西方哲学的发展而得以确立和清晰起来的。归纳起来，西方哲学中的反思概念大致包含以下五层含义：

第一，反思是一种纯粹思维。反思是一种纯粹的思维，即纯思。反思是一种以思想本身为对象和内容的思考，是对既有思想成果的思考，是关于思想的思想。

第二，反思是一种事后思维。后思主要先包含了哲学的原则，哲学的认识方式只是一种反思，意指跟随在事实后面的反复思考。可见，反思是一种事后和向后的思索与思考。

第三，反思是一种本质思维。反思是对自身本质的把握，任何反思都是力求通过现象把握本质，通过个别把握一般，通过有限把握无限，通过变化把握恒常，通过局部把握整体。

第四，反思是一种批判思维。反思一词含有反省、内省之意，是一种贯穿和体现批判精神的批判性思考。反思不仅内含批判精神，而且是批判的必要前提。简单而言，批判就是把思想、结论作为问题予以追究和审讯的思考方式。

第五，反思是一种辩证思维。真正彻底的反思思维不仅是纯粹思维、事后思维、本质思维和批判思维，而且必须是辩证思维。因为只有辩证思维，才是达到真正必然性的知识的反思。

回到教学领域，我们可以从五个维度来理解高校数学深度教学中学生的反思：①反思的目的。反思不是简单的回忆、回顾，其目的主要是把握高校数学学科本质，进而不断优化和改进自身的知识结构、思维模式与经验体系。②反思的方向。作为事后思维，反思一定是向后面的思维、反回去的思维，是学生对自己已有思考过程及其结果的反复思考。③反思的对象。学生反思的对象不是实际的事物和活动，也不是直观的感性经验。反思是学生对自己思考的思考，是学生对自己已获知识的思考，是学生对自己已获数学知识的前提与根据、逻辑与方法、意义与价值等方面的思考。④反思的方式。反思的本质含义决定了反思的基本方式是反省思维、本质思维、批判思维与辩证思维。⑤反思的层次。反思不是初思，而是再思、三思、反复思考。如果说初思有可能还停留于感性的认识水平，那么反思则是通过反复思考达到了理性的认水平。

（4）反思性教学的创新模式。

第一，反思性教学的目标。反思性教学的目标即把握高校数学学科本质。反思性教学的目标是引导学生透过现象把握本质，透过局部把握整体，透过事实把握意义，引导学生把握高校数学学科教材的本质和学科知识的意义。

第二，反思性教学的内容。知识的过程、方法与结果，这种教学模式是让学生学会对自己的知识进行理解和不断反思。反思性教学涵盖的内容有：一是对学到的知识看作一种过程进行反思，主要是学生要学会在获取知识的过程中进行反思；二是将所学的知识看作是一种结论进行反思，其中包括逻辑思维和行为方法、价值观念等方面；三是将所学数学知识看成是一个问题进行反思，让学生学会质疑和批判。

第三，反思性教学的经过。反思性教学的经过即从矛盾到重建。在高校数学教学实践中，反思性教学会创造问题的环境，从而给学生造成疑惑的感觉，这样会有认知的矛盾，所以学生就会努力去做到知识平衡，最后回归到教材，重建自己的知识结构。

第四，反思性教学的方式。反思性教学的方式其中包括了四个不同的思维方式：反省思维、本质思维、批评思维和辩证思维，这四种思维模式循序渐进地引导学生，从而达到反思性教学的目的。反省思维其实就是让学生在学习的过程中找到一些办法，并对这些方法进行反省，从而得出一些心得体会，最终提高学习效率。本质思维就是教会学生通过现象看清事物的本质。在高校数学教学实践中，教师应该将知识的缘由作为重点，其次就是事物的本质、学习数学的方法、各学科与数学之间的知识联系等，让学生看到数学学科的本质和知识核心，最终能让学生真正地掌握知识。批评思维就是让学生敢于质疑，这样一来能让学生具有一定的批评精神，从而激发出内心的创新精神。辩证思维的出发点就是整体与发展的观点，学生要学会用这一观点来看待问题，能看到事物的发展性，也能看出事物的对立性，辩证地看待事物，既能看到好的方面，也能看到不好的方面。

第五，反思性教学的水平。从回顾到批判，根据学生反思的水平，可以将反思性教学区分为回顾、归纳、追究与批判四个层次。其中，在回顾水平上，反思性教学只是引导学生对自己知识的过程、方法与结果进行回忆。这种水平的反思性教学在实践中比较多见，一个典型的表现就是教师只是让学生对自己学习的得失进行反思。在归纳水平上，反思性教学引导学生对先前知识的过程、方法与结果进行梳理与归纳，但此时的知识还主要停留于经验水平和概念水平。在追究水平上，反思性教学引导学生对知识的产生与来源、事物的本质与规律、学科的方法与思想、知识的作用与价值等方面进行反复地探求与追寻。在批判水平上，反思性教学引导学生将自己已获得的知识作为问题加以质疑和拷问，其着眼点在于提升学生的问题意识、批判精神与创新能力。

2. 触及学生心灵深处的对话式教学

教育之道，道在心灵。深度教学不是远离学生心灵的教学，它一定是触及学生心灵深处的教学。因此，对话式教学才能触及学生心灵的深处，这就是深度教学的第二个教学模式：触及学生心灵深处的对话式教学。

（1）对话式教学的必要性。教育是心灵的艺术，教学是心灵的启迪，教师是人类灵魂的工程师，凡是与教育有缘的人都熟悉这些名言和说法。在实际的教学中，学生“心灵沉睡”的现象不在少数，归纳起来大致有以下三个方面的表现：

第一，“无心”现象。教师的教学与学生的心灵世界少有瓜葛，难以引起学生心灵的共鸣与回应，致使教师的教学与学生的心灵处于两相平行而很少相交。此时的课堂奔跑于学生的心灵之外，自然就会产生学生无精打采、注意力涣散等现象。

第二，“走心”现象。教师的教学与学生的心灵世界有些关联，偶尔会引起学生心灵的共鸣与回应，但终究未能走进学生心灵的深处，引起学生的关注。此时的课堂止步于学生心灵的表层，很少触及学生深层的需要、兴趣、情感和思维，自然就会产生学生一笑而过、一时兴起而难以持续投入等现象。

第三，“偏心”现象。教师的教学单纯强调学生心灵的理性部分，很少关注学生心灵的情感、精神部分，教师的教学单纯强调学生的逻辑思维，很少关注学生的感知与体验、直觉与领悟，在这种情况下，课堂将学生心灵的理性部分置放在课堂的绝对位置，学生心灵世界中更具有生命本源意义的部分却被放逐在课堂之外。长此以往，教学非但不能建构学生的意义世界和生成学生的精神整体，反而会使学生的意义世界和精神人格不断陷入贫乏。

综上所示，一旦教学做出了唤醒学生心灵这个庄严的承诺，我们就该努力去践行之。

（2）对话式教学的实施——设计问题。设计问题的情境主要涵盖了触发问题、唤醒问题和建构问题。从事物发生的状态而言，问题情境的产生能触发学生、唤醒学生，并且让学生内心世界不断地得到建构和充实。在问题情境设计的基础上，和学生及时沟通能建立起教师和学生之间的心理桥梁，这种教学也被称为对话式教学，通过这种方式不仅可以让两者的思维不断地碰撞，也在构建着学生的内心世界。总而言之，对话式教学能在问题情境创立的基础上，达到很好的效果。

第一，学生心灵的触发器：问题情境。怎样的问题情境才能触及学生心灵的深处，基于大量的课堂范例，能够触及学生心灵深处的问题情境通常都能够引起和激发学生的注意力、好奇心、求知欲、探究欲和共鸣感等。具体而言，教师可以采用以下五个方法来创设尽量精妙精当的问题情境：

一是，真实的生活。学生应该从他们真实的生活出发来进行学习，这样他们才能在真实的情境中获取知识，并意识到学习的实际意义。通过将学习与生活密切联系起来，学生能够更好地理解和应用所学的知识，使学习过程更具实用性。

二是，新奇的问题。当学生面临一个新颖的问题时，他们会对课程教材产生思考和探索的动力。这种好奇心的激发能够促使学生积极主动地参与学习，提高他们对知识的理解和记忆。通过创造有趣的情境，学生能够更加乐意参与学习过程，从而增强学习的效果。

三是，真切动真情。通过创造生动形象的场景和真实的情感体验，学生能够产生情感共鸣，并更加投入学习。当学生在学习中能够体验到情感上的参与和交流时，他们会更加愿意主动参与讨论和思考，从而加深对知识的理解。

通过与他人分享情感，学生能够建立更加深入的连接和学习体验，这有助于增强他们的学习效果。

四是，以困惑启思维。当学生遭遇困惑时，内心就会产生一种不平衡的心理状态。为了解除和恢复心理上的平衡，学生便会产生深入探究的欲望和冲动。教师要善于通过问题情境创造困惑，使学生产生认知冲突。

五是，以追问促深究。但凡善于引导的教师，都善于在学生已有思考的基础上，借助巧妙的追问，促使学生循序渐进、由浅入深地建构和理解知

第二，触及学生心灵深处的教学途径：对话式教学。借助问题情境，教师便可以采用对话式教学，不断地触发、唤醒和建构高校学生的心灵世界。从操作上讲，数学教师可以根据教学实际，分别采取以下五种对话教学方式：

一是，问题沟通式，这种教学模式是让学生在课堂上发现问题，并且根据这个问题进行沟通讨论，并商讨出最后的解决办法。

二是，论题争论式，这种对话教学一般都要形成正反两个论题，由此让学生自己分为正反方，让高校学生通过辩论赛的形式真正地理解知识。

三是，结果分享式，这种教学模式主要在于让学生在完成数学课后作业的基础上，敢于分享自己的学习结果，达到分享的目的，让学生学会自我反思和团队协作。

四是，角色互换式，这种教学模式重视学生对相应角色的互换，而体验不同角色可以让学生体验到沟通的重要性，最后学会相应的知识。

五是，随机抽查式，这种教学模式能够让学生自发地、主动地从不同的角度，发现更多的数学问题，形成多种的学习方法，培养学生的合作交流能力，使其能够对学习的知识有深刻的印象。

3. 有效促进学生建构的阶梯式教学

（1）阶梯式教学的依据。阶梯的原意是指台阶和梯子，人们常常用以比喻向上、进步的凭借或途径。单纯依靠我们的经验就知道，阶梯所具有的基本特征便是它的层次性。借用到教学之中，所谓阶梯式教学，就是指教师基于学生学习与发展的现实水平，将教学活动整合设计成具有层次性的学习阶梯序列，以引导学生不断提升学习与发展水平的教学模式。

单从学生的思维建构过程来而言，当下课堂教学普遍存在三大问题：①缺乏连续性，即强制性地中断学生的思维建构，致使学生的思维建构没能在一个连续、完整的过程中充分展开；②缺乏纵深性，即不自觉地将学

生的思维建构限定在一个水平线上，致使学生的思维建构没能向尽可能高深远的层次推进；③缺乏挑战性，即习惯性地低估了学生思维建构的能力和潜力，未能更有效地挑战和挖掘学生的学习与发展潜力。

正是出于对这三大课堂教学问题的反思，我们才格外强调采取阶梯式教学来实现课堂教学过程的连续性、纵深性与挑战性。提出和强调阶梯式教学具有以下三个方面的内在根据：

第一，知识的层次性。知识具有不同类型和层次的特点。它包括经验性、概念性、方法性、思想性和价值性五种类型。在逻辑上，每个知识类型又可以分为经验、概念、方法、思想和价值五个层次。在课堂教学中，教师应该引导学生从低层次的知识提升到高层次，培养他们的方法、思维和价值水平。这样的教学方式可以帮助学生更好地理解和应用知识，促进他们的全面发展。

第二，学习的层次性。学习也具有层次性的特征。学习可以分为不同级别，例如信号学习、概念学习、解决问题学习等。学习目标可以从低级到高级，包括知识、运用、分析、评价等六个层次。在教学过程中，教师应该帮助学生从低级水平逐渐提升到高级水平，培养他们的认知能力和解决问题的能力。通过逐步挑战学生，让他们在学习中不断进步，可以促进他们的学习成长和终身学习的能力。

第三，发展的层次性。学生的发展也存在层次性。他们的发展可以分为低级心理机能和高级心理机能两个层次。低级心理机能通过外部物质活动获得，而高级心理机能则依赖于内部心理活动。在教学中，教师应该关注学生的最近发展区，帮助他们在当前的发展水平上取得新的进步。教学目标应该关注学生的潜力和可能性，引导他们不断提升发展水平。通过适应学生的发展需求，教师可以有效地促进学生的综合素养和个人成长。

（2）阶梯式教学的思想。基于知识、学习与发展所具有的层次性，可以从以下四个方面，提炼和归纳阶梯式教学背后所蕴含的理念与思想：

第一，知识即由知到识。按照一般的理解，知识是人们对事物的一切认识成果，这是一种广义的理解。从词源上讲，“知”作为动词是指知道，作为名词是指知道的事物。“知道”等同于晓得、了解之义。但在古人看来，所谓“知道”是通晓天地之道，深明人事之理，此所谓“闻一言以贯万物，谓之知道”。“识”包括辨认、识别等意思。如果说“知”主要是指认识层面的通晓世道和深明事理，那么“识”则将人的认识拓展到实践的层面，与人的分析判断与实际问题的解决密切相关。由此观之，“知识”不是简单的晓得、了解，唯有达到事物之深层道理的把握，并付诸实际问题的解决，方能叫作是知识。

第二，学习即持续建构。学习不仅仅是获取知识，而是一个持续的建构过程。根据建构主义学习论，学习者在基于已有经验的情境中主动构建知识，这可以是个体建构，也可以通过学习共同体的交流合作实现的建构。学生的知识、事物和自我建构并非一蹴而就，而是一个由浅入深、持续修正和整合的过程。阶梯式教学认同学习即持续建构的观点，强调学习是逐步深化和完善的过程。

第三，发展即不断进步。教学的目标是促进学生的发展。发展是一个不断前进的过程，学生从现有状态向更理想的状态发展，从现有水平向更高级的水平发展。根据维果茨基的最近发展区理论，学生的发展可以分为已有水平、现实水平和可能水平。阶梯式教学旨在帮助学生从已有水平不断发展到可能水平，通过挑战和调动潜力，实现自我提升。发展即不断进步是阶梯式教学的理念，着重关注学生的潜力和可能性，推动他们实现个人发展和成长。

第四，教学即持续助推。教学要始终为学生的发展提供支持和推动。教师作为学生学习与发展的助推者，应为学生创造持续学习和发展的环境和机会。教师的角色是给学生提供动力、机会、方法和支架，推动学生向更深层次的学习和更高水平的发展迈进。教学即持续助推是阶梯式教学的核心理念，教师要走在学生发展的前面，持续帮助和推进学生的学习和发展变化。教师的引导和支持是学生在学习过程中不断前进的动力和保障。

（3）阶梯性活动的设计方法。

第一，从学习过程到形成概率水平。从知识的五个层次可以看出学生学习的过程一般都是从概念的形成，慢慢地形成自己的思想，最后形成自己的知识结构，这是阶梯性活动设计的一个办法：学习过程—形成概念—形成办法—形成思想—找到价值。

第二，从开始认识到悟性认识。我们可以根据学生的思想层次发展识出他们的认识发展都是要经过开始认识然后到悟性认识，最终构建自己的知识框架，这是阶梯性活动设计的第二个办法：开始认识—理性认识—悟性认识。最初，开始认识就是学生最开始只能看出事物的一些表面现象，对其只能达到最初步的认识。久而久之，学生通过对数学的学习，将没有关系的对象进行联系与结合，看出里面的相似点，对事物的规律现象能有进一步的认识。而理性认识就是学生可以看出事物的本质特征，而且已经有了自己的判断能力和认知能力。悟性认识就是学生在前面几个过程的历练中，可以有自己的思维模式和解决问题的办法。

第三，从个案学习到活化学习。根据范例教学论的基本观点，学生的知识学习需要经历一个从个别到一般、从具体到抽象、从客观世界到主观世界逐渐深化的过程。鉴于此，教师可以将教学过程分成四个环节：①范例性地阐明“个”的阶段；②范例性地阐明“类”的阶段；③范例性地掌握规律和范畴的阶段；④范例性地获得关于世界和生活经验的阶段。这就是设计阶梯性活动的第三个思路：个案学习—种类学习—普遍学习—活化学习。

第四，从独立学习到挑战学习。根据学生的发展状态，学生的发展需要经历一个从已有水平到现实水平，最后到可能水平的变化过程。相应地，可以将学生的课堂学习分为独立学习、协作学习、集体学习与挑战学习四个层次。这就是设计阶梯性活动的第四个思路：独立学习—协作学习—集体学习—挑战学习。

第二节　双导双学与翻转课堂教学模式

一、双导双学教学模式

双导，即教师在课堂教学中充分发挥主导作用，引导学生明确学习目标，在学习目标的引领下，指导学生掌握一定的学习方法，达到教学的有效直至高效。在本教学模式的实施中，教师需做两件事：第一，双导。导标：指导学生明确学习目标；导法：指导学生掌握学习方法。第二，加强良好习惯的培养，建设优良的班风、学风，对学生进行“核心素养”中“必备品格”的培育。

双学，即学生在教师双导（即导标、导法）的引领下，在课堂中运用相应的学习方法，直指目标，充分自主学习，达成目标，学会学习，形成良好的学习习惯。在本教学模式的实施中，学生也需做两件事：第一，双学。自主学习：直指目标，自主学习，达成目标；学会学习：运用方法，掌握方法，学会学习。第二，形成良好习惯、良好品格，助推学习成功。适度的小组合作学习训练渗透其中。

双导双学课堂教学模式是基于教师双导、学生双学的课堂教学模式，在课堂教学中充分发挥学生的主动性，通过教师的“导标”“导法”，学生通过直指目标的“自主学习”，达到学会；通过掌握学习方法，达到“会学”，从而达到培养学生“学会学习”的学科核心素养的课堂教学模式。

双导双学教学模式以教学目标的达成为主线，以教师引导学生实践为过程，以学生达成学习目标和学会学习为取向，从而增强课堂教学的针对性，实现学生学习的自主性，落实教师的主导性，提高课堂教学的实效性，保证学生学习能力的培育，使之在未来学习、终身学习中的可持续发展。教师双导与学生双学在教学过程中紧密交融，构成“师—生”“生—师”“生—生”多元互动的开放系统，形成一个完整的学习网状结构，师生成为一个有效互动的学习共同体。

（一）双导双学教学模式的背景分析

双导双学课堂教学模式研究的提出，基于两大背景：一是解决课堂教学中存在的不足；二是顺应培育学生核心素养的时代要求。

1. 解决课堂教学存在的不足

随着教育教学改革的深入，教师的教学理念不断更新。但是，高校数学课堂教学仍然存在一些不足，许多问题必须解决但长期以来没有得到解决，或者一直解决不好。

（1）针对学生被动学习的问题。在一些课堂教学中，学生的主体地位还未得到真正确立，主体作用没能得到充分发挥。学生的学习主动性差，学习积极性较低。日复一日，学哪些内容、学这些内容的依据、怎样学习这些内容、要达到哪些要求等，学生是模糊的，其结果就是学生在学习中依赖教师，当没有教师布置学习任务的时候，学生就无所适从。这不利于学生的后续学习和终身持续发展。因此，创建双导双学教学模式的研究，意在通过课题研究，通过在教学实践中对学生的引导，培养学生独立学习的能力。具体而言，就是达到学生学习某个学科课程无须教师教，就知道自己该学习哪些内容，采用哪些方法学习，达到怎样目标等。

（2）针对教师目标不明确的问题。在教学实践中，往往存在两个不足：一是部分教师教学目标意识薄弱，课堂教学没有明确、集中的教学目标，导致教学针对性差；二是没有明确的教学目标，造成有的教师在课堂教学中随意性大。

2. 符合培育学生核心素养的时代要求

学生发展核心素养，主要是指学生应具备的，能够适应终身发展和社会发展需要的必备品格和关键能力。核心素养是关于学生知识、技能、情感、态度、价值观等多方面要求的综合表现；是每一名学生获得成功、适应个人终身发展和社会发展都需要的、不可或缺的共同素养；其发展是一个终身持续的过程。双导双学教学模式突出学生的主体作用，符合培育学生核心素养的时代要求。

（二）双导双学教学模式的实施原则

第一，目标指向原则。课堂教学必须以目标为导向，始终指向学习目标，不能游离于目标，更不能偏离目标。换言之，教学全过程的各个教学板块的实施，是达成目标的重要组成部分，为达成目标服务。

第二，师生互动原则。“达成目标”和“掌握方法”是双导双学模式的两个关键概念：一要做到“师生”互动，教师把引导目标和指导方法贯穿学生学习的全过程，学生在充分的学习实践活动中，始终瞄准目标学习，运用恰当的方法学习；二要落实“生生”互动，在学生充分自主学习的前提下，要组织学生有效地进行合作学习，在交流中互相启发，甚至“生教生”，智慧共享，共同进步。

第三，能力为重原则。教师的最终目标是让学生学会学习。在高校数学学科的教学中，落实让学生“知道学的内容”“知道怎样学”，形成学习能力，并把这种能力迁移到课外，在没有教师指点引导的情形下也能自学，逐步实现无须教师教也能学习的理想境界，是本模式的追求。在实施本教学模式时，一定要做到教师逐步放手。如“教师引导学习目标”的环节，开始的一两周，教师引导为主，然后就要注重与学生互动研讨，逐步培养学生能够根据教材特点、教学内容，确定学习目标，选择学习方法的能力。

第四，反馈矫正原则。反馈矫正有两个方面的内容：一是本节课的学习内容学生是否学会，是否达成目标，这要通过多种形式，及时地当堂检测加以验证，并进行及时的矫正、补救；二是本节课主要的学习方法学生是否掌握，要做到适时点拨，强化总结。

第五，因材施教原则。所谓因材施教，是根据高校学生年龄段特点（主要是学生的知识水平与接受能力），既落实上述教学思想，遵循模式框架，又灵活操作。如一课时中有几个教学目标的，低年级可以一个目标达成后，再进行第二个目标；高年级则可以在学生扣住目标自学后，再集中检测达标情况。

（三）双导双学教学模式的操作环节

第一环节：教师“引导学习目标”，学生“明确学习目标”时间5分钟以内。①辅助环节：或创设情境，或开门见山，引出新课，板书课题。时间1分钟左右。②根据教学内容，师生合作互动，明确学习目标（开始的一两周时间，教师为主；然后逐步放手，引导学生主动明确目标）。时间3分钟左右。

第二环节：教师“引导学习，点拨方法”，学生“自主学习，运用方法”。时间约15分钟。①根据制订的学习目标，教师点拨主要的学习方法。时间2分钟左右。②学生运用方法，开始自主学习。时间8分钟左右。③学生小组合作学习：主要是交流自主学习的成果，然后推选代表全班交流。时间5分钟左右。

第三环节：教师“检测目标，强化方法”，学生“达成目标，掌握方法”。时间约20分钟。①教师组织各小组全班交流，进行相机的点拨、更正、完善。时间5分钟左右。②检测达标情况。检测的方式分口头（如数学展示思维过程的口述等）与书面（各种书面作业）。及时反馈，对不达标的知识点、能力点进行补救；对错误之处进行矫正。时间12分钟左右。③学生回顾本节课的学习收获，师生共同总结学习方法。时间3分钟左右。

（四）双导双学教学模式的创新应用

1. 数学概念课型双导双学教学模式

数学概念课型双导双学教学模式具体见表7–3。

表 7-3　数学概念课型双导双学教学模式

教师的活动	学生的活动	环节用时与操作的注意事项
（1）引导高校数学学习目标：创设情境、复习旧知，使学生感知教学目标，为提出数学问题创造条件。导入新课	（1）明确学习目标：在生活经验或者旧知的引导下，感知学习目标，能够根据具体的教学内容，提出（或由教师提出）数学问题，衔接新知	①环节用时：5 分钟以内 ②操作注意：明确目标可由教师提出，也可以充分让学生自主定目标，教师把关
（2）高校教师引导学生学习并点拨方法： ①把教学目标转化为数学问题，引导学生围绕数学问题独立探究或小组合作学习 ②教师巡视指导，依据自身的教学经验，估计或发现学生存在或可能存在的错误 ③组织学生汇报学习	（2）自主学习，运用方法： ①围绕数学问题，运用方法，自主学习或小组合作学习 ②在独立探究之后，全班交流，师生互动，生生互动	①环节用时：10 分钟以内 ②操作注意： a. 动手操作，让学生在活动中探索 b. 小组合作学习，讨论交流汇报，让学生参与形成概念的分析、比较、抽象、概括等思维活动，理解概念 c. 掌握概念，形成技能
（3）质疑问难，归纳小结：围绕目标重点、难点，质疑问难，引导学生理解目标、掌握方法	（3）理解概念，掌握知识：从概念的发生、发展经历学习过程，并达到理解的水平	①环节用时：20 分钟以内 ②操作注意： a. 多种形式强化数学概念的巩固 b. 达成目标，掌握学习方法
（4）运用知识，巩固练习，围绕目标设计练习：模仿练习、变式练习、综合练习、解决问题	（4）运用数学知识，巩固练习：在练习经历由简单到复杂的过程中，达到熟练或比较熟练的学习水平，建立新的认知结构	①环节用时：5 分钟以内 ②操作注意： a. 运用知识和学习方法，达成目标 b. 与易混易错知识反复对比区分，让知识得以内化

2. 数学计算课型双导双学教学模式

高校数学计算课型双导双学教学模式见表 7–4。

表 7–4　数学计算课型双导双学教学模式

教师的活动	学生的活动	环节用时与操作的注意事项
（1）围绕高校数学教学目标，提出问题：创设情境，通过教材的主题图或生活问题，围绕目标，提出数学问题，引出新知	（1）明确高校数学学习目标：在生活经验或主题图的导向下，感知学习目标，提出数学问题（也可以由教师提出）	①环节用时：5 分钟 ②操作注意：明确目标可由教师提出，也可以充分让学生自主定目标，教师把关
（2）独立探究学习，掌握算法：教师要勇敢地推出，要求学生在已有知识和教学情境的作用下独立探究学习	（2）自主学习，运用方法：以复习内容为基础、独立计算、掌握或基本掌握计算方法	①环节用时：10 分钟 ②操作注意：学生尝试，教师点拨学习方法，让学生明确领会算法
（3）质疑问难，理解算理：教师针对学生在汇报中反映的计算的难点和容易出错的问题，提出质疑，引导学生不仅要掌握算法，还要理解算理，归纳计算方法	（3）达成目标，掌握方法围绕重点，突破难点，学生小组交流，全班交流，使学习达到理解的水平	①环节用时：10 分钟 ②操作注意： a. 让学生自主学习，探究算法的最优化 b. 注重探索算法、算理的同时，还应注意算法多样化与最优化的统一
（4）运用知识，巩固练习，围绕目标设计练习：模仿练习、变式练习、综合练习	（4）运用知识，巩固练习：在练习经历由简单到复杂的过程中，达到熟练或比较熟练的学习水平，建立新的认知结构	①环节用时：15 分钟 ②操作注意： a. 学生做到作业当堂完成 b. 教师总结方法，充分让学生自主总结 c. 掌握这一目标后，计算的准确度和速度这一目标的达成要根据本节课内容难易再定

3. 数学解决问题课型双导双学教学模式

数学解决问题课型双导双学教学模式见表 7-5。

表 7-5　数学解决问题课型双导双学教学模式

教师的活动	学生的活动	环节用时与操作的注意事项
（1）引出高校数学学习目标： ①创设情境，复习旧知提出问题 ②围绕问题，导入新课，揭示课题	（1）明确学习目标： ①在情境和复习中初步感知学习目标 ②在问题的导向下，目标定向，解决学什么	①环节用时：5 分钟以内 ②操作注意： a. 教师和学生共同提出目标 b. 明确目标由“扶”到“放”，模式实施起始阶段教师充分主导，逐步过渡到充分由学生自主确定目标，教师协助把关
（2）独立探究或小组合作学习：以问题为线索，要求学生独立解决问题，并在探究学习的过程中掌握解决问题的基本方法	（2）独立探究或小组合作学习：能够在已有知识的基础上，运用恰当的方法，通过自己或小组合作解决问题或基本解决问题	①环节用时：15 分钟以内 ②操作注意： a. 教师点拨，学生自主学习 b. 小组合作，交流探究解决问题的基本方法，鼓励解决问题策略的多样化 c. 教师根据具体情况点拨学习方法
（3）质疑问难，掌握方法：教师组织学生汇报、交流，在交流中就问题的结构和思路两个方面提出质疑，引导学生理解思路，在释疑的前提下掌握方法	（3）明晰思路，掌握方法：以综合法和分析法为解决问题的基本方法，明确通过题设（条件）可以解决哪些问题；通过结论（问题）知道需要怎样的条件，掌握常用的数量关系	①环节用时：10 分钟以内 ②操作注意： a. 学生汇报，在交流中引导学生理清思路，掌握学习方法 b. 掌握常用的数量关系，总结方法，解决问题 c. 探究方法的最优化
（4）运用知识，巩固练习，围绕目标设计练习：模仿练习、变式练习、综合练习、解决问题	（4）运用知识，巩固练习：在练习经历由简单到复杂的过程中，达到熟练或比较熟练的学习水平，建立新的认知结构	①环节用时：10 分钟以内 ②操作注意： a. 回顾与反思，运用学习方法 b. 练习由易到难，熟练合理的运用方法

二、翻转课堂教学模式

所谓翻转课堂，就是教师创建视频，学生在家中或课外观看视频中教师的讲解，回到课堂上师生面对面交流和完成作业的一种教学形态。这是一种典型的先学后教的教学结构，明显区别于先教后学的传统课堂教学结构。

翻转课堂最早的探索者是萨尔曼·可汗，他想到了制作教学视频，让更多学习有困难的孩子享受辅导资源。2006 年 11 月，他制作的第一个教学视频传到了 YouTube 网站上，并很快引起了人们的关注。

2007 年，两名化学教师乔纳森·伯尔曼和亚伦·萨姆斯在美国科罗拉多州落基山的一个山区学校——林地公园高中，开创性地应用了一种完全不同于传统课堂的教学模式。最开始，学校的教师发现由于学校位置距离学生的家庭住址较远，学生因为天气、交通工具等原因，导致迟到或者错过正常的教学活动，从而影响学生的学习成绩。针对这一情况，乔纳森·伯尔曼和亚伦·萨姆斯尝试录制结合演示文稿的课程讲解视频，之后将其上传到视频网站上供学生观看学习，这种新型的教学模式在推行初期就收到了一定的成效，随后，该学校的教师开始把传统课堂的授课内容以视频的形式上传到视频网站，让学生可以在家学习，学校的课堂时间被教师用来辅导学生完成课后作业，以及帮助学生解决在实验中遇到的问题。由于视频是被上传到公开的视频网站上，因此也在其他学校的学生中得到了广泛的传播。

伴随着上述教学模式受到了越来越多的关注，两位化学教师作为开创者，也被邀请到其他地区开展推广活动，视频网站上有越来越多的教师开始录制和上传不同学科的课程讲解视频，学生可以合理、灵活安排课外时间进行在线学习，在课堂上再进行答疑解惑、查漏补缺。由此，翻转课堂不仅改变了学校的教学模式，还影响到了来自不同国家、地区、学科的教师改变自己当前的授课模式。

虽然翻转课堂的教学效果和可行性得到了教师和学生的认可，但是上传到视频网站的教学资源依然有限，不能全面覆盖不同年级、学科的需求，只在部分地区和学生群体之间得到传播。随后，萨尔曼·可汗在 2011 年建立的非营利性质的在线视频课程——“可汗学院”解决了这一困境。可汗学院在全球范围内开始流行，萨尔曼·可汗的教学视频不仅专业，而且独具个人魅力。此外，他还针对在线教学设计了一个能够及时捕捉到学生做题时容易被卡住的细节的课程联系系统，教师可以及时地为学生提供针对性的帮助，同时还设置了奖励机制，对于学习效果好的学生授予勋章，人们后来把这种教学方式叫作翻转课堂的“可汗学院”模型。

随着互联网与移动设备的不断发展，翻转课堂已经应用到更多的学校当中，成为教学创新的重要组成部分。

（一）翻转课堂教学模式的理论分析

翻转课堂的核心理念是先将新知识的基础打牢固，再锻炼加强知识的运用能力；课堂外进行知识教学，课堂内进行知识内化与运用。只有深刻认识和理解该教学模式的核心运行理念，才能在不同地区、年级、学科的课堂上充分发挥翻转课堂教学模式的功效。

第一，掌握学习理论。布鲁姆通的掌握学习理论，即在所有学生都能学好的思想指导下，在经过班级授课学习的基础上，教师给予学生针对性的、及时的帮助，针对反馈信息调整教学计划和教学方法，从而使每一位学生都达到教师在授课前制定的教学目标。因此，布鲁姆掌握学习理论不仅是翻转课堂理论的重要组成部分，还对翻转课堂的实践教学过程和我国的教育发展有着重要的指导意义，首先，该理论要求教师树立每个学生都能成功的乐观教学理念，平等看待学生，一视同仁；其次，这一理论还强调教师关注每位学生人格心理，推动学生主动学习，充分调动学生深度学习的积极性；最后，创新性的提出，教师应用恰当、合理地运用奖励评价机制，充分发挥其促进功能。

第二，建构主义学习理论。建构主义学习理论的核心观点是：学习是人在已经获得的知识基础上，结合时代背景、所处的社会文化背景、个人成长经历，主动地对知识重新进行加工和组合，重新建构知识体系的过程。因此，建构主义学习理论在翻转课堂的应用体现在：①教学活动是以学生为主导进行的，教师只是学生主动进行知识建构的帮助者和促进者；②教学活动不仅局限于书本知识，还需要尝试在实际情境中运用知识，解决实际问题；③强调协作学习的重要性。由于学习过程是个人主动以自己的方式形成对不同事物的认识和见解，从而每个人对同一个事物的认知是不同的，因此互相交流各自的观点，能够使最终建构的知识丰富、全面，且印象深刻。

第三，自组织学习理论。翻转课堂得以推行的核心在于学生通过电脑网络技术的支持，主动地进行自我学习和互助学习活动，这一观点与苏伽特·米特拉的“墙中洞”项目总结出的自组织学习理论不谋而合。米特拉在印度一处偏远的墙体里嵌入了一台联网的电脑，并告诉这里的学生可以自由使用这台电脑，整个实验的过程没有出现任何类似教师角色的干预行为，但是这些孩子们竟然自发地组织成互助小组，通过网络学习各科知识，该项目表明，建立起引发学生好奇心的学习环境，能够有效提升学生参与学习活动的动机程度，而与同伴形成学习互助小组也会进一步激发学生不断探索学习的动力，从而最终形成一个自组织学习的良性循环机制。伴随着信息技术、媒体技术的进步，以及不同学科的教育资源依托互联网逐步开放，作为主张“自组织学习”的翻转课堂教学模式，必然将会对我国的教育变革产生深远的意义。

（二）翻转课堂教学模式的活动设计

翻转课堂是教育改革的实践产物。数学在加入翻转课堂之后，教学模式也产生了变化。在数学学习之前，学生需要根据导学案开展自主学习，然后教师和学生会积极讨论本节数学课的相关内容，而且上课环节也发生了变化，上课更加注重师生之间的交流、展示、讨论与探究，数学教学模式的变化使课堂中出现了很多微课视频、音频、图片以及其他的网络链接。

翻转课堂的教学模式要求学生利用导学案展开自主学习，然后再进行小组内部讨论，学生可以在讨论中解决疑问，如果讨论之后还存在困惑，学生可以在课堂上向教师询问，也可以和同学展开深入的交流，分析问题，解决问题。

建构主义思想指出学生和环境之间存在的相互作用能够为学生学习提供源源不断的动力，而且作用力还能够让学生在认知方面和情感方面发生态度转变。对于学生来说，自身和环境之间的相互作用就是学习活动，在翻转课堂教学模式中，微课具有非常重要的作用。但是，微课的使用需要辅助课上的探究活动，只有这样，才能发挥出翻转课堂教学模式的最大作用。

开展学习活动是为了达到预期的学习目标，在学习活动中，学生会和学习环境产生交互作用。学习环境包含很多内容，如学习资源、学习工具、学习策略以及其他支持学习行为的服务。学习目标的实现需要依赖于学习活动的内容、学习活动的设计以及学习活动的具体操作步骤。传统课堂中，学习活动的开展主要包括学习目标任务、学习交互形式、学习角色、学习职责、规划、学习成果、评价规则以及监管规则等。翻转课堂加入学习活动之后也要涉及学习要素，如学习资源、学习环境、学习主体与评价规则等，这些要素会直接影响翻转课堂学习活动的开展，也会影响到学习活动能够获得的学习效果。

1. 翻转课堂教学模式活动设计的要素

（1）学习主体。在翻转课堂学习活动中，学生是执行者，学生在活动中扮演的角色、展开活动的方式、活动中的互动等都会影响到翻转课堂的学习效果，在设计翻转课堂学习活动的过程时，必须要尊重学生之间的差异性，也要注重学生个性的发展，为学生的发展创造合适的情境，保证学生能够有完整的认知结构，能够建构自我知识系统。在高校数学上课之前教师需要了解学生的兴趣、学习能力、学习活动的经验以及对学习的需求，在此基础上设计学习内容，选择符合学生要求的学习视频，设置学生需要的学习任务，布置适合学生能力的学习作业；在课堂中，教师要兼顾不同学生的认知差异，也要在课堂中设置讨论、合作研究的环节，充分尊重学生的学习主体性，让学生作为学习的中心；在课下，高校教师要对学生的学习过程做出总结和反思，对学生进行多方面、多角度的评价，让学生认识到自己的不足，实现学生的持续发展。在教学过程中使用的方法和手段需要为学生的个性化发展服务。

（2）学习资源。学生学习活动的实现需要学习资源作为支持，学习资源包括各种各样的资源，例如，文本资源、音频资源、视频资源、动画和图表资源等。高校数学翻转课堂学习活动为学生学习提供了多种多样的资源，而且资源是开放的，教师可以根据教学内容选择合适的学习资源，教师也可以对学习资源进行二次加工和设计，让资源更加符合教学需要。例如，教师在处理陈述性的知识时可以设置热区导航，在其中加入具有说明性的内容，如文本知识、图表知识；教师处理程序性的知识时，可以分层次地将知识陈列出来，帮助高校学生建立清晰的概念认知，帮助学生构建完善的知识结构，如认知策略的学习、动作技能的学习等；教师在处理学习资源的过程中，需要注意体现学生的个性自由，让学生的思维在活动中得到发散，让学生有自主的思考、深刻的认知。特别是微视频，学生会依靠微视频进行大量的自主学习，所以微视频的设计一定要注重学习自主性的体现。要让微视频发挥出互动功能，帮助学生了解新知识，建构新知识。在微视频中应该体现出本视频要学习的内容和要解决的学习问题，帮助学生了解和明确视频学习的具体目标。

（3）教学方式。高校数学翻转课堂和传统的课堂有所不同，教师的角色、学生的角色都发生了转变，高校翻转课堂使面对面学习和网络学习产生了紧密的连接，除此之外，它还实现了知识和技能、应用和迁移的结合。在翻转课堂中，教师既是学习资源的开发者、设计者，也是学习目标的制定者、学习活动的组织者，教师要陪伴学生学习，要管理、设计、考评学生的活动，学生需要积极发挥自己的学习主动性，要建构自己的知识体系。

（4）学习环境。学习环境是学习和学生发展的关键因素，尤其在高校数学翻转课堂中。这样的学习环境综合了多种要素，对学生的认知、情感和行为以及学习效果产生重要影响。高校数学翻转课堂学习环境具有独特的特点。首先，翻转课堂融合了新的学习策略，如学生之间的讨论交流、合作研究、主动学习和探究协作等。这种融合促进了学生的主动参与和深入学习，培养了他们的批判性思维和问题解决能力。其次，翻转课堂模式将传统教学方式与现代技术相结合，为学生提供了个性化学习的机会。学生可以在课堂前通过在线资源学习基础知识，而在课堂上则更专注于深入讨论和实践应用。这种结合能够满足学生不同的学习需求，提高课堂学习的效率和质量。最后，翻转课堂综合利用学习资源的呈现、学习活动策略的设计以及评价反馈的提供等支持性力量，进一步促进学生的发展。学习资源的丰富和多样性、学习活动策略的差异化和创新性以及及时有效的评价反馈，都有助于激发学生的学习兴趣和动力，培养他们的自主学习能力和自我评价能力。

高校翻转课堂的学习环境有四个：一是家庭（宿舍）学习环境，家庭（宿舍）学习环境是学生自主学习的保障，家庭（宿舍）需要为学生的学习提供物质条件，家庭（宿舍）学习要求学生自我约束力较强；二是课堂教学环境，课堂教学的中心是学生学习内容，主要是思维练习，注重培养学生的选择能力、决策能力，让学生能够全面发展，课堂环境能够为学生提供真实的学习情境，课堂教学环境传递信息的渠道也非常多、非常丰富；三是网络学习平台，网络学习平台提供的课程活动蕴含建构主义教学理念，能够帮助教师更好地设计教学活动；四是学习支持服务，该服务目的是全方位地为学生学习提供支持，帮助学生解决学习困难，具体而言，主要涉及动机激励、任务指导等内容。

翻转课堂学习活动对学生的自我管理能力提出了较高的要求，对教师的工作能力也提出了较高要求，教师要为学生创造出良好的环境，为学生提供他们需要的信息和资源，促进学生的个性化学习以及合作学习。为了让学生保持学习积极性可以设置积分奖励，通过量化的数据来反映学生的学习成果，还可以使用量化的形式评价学生的学习过程，除此之外，也可以设置精神方面的奖励，如颁发荣誉奖章、评选光荣称号等，如果有特别出色的学生可以同时奖励积分和荣誉称号，这些奖励形式能够激发学生的学习主动性，让学生更愿意参与学习活动。任务指导能够帮助学生形成清晰的学习步骤，让学生明确学习目标。例如，在网络学习平台上，平台可以按照学生的学习足迹给学生推送相关学习资源，这有利于学生更好地开展自主学习；也可以为学生的练习设置答案反馈，为学生展示详细的解题过程，让学生理清自己的思维思路。教师还可以利用知识地图直观地展示知识层次、学习路径，可以有效地指导学生的学习，帮助学生建立整体的、结构化的知识系统，避免知识的过度分化和孤立。

设计学习环境主要是为了更好地帮助学生建构知识，让学生的学习更有意义，高校数学翻转课堂学习活动的环境应该是有利于交流沟通的、有利于激发学生学习积极性的、能够为知识学习提供足量信息的、让学生全面发展的环境。

（5）评价规则。高校数学翻转课堂学习活动必须要注重学习过程。活动是动态的、整体的、复杂的，并不是线性的，活动过程需要教师监督和掌控，并且对某些环节要做出适当的引导，还要对学习过程做出有效的评价和反馈，确保学生的发展符合预期目标的设定轨迹。例如，如果学习过程中出现了意外因素，那么教师必须认真对待和处理，保证学生的学习能重新回归到稳定状态。还可以通过学生和环境之间的交互建立反馈机制，保证学生的知识建构始终处于稳定状态，最后教学评价方式需要做出改变与创新，教学评价方式应该既适合于翻转课堂学习活动，又能够促进学习过程的推进和学习效果的提升，教师要充分利用评价对学生的反思作用和学习督促作用。

对学生的活动过程的评价、自主管理能力的评价、合作组织能力的评价、语言表达能力的评价应该从问题出发，关注过程，力求形成真实有效的评价，发挥评价的作用，评价需要从多种角度展开，整体评价学生的学习过程、学习态度、学习结果。例如，在课程开始之前，教师应该自主评价并总结学生在网络学习平台上的视频观看记录，查看学生的学习进度以及学习安排，清楚地了解学生的准备状况；在课程当中教师要关注学生知识的构建情况，要指导和督促学生的学习行为，督促学生参与讨论、参与合作，解决课前存在的疑难问题；在课程结束之后，教师应该为学生布置学习任务，并且要求学生在规定的时间内递交反思报告、评价报告。

2. 翻转课堂教学模式活动设计的要求

（1）正视不同学生之间的差异。翻转课堂学习活动需要有针对性地为学生提供服务，针对性服务的提供需要教师提前掌握学生的个人情况，并且做出针对性的指导，在课程中也要对个别学生进行专门辅导，为学生提供个性化学习服务，在课程结束之后，也要及时更新学生的能力发展状况，为学生知识的学习提供相应的巩固和强化措施。

（2）让活动设计得具体细致。教师需要在学习活动之前、活动当中、活动之后的各个阶段为学生设立明确的目标，做出详细的活动安排，让学生按照活动安排展开活动，发挥自己的主体性来完成活动目标。

（3）为学生学习提供有效的支持服务。教师要保证学生学习环境的合理、科学建设，要探究不同的学习方式，培养学生的自主性合作能力、探究能力、自我管理能力，为学生知识的建构提供服务支持。

（4）在活动中始终进行监督和管理。教学活动开始之前、过程当中、过程结束之后，教师都要进行有效的监管，检验学生的学习效果、学习任务的完成情况，评价学生的协作能力、交流能力、学生的学习成果、参与意识等，还要督促学生进行自我反思与评价。

3. 翻转课堂教学模式活动设计的特征

理想状态的高校数学翻转课堂的学习活动应当具备以下特征：

（1）高校数学活动必须凸显主体地位，与此同时，也要注重多元声音活动，最重要的是人的参与，人才是活动的主体，所以必须明确翻转课堂学习活动的主体是学生，必须给予学生主体地位，让学生发挥出学习主体性，学生掌握学习主体性之后，会在学习中表达积极的学习态度，能够和他人展开频繁的交流，学生掌握了翻转课堂学习活动的话语权就能发出更多属于自己的声音，能够进行更多自己主观层面的互动，换言之，翻转课堂学习活动的声音从以往的教师独白已经转变成师生的共同对话。

（2）活动中介要多元化发展。高校数学翻转课堂学习活动的开展需要依赖于工具中介，只有通过工具中介学生才能和环境产生交互。工具中介为学生提供了感知世界、理解世界、解构世界的渠道。工具中介能够让学生直观感受到工具中介的可视化形式，所以如果学生想要了解世界本身的状态，就需要利用更多形式的工具中介，对世界进行多角度的感知、理解和解构，也就是说，工具中介不能过于单一，要向着多元化的方向发展，具体在翻转课堂学习活动当中就表现为要建设多元化的工具中介，促进学生对世界的更好感知、更好理解。从这个角度而言，微课的存在有不可忽视的作用。在翻转课堂学习活动当中必须避免活动途径的单一，可以在活动当中使用口头语言、书面语言或者技术等各种各样的中介工具，让学生借助工具更好的理解世界的本质状态。

（3）高校数学翻转课堂学习活动应该有明确的任务，应该将任务作为发展导向。活动任务是学生活动的核心，也就是要将建构性知识、解决实际问题作为活动核心，让学生把学习当作一项任务不断地去探究，解决一个又一个的任务，学生的探究精神能够让学生更加积极、更加热情地参与活动，能够有效地激发学生的活动主体性，也有利于多元中介发挥作用，让学生通过中介工具了解世界的更多可能，与此同时，设置活动任务能够让学生明确活动的目标，能够让学生的行为有目的性，能够让行为朝着任务完成的方向发展，学生探究的行为就是任务活动完成的一部分。

（4）高校数学翻转课堂学习活动是动态的，并不是线性的，也不是预定性的。固定的学习活动指的是教师为了完成某些学习目标而为学生设计的固定操作，固定的学习活动有非常强烈的独立性，它将活动和行为进行了微化分解，完全忽视了学习过程的动态特征和复杂特征，所以，固定的学习活动很难实现学生的全面整体发展，学习活动不应该是固定的，应该处于动态之中，在进行活动设计时可以明确活动任务，但是要注重活动过程的动态特征、非线性特征、非预设特征的体现，而且要注重学习者之间的交流和沟通，注重学生在动态复杂环境下产生的非线性的、非预定性的活动和行为，注重活动过程的动态性能够让知识更好更快的传递，也能够有效应对活动中出现的不同观点，有利于创新。

（5）活动个体与共同体之间要和谐发展，学习并不是学习者一个人的知识构建，还涉及和其他人的交流互动，所以学习活动过程不仅要关注学习者的个人学习状态、个人知识情况，还要注意学习者的知识建构过程当中可能出现的不同观点，让学习者和其他的活动共同体进行交流和沟通，交流和沟通能够提高课程的活力，也能够让学习者借鉴别人的优点，不断地完善自我、反思自我。

（三）翻转课堂教学模式的具体内容

目前，很多学校的主要教学模式还依然是课堂是由教师主导对知识进行讲解，而翻转课堂则是将传统课堂里的教师和学生的角色进行了互换，学生先在上课前通过教师录制好的课程讲解视频进行自学，随后课堂转变为教师组织学生交流学习进度和成果，针对性地对学生各自的问题和困难提供有效的解决方案，引导学生自发地对知识进行思考和实践运用，学生从被动学习转变为主动学习。一方面，翻转课堂为评估教师的教学成果增加了新的评价指标，即课程讲解视频的关注度、播放量，以及学生进行评论、转发的数据；另一方面，翻转课堂让学生的学习效果评估不再由简单的阶段性考试成绩所决定，学生的自主学习能力、创新能力、表达能力、领导能力等是否在学习过程中得到了提升也被纳入了评价指标中。

当前，翻转课堂能够在数年内就受到多个国家、地区教师和学生群体的认可，可见这一课堂模式是时代发展的要求，也是教育行业转型升级的体现。目前不同阶段的学校针对翻转课堂进行了多方面的考察和实践研究，认为这一模式相比于传统课堂，能够有效地激发学生的学习动力和兴趣，加深了学生对学科知识的理解，学生的综合素质、创新能力、思考能力和自学能力等都得到了不同程度的提升。随着教育理念的不断创新，翻转课堂在帮助学生全面发展方面的价值和实践意义逐渐凸显，未来的发展空间巨大。

（四）翻转课堂教学模式的评价改进

1. 对学生进行教学评价改进

数字化环境下，高校数学翻转课堂对学生进行教学评价的优势体现在以下三个方面：

（1）学习状态评价更加客观、公正。以往，教师了解学生学习状态的主要依据为学生上数学课的专心程度、对课程的喜爱程度、课后的时间分配和与同学交流数学的主动度，但这些观察指标都相对主观，没有办法进行科学定量的分析与统计，缺乏客观性和严谨性。而有了信息技术的支持，在数字化的环境中，校园数字平台能够准确统计出学生观看微课、微视频、其他资源、模拟实验等栏目的次数，以及在师生答疑栏目中的互动次数，其“自主学习问题反馈”栏目还可以体现出学生在自主学习方面的状况，由此可见，通过校园平台了解到的学生学习状况更加客观公正。

（2）知识技能评价更加及时、准确、高效。教师可以在校园数字平台的“在线即时检测”栏目中提前设置检测题。当学生完成题目后，系统能够进行自动检测，并且对学生的完成情况进行统计。对于选择、判断一类的题目，系统可以统计正确率、错答选项占有率等；对于填空题，教师也可以通过平台关注每个学生的答题情况；对于解答题，教师可以调阅所有学生的答案，并对其中典型的解答做出评判以方便教学。高校校园数字平台充分体现出了大数据技术的统计优势，为教师节省了大量统计、整理、记录学生测验结果的时间，提升了课堂练习反馈的时效性。学生通过校园数字平台完成课后作业，便于教师随时随地进行批阅，同时，大数据技术所进行的科学统计还能够为教师反思已完成教学和准备下一阶段教学提供重要的数据参考。此外，“在线即时检测”“阶段性练习”“课后作业”等栏目都可以分类整理学生出现的错题。

（3）学习心理评价更加规范、系统、及时。学生对数学的态度和遇到问题后的反应都能够体现出学生在学习数学时候的心理状态。以往，学生的学习状态需要由教师与学生及学生家长面对面进行交流或采用问卷形式而得出，这样做的不足在于教师无法及时了解学生阶段性的心理异常状况，最终导致错过了最佳的解决问题的时机，对学生较为不利。

此时，利用数字化教学平台的优势，在平台上，教师可以通过“在线即时检测”“课后作业”“定期学科心理测试系统”等栏目关注学生在知识方面的掌握情况以及近期的心理状态。

2. 对教师进行教学评价改进

（1）提升教师的语言表达能力和准确性。微课和微视频需要准确精简的语言，教师反复录制这类课程，能够改掉口头禅多、表达不准确等问题，在提升语言功底的同时也增强了板书的技巧。

（2）改变教师的评价习惯。在以往的评价中，教师往往喜欢关注学生的错题量，习惯性地给学生作“减法”。而在校园数字化教学平台的教师评价栏目中，因为使用文字语言，因此教师会在书面语言上多做努力，更多使用表扬性和鼓励性的词汇，使语言尽可能地有温度，达到积极正面评价学生的目的。

（3）纠正部分教师的教学观念。以往，很多数学教师都更加注重教会学生如何结题和考试，却忽视了学生在学习过程中知识的形成过程。微课和微视频主要是讲解数学知识，教师在制作微课的过程中，可以意识到学生习得新知识和知识形成的过程是十分重要的，从而转变这部分教师的观念。

高校数学翻转课堂改变了教学评价体系，提高了课堂教学效率。教师能够及时发现学生在各个学习环节中存在的问题，并迅速做出有效应对，还可以做到有针对性地强化学生普遍存在的薄弱环节。因此，学校和教师应深刻认识到数字化教育的重要性，充分利用其带来的极大便利与优势，对学生的学习情况做出客观、多元的评价，从而有效提高学生的综合素养。

（五）翻转课堂教学模式的创新实践

翻转课堂教学模式的教学创新实践以曲线积分为例进程分析。曲线积分是高校数学的重要内容，主要研究多元函数沿曲线弧的积分。曲线积分对于解决变力沿曲线所做的功和其他实际问题具有重要作用，在众多领域如工程技术中得到广泛应用。格林公式研究了闭曲线上的线积分与曲线所围成的闭区域上的二重积分之间的关系，具有重要的理论意义和设计应用价值。

1. 曲线积分教学策略

翻转课堂教学模式是一种结合线上和线下学习的教学方式。在该模式下，学生会在课前通过线上学习平台进行预习，并参与小组讨论。而在课堂上，教师会进行知识讲解，学生则有机会展示他们的学习成果，师生之间进行深入的讨论，从而提高学习效果。

采用以问题为驱动的教学策略可以激发学生的学习兴趣和主动性。以轮滑做功问题作为引入，逐步展开一系列问题，如确定区域的连通性、如何确定边界曲线的正向以及格林公式的条件和结论如何证明等。通过这些问题的引导，学生能够逐步理解格林公式的基本概念和应用。

实例教学法是一种有效的教学方法，可以将抽象的理论知识与生活实例联系起来，激发学生的学习兴趣。教师可以利用生活中的滑轮问题，引发学生对人力、路径和功之间关系的思考，并提出计算问题，使学生认识到探索新方法的必要性。通过这种实例引导，学生能够主动思考并运用格林公式。

典型例题教学法有助于巩固教学的重点内容。通过分析典型例题，学生可以深入理解格林公式在计算第二型曲线积分中的作用。学生通过分析例题的求解思路和方法，并运用比较分析技巧，自主总结规律和技巧，从而掌握格林公式的应用，并巩固理论和方法。

综上所述，采用线上线下相融合的翻转课堂教学模式，以问题为驱动的教学策略，实例教学法和典型例题教学法相结合，能够有效提高学生的学习兴趣和主动性，并加深对格林公式的理解和应用。这样的教学方法有助于学生在数学学科中获得更深入的学习体验，提高他们的学习效果和能力。

2. 曲线积分教学过程

（1）导入轮滑做功问题。导入轮滑做功问题围绕着轮滑做功问题展开，其中涉及到变力沿曲线做功的计算。首先，假设轮滑的滑行路线为 L：（$x-1$）$+y=1$，我们的目标是计算逆时针滑行一周前方对后方所做的功。通过分析这个问题，我们可以发现它是一个变力沿曲线做功的问题。根据第二类曲线积分的计算方法，我们可以引入参数表示曲线的方程，令 $x=1+\cos t$，$y=\sin t$。然后，我们面临一个挑战，即如何计算这个定积分。学生们进行了讨论后发现，积分的求解并不容易，传统的统一变量法在这种情况下失效了，我们意识到需要寻求新的方法来解决闭曲线上的积分问题。这就引出了本节课的重点内容，即格林公式。

为了更好地引导学生理解和应用格林公式，教师进行了板书，明确了本节课的主要问题。首先是关于连通区域的问题，讨论了哪些是单连通区域，哪些是复连通区域，并探讨了如何确定边界曲线的正向。这些问题帮助学生理解和识别不同类型的区域和边界曲线，为后续的学习奠定基础。其次是关于格林公式的条件和结论的问题，学生将研究格林公式在什么条件下成立以及它的具体结论是什么。教师将引导学生探究并理解这些内容，并可能介绍一些相关的证明方法，以加深学生对格林公式的认识。最后是关于格林公式的具体应用的问题，学生将学习如何将格林公式应用于实际问题的求解。教师可能通过实例教学的方式，引导学生运用格林公式解决一些具体的问题，让学生在实际操作中理解和掌握格林公式的应用方法。

通过引入问题驱动的教学策略，实例教学法和典型例题教学法，教师能够激发学生的学习兴趣，并帮助他们深入理解格林公式在解决变力沿曲线做功问题中的作用。这种教学方法不仅能够提高学生的主动思考和应用能力，还能够巩固格林公式的理论和方法，并促进学生在数学学科中获得更深入的学习体验。

第一，学习中讨论了平面区域的基本概念，包括单（复）连通区域和边界线的定义。学生分享了他们在网上学习中的进展，并一起讨论了如何确定边界曲线的正向方法。通过这次讨论，学生对于单（复）连通区域的概念有了更深入的理解。

第二，学习中介绍了格林公式，将平面区域和边界线的积分联系起来。学生汇报了他们在网上学习中所学的内容，讲解了定理的细节，并进行了图形分析和证明思路的讨论。他们还讨论了格林公式的条件，总结为“封闭”“正向”和“具有一阶连续偏导数”，以便于记忆。通过具体的区域形状和分割方法的思考，他们还证明了格林公式的普适性。

以上是对关键内容的扩写，包括学生对于单（复）连通区域概念的讨论和对于格林公式的理解和证明思路的探讨。

（4）格林公式的具体应用。格林公式的具体应用即型例题分析。

第一，直接使用格林公式进行计算，通过轮滑做功问题引入学生对格林公式的理解和应用。在教学中，引入轮滑做功问题作为一个具体实例，可以直接应用格林公式进行计算。教师可以带领学生分析问题，确定曲线的参数方程，并计算沿曲线所做的功。通过这个例子，学生可以理解并应用格林公式，将曲线积分转化为二重积分，并进一步掌握曲线积分的计算方法。

第二，间接使用格林公式进行计算，教师引导学生思考如何满足定理条件，通过分析采取补边的方法解决问题。在学生对直接应用格林公式有一定了解后，教师可以引导学生思考格林公式的条件，并探讨如何满足这些条件。教师可以提供一个问题，要求计算一个复杂区域上的曲线积分，然后引导学生分析该区域的特点，并思考如何将其转化为一个满足格林公式条件的简单区域。一种常用的方法是通过补充边界线，使得区域变为单连通或复连通，从而间接应用格林公式进行计算。

第三，讨论被积函数含有奇点情形的计算，师生共同探讨如何采取“挖去”奇点的方法解决曲线积分问题。在教学中，师生可以一起讨论被积函数含有奇点的情形，即在曲线积分中遇到无法直接计算的点。教师可以引导学生思考如何应对这种情况，并提供解决方法。一种常用的方法是”挖去”奇点，即在计算中将奇点排除或通过分段计算进行处理。通过这样的讨论，学生可以了解到处理奇点情形的技巧和策略，提高对曲线积分问题的解决能力。

（5）内容总结。在课堂的最后阶段，进行内容总结是必不可少的一部分。教师应该带领学生回顾所学的内容，特别是关于格林公式的内容和求闭曲线上的线积分的基本方法。通过总结复习，学生能够巩固他们对这些概念和技巧的理解和应用。在进行总结复习时，教师可以回顾格林公式的要点，包括定理的条件、结论以及具体的计算步骤。教师可以通过示例或者简单的问题来帮助学生回忆和理解这些要点。同时，教师应该强调学生要掌握格林公式的应用，理解如何将曲线积分转化为二重积分，并能够熟练地进行计算。

为了巩固学生对格林公式的应用能力，教师可以布置课后作业，要求学生练习解决与格林公式相关的问题。这些作业可以包括计算曲线积分的具体例题或者应用题，以帮助学生独立运用所学知识解决实际问题。通过课后作业的完成，学生可以进一步加深对格林公式的理解，并提高应用的熟练度。在重点复习格林公式的理解和应用时，教师可以采用不同的教学方法，如讲解、演示、案例分析等。通过让学生参与讨论和解答问题，教师可以检查学生对格林公式的理解程度，并及时纠正他们可能存在的错误或困惑。此外，教师还可以提供更复杂的应用情境，引导学生运用格林公式解决更具挑战性的问题，以培养学生的问题解决能力和创新思维。

3. 曲线积分教学反思

课题教学从实际问题出发，导出问题，分析问题，围绕问题展开讨论。采用了线上线下相融合的翻转课堂教学模式，学生通过课前线上学习，课堂汇报，充分体现了学生的主体地位，发挥了学生学习的积极性和主动性。课堂教学运用了问题驱动的教学方法，层层递进，环环相扣，知识内容一气呵成。重点强调了公式的条件和应用方法。但在学生汇报环节，个别学生参与度不够，体现出线上学习不够深入。

第三节　现代教育技术下的数学教学模式

一、现代教育技术下数学教学的思考

（一）数学教学中现代教育技术的作用

1. 能够提升高校数学教学效果

传统的教学模式在高校数学教学中存在一些局限性，无法完全满足学生的学习需求。数学作为一门抽象和复杂的学科，常常给学生带来挑战。然而，现代教育技术的出现为高校数学教学带来了新的可能性。其中一个重要的优势是提供形象性教学，教师通过利用多媒体资源、动画演示和虚拟实验等教学工具，可以使学生更加直观地理解数学概念和原理。这种形象性教学可以弥补数学抽象性带来的理解难度，帮助学生更好地掌握知识。此外，现代教育技术还能够增强教学效果。通过在线学习平台、互动式教学软件和虚拟实验室等工具，学生可以进行自主学习和实践探索，提升他们在数学问题解决和应用方面的能力。这种增强教学效果的方式可以激发学生的学习兴趣和动力，提高他们的学习成绩。

2. 帮助高校数学进行因材施教

在传统的板书教学方式中，教师的教学进度和效率受到一定的限制。每个学生的学习进度和理解程度可能存在差异，但教师在有限的课堂时间内需要完成固定的教学内容。然而，现代教育技术的运用可以使高校数学教学更加个性化和灵活。其中一个关键的应用是教学课件的使用。通过制作和分享教学课件，学生可以根据自身的学习需求随时阅读和学习。他们可以在自己的节奏下复习和理解数学概念，节省了在课堂上抄写笔记的时间，将更多精力放在深入学习和思考上。教学课件还可以提供多样化的学习资源，如课后习题和辅助材料，满足学生不同层次和需求的学习要求。通过这种个性化教学的方式，学生能够更好地理解和应用数学知识，提高学习效果和学习成果。

（二）数学教学中现代教育技术的应用

“在高校数学教学中，现代教育技术的运用可谓是一个系统且全方位的过程。想要进一步提升高校数学的教学效果，务必从教学氛围、教学模式、教学目的以及课程设计这几个方面入手进行优化。通过营造教学氛围，充分带动师生的情感；通过整合教学模式，进一步提升现代教育技术的运用能力；通过明确教学目的，将教学的辅助作用充分发挥出来；通过优化课程设置将各种技术手段的应用进行强化”[①]。

1. 营造教学氛围，带动师生情感

在现代教育中，营造良好的教学氛围对于师生情感的发展至关重要。为了实现这一目标，可以利用现代教育技术创造有趣且高效的学习场景。通过运用多媒体技术，可以将抽象的知识以生动形象的方式呈现给学生，从而引

① 王海华．现代教育技术在高校数学教学中的实践探究［J］．现代职业教育，2021（31）：192．

发他们的兴趣和好奇心。此外，教师还应关注学生的情绪和情感波动，激发他们的学习热情。通过与学生进行积极互动和情感交流，教师可以建立起良好的师生关系，使学生在学习过程中感受到关心和支持。同时，教师还应传递正确的价值态度，帮助学生理解数学学习与信息技术的关系。通过强调数学在现代社会中的应用和重要性，教师可以激发学生对数学学习的兴趣和动力。通过以上方法，教师可以利用多媒体技术展现抽象知识，创造出和谐欢快的教学氛围，从而提高学生的学习效果和体验。

2. 整合教学模式，提升应用能力

为了提升学生的应用能力，我们需要整合和优化教学模式。首先，教师可以根据社会需求合理设置课程内容，并增加实验课程。通过实践操作和实验活动，学生可以将所学知识应用于实际问题中，从而培养他们的应用能力。其次，教师还应注重培养学生的逻辑分析能力和抽象思维能力。通过引导学生进行问题解决和推理推断的训练，可以提高学生的逻辑思维水平，培养他们独立思考和解决问题的能力。同时，教师可以利用多媒体资源进行探究学习、合作学习、练习反馈和知识强化。通过使用多媒体教学资源，学生可以主动参与学习过程，与同学合作解决问题，并及时得到反馈和强化知识。教师还应提升对现代教育技术的运用能力，以更好地辅导学生理解专业知识。通过利用各类教学资源、网络题库和电子课本等，可以为学生提供更丰富的学习资料和互动交流平台，从而深化他们对数学知识的理解和掌握。通过以上措施的整合，教师可以提高教学效率和质量，促进学生的应用能力的全面提升。

二、现代教育技术下数学教学的整合

信息技术与学科教学的整合是计算机辅助教学理论和实践的自然演进和发展结果。随着信息技术的迅猛发展，将信息技术与学科教学融合成为教育界越来越关注的重要议题，这也是教育改革和发展的必然趋势。整合信息技术与学科教学将产生传统教学模式难以比拟的显著效果。信息技术以其图像、文本、音频和视频等多媒体形式，提供了理想的教学环境，对教育和教学过程产生了深远的影响。它为教师和学生创造了丰富多样的学习资源和互动机会，有效提升了教学效果。通过整合信息技术和学科教学，教师能够以更生动、直观的方式呈现知识，激发学生的兴趣和主动参与，促进他们的深度理解和

应用能力的培养。这种整合为学生提供了更具互动性和个性化的学习体验，开拓了教育的新视野，为教育创新和发展带来了巨大的潜力。

（一）现代教育技术下数学教学整合的价值

以计算机多媒体技术和网络技术为核心的信息技术，不仅给我们的社会生活带来了广泛深刻的影响，也给现代教育带来了影响，由于数学具有较强的抽象性、逻辑性，特别是几何，还要求具备很强的空间想象力，计算机多媒体技术在数学教学中的运用和推广，为数学教学带来了一场革命。现代教育技术下高校数学教学整合的价值主要体现在以下方面：

第一，信息技术在学科教学中的整合对于数学教育具有重要的意义，它能够以生动直观的方式激发学生的数学兴趣和积极思维。通过多媒体形式的呈现，信息技术为学习提供了刺激和吸引力，使学生更主动地参与学习活动。例如，教师可以利用数学软件、模拟实验和交互式教学工具，展示数学概念和问题的图形化表示，使学生能够直观地理解和感受数学的应用和美妙之处。这种形象具体的教学方法能够激发学生的好奇心和求知欲，激发他们对数学的兴趣，从而更主动地投入学习。

第二，信息技术的运用能够将抽象的数学知识变得更加形象具体，帮助学生突破教学难点和重点，促进他们对数学的深刻理解和掌握。数学作为一门抽象的学科，常常让学生感到晦涩难懂。而通过信息技术的应用，教师可以使用动画、演示视频和虚拟实验等工具，将抽象的数学概念转化为形象的图像和实际应用场景，帮助学生更加直观地理解数学原理和定理的意义和运用方法。此外，信息技术还可以提供个性化学习的支持，根据学生的不同学习需求和能力水平，提供个性化的学习资源和指导，帮助他们克服困难，深入学习，达到更高的数学水平。

第三，利用信息技术进行协作式学习和个体化学习，可以让学生按照自己的认知水平主动参与学习，通过互联网和校园网实现学生与教师的交流和反馈，促进思维能力和创造力的发展。信息技术提供了在线协作平台和学习管理系统，使学生能够通过互联网进行多样化的学习体验和互动交流。学生可以参与线上讨论、合作解决问题、共享学习资源等活动，培养团队合作和沟通能力。同时，教师可以通过网络对学生的学习进度和理解情况进行实时监控和评估，并提供个性化的反馈和指导。这种学生中心的学习模式激发了学生的自主学习意识和创造力，培养了他们的问题解决能力和批判性思维。

总体而言，信息技术与数学教学的整合是现代数学教育的主要方法之一。它能够改变传统教学模式，提高数学教学的效果和学生的信息素养，培养学生的创新精神和实践能力。通过生动直观的呈现方式，信息技术激发学生的兴趣和积极思维；通过形象具体的教学方法，信息技术帮助学生深刻理解和掌握数学知识；通过协作式学习和个体化学习，信息技术促进学生思维能力和创造力的发展。因此，教育界应当积极探索并充分利用信息技术与数学教学的整合，为学生提供更丰富、更有趣、更有效的数学学习体验。

（二）现代教育技术下数学教学整合的路径

第一，确保教学手段与教学目的关系的协调。在高校数学教学中，为了适应新课程标准的要求，引入新技术、创新教学方式并培养学生的创新能力和思维能力变得至关重要。其中，信息技术的应用在数学教学中扮演着重要角色。教师在运用多媒体技术时，需要注意合理运用，避免盲目使用可能对教学质量产生负面影响。首先，教师应在教学目标的基础上合理选择多媒体技术的运用方式。多媒体技术能够以其图像、文本、声音和动画等多种形式呈现知识，具有生动直观的特点，能够激发学生的兴趣和积极思维。然而，过度依赖多媒体技术或盲目使用可能导致教学效果的降低。因此，教师需要明确教学目标，并根据具体情况选择适合的多媒体技术工具和教学资源，以达到教学效果的最佳状态。其次，教师需要重视教学环境和教学方式的营造。营造良好的教学环境有助于激发学生对数学学习的兴趣和积极性。教师可以借助多媒体技术创造有趣且高效的学习场景，关注学生的情绪和情感波动，传递正确的价值态度，帮助学生理解数学学习与信息技术的关系。同时，教师应灵活运用多媒体技术展现抽象知识，通过图像、动画等形式将抽象的数学概念具象化，使学生更好地理解和掌握。这样的教学方式能够营造和谐欢快的教学氛围，促进师生之间的情感交流和互动。最后，教师的角色和能力也需要得到提升。教师应不断提高对现代教育技术的运用能力，掌握各类教学资源、网络题库和电子课本等工具，以深化学生对数学知识的理解。教师应注重与学生的协作式学习和个体化学习，借助互联网和校园网的便利，鼓励学生主动参与学习，提供学习资源和交流平台，及时给予学生反馈和指导。同时，教师可以运用多媒体资源进行探究学习、合作学习、练习反馈和知识强化，以促进学生的逻辑分析能力和抽象思维能力的发展。

第二，课件的设计中应尽量加入人机交互练习。在制作课件中应尽可能多地采用交互结构，实现教师与计算机、教师与学生、学生与计算机之间的双向交流，从而达到在教学中提高课堂教学效率，突破重点、难点，提高学生素质与培养学生能力的目的，同时，设计 CAI 课件时，适当加入人机交互方式下的练习，以加强计算机与学生之间积极的信息交流，既可请同学上台操作回答，也可在学生回答后由教师操作，这样做能活跃课堂气氛，引导学生积极参与到教学活动中，真正提高多媒体的技术功能。

第三，注意效果的合理运用。CAI 课件仍然是一种辅助教学手段，它仅能够起到辅助作用，各种效果的应用可以给课件增加感染力，但运用要适度，以不分散学生的注意力为原则。如色彩搭配要合理，画面的颜色不宜过多，渐变效果不宜过为复杂等，以克服课件制作与使用中的形式主义，在现阶段，CAI 课件主要利用多媒体手段对课堂教学中的某个片段、某个重点或某个训练内容进行辅助教学，我们要认真对其加以研究，充分发挥其在课堂教学中的作用，提高课堂教学质量和效益。

三、现代教育技术下教学模式的创新

随着现代教育技术的飞速发展，多媒体、数据库、信息高速公路等技术的日趋成熟，教学手段和方法都将出现深刻的变化，计算机网络技术将逐渐被应用到数学教学中。计算机应用到数学教学中有两种形式：辅助式和主体式。辅助式是教师在课堂上利用计算机辅助讲解和演示，主要体现为辅助教学；主体式是以计算机教学代替教师课堂教学，主要体现为远程网络教学。

（一）计算辅助教学

计算机辅助教学（CAI）是指“利用计算机来帮助教师行使部分教学职能，传递教学信息，对学生传授知识和训练技巧，直接为学生服务”[①]。CAI 的基本模式主要体现在利用计算机进行教学活动的交互方式上。在 CAI 的不断发展过程中已经形成了多种相对固定的教学模式，诸如个别指导、研究发现、游戏、咨询与问题求解等模式，随着多媒体网络技术的快速发展，CAI 又出现了一些新型的教学模式，例如，模拟实验教学模式、智能化多媒体网络环境下的远程教学模式等，这些 CAI 教学模式反映在数学教学过程中，可以归结为以下主要形式：

① 欧阳正勇．高校数学教学与模式创新［M］．北京：九州出版社，2019：182.

1. 基于 CAI 的情境认知数学教学模式

基于 CAI 的情境认知数学教学模式，是指利用多媒体计算机技术创设包含图形、图像、动画等信息的数学认知情境，是学生通过观察、操作、辨别、解释等活动学习数学概念、命题、原理等基本知识，这样的认知情境旨在激发学生学习的兴趣和主动性，促成学生顺利地完成“意义建构”，实现对知识的深层次理解。

基于 CAI 的情境认知数学教学模式，主要是教师根据数学教学内容的特点，制作具有一定动态性的课件，设计合适的数学活动情境。因此，通常以教师演示课件为主，以学生操作、猜想、讨论等活动为辅展开教学，适于此模式的数学教学内容主要是以认知活动为主的陈述性知识的获得，计算机可以发挥其图文并茂、声像结合、动画逼真的优势，使这些知识生动有趣、层次鲜明、重点突出；可以更全面、更方便地揭示新旧知识之间联系的线索，提供“自我协商”和“交际协商”的人机对话环境，有效地刺激学生的视觉、听觉感官，使其处于积极状态，引起学生的有意注意和主动思考，从而优化学生的认知过程，提高学习的效率，这样的教学模式显然不同于通过教师的“讲解”来学习数学，而是引导学生通过教师的计算机演示或自己的操作来“做数学”，形成对结论的感觉、产生自己的猜想，从而留下更为深刻的印象。

基于 CAI 的情境认知数学教学模式反映在数学课堂上，最直接的方式就是借助计算机使微观成为宏观、抽象转化为形象，实现“数”与“形”的相互转化，以此辨析、理解数学概念、命题等基本知识。数学概念、命题的教学是数学教学的主体内容，怎样分离概念、命题的非本质属性而把握其本质属性，是对之进行深入理解的关键。教学中利用计算机来认识、辨析数学的概念、原理，能有效地增进理解，提高数学的效率。

由于基于 CAI 的情境认知数学教学模式操作起来较为简单、方便，且对教学媒体硬件的要求并不算高，条件一般的学校也能够达到，因此，这种教学模式符合我国高校数学教学的实际情况，是当前计算机辅助数学教学中最常用的教学模式，也是数学教师最为青睐的教学模式。不过，这种教学模式的不足之处也是明显的，需要多加注意。

（1）技术含量较低，由于这种教学模式基本上仍是采用“提出问题→引出概念→推导结论→应用举例”的组织形式展开教学，计算机媒体的作用主要是投影、演示，学生接触的有时相当于一种电子读本，技术含量相对较低，不能很好地发挥计算机的技术优势。

（2）学生主动参与的数学活动较少。虽然这种教学模式利用计算机技术创设了一定的学习情境，但这种情境是以大班教学为基础的，计算机主要供教师演示、呈现教学材料、设置数学问题，还不能够为学生提供更多的自主参与数学活动的机会。

（3）人机对话的功能发挥欠佳，计算机辅助数学教学的优势应通过人机对话发挥出来，而这种教学模式由于各种主客观条件的限制，还不能让学生独立地参与进来与机器进行面对面的深入对话，人机对话作用限于最后结论而缺乏知识的发生过程和思维过程，形式比较单调，内容相对简单。

2. 基于 CAI 的练习指导数学教学模式

基于 CAI 的练习指导数学教学模式是指借助计算机提供的便利条件促使学生反复练习，教师适时给予指导，从而达到巩固知识和掌握技能的目的，在这种教学模式中，计算机课件向学生提出一系列问题，要求学生做出回答，教师根据情况给予相应的指导，并由计算机分析解答情况，给予学生及时的强化和反馈。练习的题目一般较多，且包含一定量的变式题，以确保学生基础知识和基本技能的掌握。有时候练习所需的题目也可由计算机程序按一定的算法自动生成。

基于 CAI 练习指导的数学教学模式主要有两种操作形式：一种是在配有多媒体条件的通常的教室里，由教师集中呈现练习题，并对学生进行针对性的指导；另一种是在网络教室里，学生人手一台机器，教师通过教师机指导和控制学生的练习。前者比较常见，因为它对硬件的要求较低，操作起来也较为方便，但利用计算机技术的层次相对较低，教师的指导只能是部分的，学生解答情况的分析和展示也只能暴露少数学生的学习情况，代表性较弱。后者对硬件的条件要求较高，但练习和指导的效率都很高，是计算机辅助数学教学的一种发展趋势。因为，在网络教室中，教师可以根据需要调阅任何一个学生的学习情况，及时发现他们的进度、难处，随时进行矫正、调整。

3. 基于 CAI 的数学通讯辅导教学模式

基于计算机辅助教学（CAI）的数学通讯辅导教学模式是指教师利用多媒体网络环境，将与数学教学内容相关的材料以电子文本的形式传输给学生，再现课堂教学中的信息资料和数学活动情境，为学生提供进一步的数学辅导。这种教学模式使得数学教学不再局限于课堂内部，扩展到课外学习，并将学习的范围延伸至学生的家庭环境。

事实上，由于各种主客观条件的限制，单单课堂里的数学教学尚有较大的局限性，无论是知识的掌握还是能力的发展，学生都需要得到进一步辅导。凡是有课堂听讲经历的都会有这样一种感受：如果在课堂上及时思考教师提出的问题或参与讨论、合作活动，可能就没有充分的时间“记好课堂笔记”。利用计算机技术可以很方便地解决这个问题：上课时学生可以不必花费大部分精力记笔记，而是用在独立思考与合作交流等数学活动中。课后，学生只需将教学内容的电子资料拷贝下来，根据自己的需要再现课堂教学的任一部分内容，反复琢磨，达到复习巩固的目的。

或者，在网络状态下，学生在自己家里登录教师的网站，向教师寻求资料、提出问题、求得解答，这样，课后的辅导变得随时随地。高校学生还可以针对自己的情况选择不同层次的学习内容，教师则可以针对学生的实际水平，实现个别化辅导为主的分层教学。而且，还可以发挥计算机的即时反馈功能，对学生的作业随时予以指导和评价，有效地克服了传统数学教学中“回避式作业批改”的反馈滞后性、缺乏指导性等缺陷，计算机还有很强的评价功能。经过一段时间的学习，计算机就可做出评价，使学生了解学习的效果。典型的、反复出现的错误，计算机还可以针对性地加以强化，使薄弱环节得到反复学习。

就当前数学教学的环境条件而言，实施基于 CAI 的数字通信辅导教学模式主要还是教师制作课件和电子辅导资料供学生复制使用，或向学生介绍相关的数学学习网站登录自学，随着网络技术的高速发展，教师可以建立一个适合自己所教学生的个人数学教学辅导网站，将数学辅导材料传输到网上，随时供学生调阅、探讨。当然，这种网络辅导方式不仅对教师的精力和能力是一种考验。

4. 基于 CAI 的数学教学课件制作模式

（1）高校数学 CAI 课件的设计原则。

第一，科学性与实用性相结合原则。科学性是数学 CAI 课件设计的基础，就是要使课件规范、准确、合理，主要体现在：①内容正确，逻辑清晰，符合数学课程标准的要求；②问题表述准确，引用资料规范；③情境布置合理，动态演示逼真；④素材选取、名词术语、操作示范等符合有关规定。课件设计的实用性就是要充分考虑到教师、学生和数学教材的实际情况，使课件具有较强的可操作性、可利用性和实效性，主要体现在：性能具有通识性，大众化，不要求过于专门的技术支撑；使用时方便、快捷、灵活、可靠，便于教师和学生操作、控制；容错、纠错能力强，允许评判和修正；兼容性好，便于信息的演示、传输和处理。

数学 CAI 课件的设计应遵循科学性和实用性相结合的原则，既要使课件技术优良、内容准确、思想性强，又要使课件朴素、实用，遵循数学教学活动的基本规律和基本原则。一款优秀的数学 CAI 课件应该做到界面清晰、文字醒目、音量适当、动静相宜，整个课件的进程快慢适度，内容难度适中，符合学生的认知规律等。

第二，具体与抽象相结合原则。高校数学的学习重点在于概念、定理、法则、公式等知识的理解和应用，而这些知识往往又具有高度的概括性和抽象性，这也正是学生感到数学难学的原因之一。适当淡化数学抽象性，将抽象与具体相结合是解决困难的有效办法，设计数学 CAI 课件时，应根据需要将数学中抽象的内容利用计算机技术通过引例、模型、直观演示等具体的方式转化为学生易于理解的形式，以获得最佳的教学效果。

第三，数值与图形相结合原则。数形结合是研究数学问题的重要思想方法。而很多 CAI 课件制作平台不仅具备强大的数值测量与计算功能，而且都有很好的绘图功能。一方面给出数和式子就能构造出与其相符合的图形；另一方面给出图形就能计算出与图形相关的量值。

第四，归纳实验与演绎思维相结合原则，数学有两个侧面：一方面，数学是欧几里得式的严谨科学，从这个方面而言看，数学像是一门系统的演绎科学；另一方面，创造过程中的数学，看起来却像一门试验性的归纳科学。因此，数学 CAI 课件设计时，应遵循数学的归纳实验与演绎思维相结合的原则，计算机辅助数学教学最明显的优势正在于为学生创设真实或模拟真实的数学实验活动情境，将抽象的、静态的数学知识形象化、动态化，使学生通过“做数学”来学习数学；通过观察、实验来获得感性认识；通过探索性实验归纳总结，发现规律、提出猜想，但是，设计 CAI 课件时，又必须注意不能使数学的探索实验活动流于浅层次的操作、游戏层面，而要上升到深层次的思维探究层面，也就是说，要把以归纳为特征的数学实验活动引导到以演绎为特征的数学思维活动，将两者内在地融合在一起，才能真正体现出计算机辅助数学教学的优越性。

第五，数学性与艺术性相结合原则。数学 CAI 课件的设计应有一定的艺术性追求。优质的课件应是内容与美的形式的统一，展示的图像应尽量做到结构对称、色彩柔和、搭配合理，能给师生带来艺术效果和美的感受。但是，高校数学 CAI 课件不能一味追求课件的艺术性，更要注重数学性，应使数学性和艺术性和谐统一。数学教学的图形动画不同于卡通片，其重点并不在于对界面、光效、色效、声效等的渲染，而是要尊重数学内容的严谨性和准确性，即数学性。就图形的变换而言，无论是旋转还是平移，中心投影还是平行投影，画面上的每一点都是计算机准确地计算出来的，例如，空间不同位置的两个全等三角形，由于所在的平面不同，图形自然有所不同；空间的两条垂线，反映在平面上，当然也不一定垂直，这些图形，在平时的学习中，只能象征性地画一下，谈不上准确。而在数学 CAI 课件中，所有图形的位置变换都是准确测算的结果，看起反而会有些“走样”。为了使学生看到“不走样”的图形效果而进行艺术加工，必须以不失去数学的严谨性、准确性为前提。此外，无论是数学的概念、定理、法则的表述，还是解题过程的展示，都要力求简洁、精练，符合数学语言和符号的使用习惯，做到数学学科特性和艺术性的融合统一。

（2）高校数学 CAI 课件制作的步骤。

第一，选择课件主题。课件的选题非常重要，并不是所有的高校数学教学内容都适合或有必要作为多媒体技术表现的材料，一般而言，选题时应注意以下方面：

一是，性价比。制作课件时应考虑效益，即投入与产出的比。对于那些只需使用常规教学方法就能很好实现的教学目标，或者使用多媒体技术也并不能体现出多少优越性的教学素材，则没有必要投入大量的精力、物力制作流于形式的 CAI 课件。

二是，内容与形式的统一。课件的最大特点是它的教学性，即对数学课堂教学起到化难为易、化繁为简、化抽象为具体等作用，避免出现牵强附会、华而不实的应付性课件，课题的内容选取时应做到：选取那些常规方法无法演示或难以演示的主题；选取那些不借助多媒体技术手段难以解决的问题；选取那些能够借助多媒体技术创设良好的数学实验环境、交互环境、资源环境的内容。

三是，技术特点突出。选择的课件主题应能较好地体现多媒体计算机的技术特点，突出图文声像、动静结合的效果，避免把课件变成单纯的“黑板搬家”或“教材翻版”式的电子读物，使数学教学陷入由“人灌”演变成“机灌”的窠臼。

第二，对课件主题进行教学设计。在数学 CAI 课件的制作过程中，教学设计也是一个重要的环节，主要包括教学目标的确定、教学任务的分析、学生特征的分析、多媒体信息的选择、教学内容知识结构的建立以及形成性练习的设计。

第三，课件系统设计。课件系统设计是制作数学 CAI 课件的主体工作，直接决定了课件的质量，具体包括以下环节：

一是，课件结构设计。数学 CAI 课件的结构是数学教学各部分内容的相互关系及其呈现的基本方式。设计课件的结构首先要把课件的内容列举出来，合理地设计课件的栏目和板块，然后根据内容绘制一个课件结构图，以便清楚地描述出页面内容之间的关系。

二是，导航策略设计，导航策略是为了避免学生在数学信息网络中迷失方向，系统提供引导措施以提高数学教学效率的一种策略。导航策略涉及方面包括：检索导航——方便用户找到所需的信息；帮助导航——当学习者遇到困难时，借助帮助菜单克服困难；线索导航——系统把学习者的学习路径记录下来，方便学习者自由往返；导航图导航——以框图的方式表示出超文本网络的结构图，图中显示出信息之间的链接点。

三是，交互设计。交互性是数学 CAI 课件的突出特点，也是课件制作需要重点关注的问题。一般可设计成以下多种类型的交互方式，主要包括：①问答型——即通过人机对话的方式进行交互，计算机根据用户的操作做出问题提示，用户根据提示确定下一步的操作；②图标型——图标可以用简洁、明快的图形符号模拟一些抽象的数学内容，使交互变得形象直观；③菜单型——菜单可以把计算机的控制分成若干类型，供用户根据需要选择；④表格型——即以清晰、明细的表格反映数值信息的变化。

四是，界面设计。课件的操作界面反映了课件制作的技术水平，直接影响课件的使用效果。界面设计时应该在屏幕信息的布局与呈现、颜色与光线的运用等方面加以注意：①屏幕信息的布局应符合学习对象的视觉习惯，各元素的位置应该是标题位于屏幕上中部；屏幕标志符号、时间分列于左右上角对称位置；屏幕主题占屏幕大部分区域，通常以中部为中心展开；功能键区、按钮区等放在屏幕底部；菜单条放在屏幕顶部。②屏幕上显示的信息应当突出数学教学内容的重点、难点及关键，信息的呈现可适当活泼。③颜色与光线的运用，应注意颜色数通的种类要恰当，光线要适中，避免色彩过多过杂，光线太过耀眼或暗淡；注意色彩及光线的敏感性和可分辨性对不同层次和特点的数学内容应有所对比和区分。一般而言，画面中的活动对象及视角的中央区域或前景应鲜艳、明快一些，非活动对象及屏幕的周围区域或背景则应暗淡一些；注意颜色与光线的含义和使用对象的不同文化背景及认知水平，若使用对象为高校生，课件屏幕则应简洁稳重为主。

五是，编写课件稿本。课件稿本是数学教学内容的文字描述，也是数学 CAI 课件制作的蓝本，稿本可分为文字稿本和制作稿本。文字稿本是按数学教学的思路和要求，对数学教学内容进行描述的一种形式。制作稿本是文字稿本编写制作时的稿本，相当于编写计算机程序时的脚本。

六是，课件的诊断测试。制作完成的数学课件要在使用前和使用后进行全面的诊断测试，以便进行相应的调整、修正，进一步提高课件的制作质量。诊断测试是根据课件设计的技术要求和设计目标来进行的，具体包括功能诊断测试和效果诊断测试，功能诊断测试包括课件的各项技术功能，如对教学信息的呈现功能、对教学过程的控制功能等，效果诊断测试是指课件的总体教学效果和教学目标完成的情况。对高校数学 CAI 课件的诊断测试评价标准具体见表 7-6。

表 7-6　高校数学 CAI 课件的诊断测试评价标准

评价标准的方向	具体内容
内容方面	课件中显示的文字、符号、公式、图表以及概念、规律的表述是否正确，呈现的数学知识及思想方法是否准确，对学生来说难度是否适当，问题的设置是否考虑了学生的最近发展区，是否具有教育价值等
教学质量方面	数学教学过程的展开逻辑上是否合理，信息的组织搭配是否有效，多媒体运用是否适当，课件能否有效地激发学生的兴趣和创造力，问题情境的创设是否具有启发性和引导性，对学生的回答是否能有效地加以反馈等
技术质量	操作界面设置的菜单、按钮和图标是否便于师生操作，各部分内容之间的转移控制设置是否有效，画面是否符合学生的视觉心理，课件能否充分发挥计算机效能，补充材料是否便于理解等

此外，数学 CAI 课件的制作形式应根据数学教学的具体内容特点灵活确定并选择。例如，从课件容量的大小范围而言，小的课件可能只是一个知识点或一种数学方法的介绍与解释，只需要播放或展示数分钟；而大的课件可

能涉及一个单元甚至整本教材，需要较长时间的连续性学习。

上述的几个环节只是大致说明了数学CAI课件制作的纲要框架。实际上，一个数学CAI课件的制作是动态生成的过程，在这一过程中，还会涉及许多不确定的因素，需要根据当场的现实情境具体问题具体分析。

（二）远程网络教学

随着网络技术的迅猛发展和广泛应用，网络教学作为一种新兴的教学模式逐渐兴起。网络教学为学生提供了一个广阔而自由的学习环境，通过网络平台，学生可以获得丰富多样的教学资源，并且突破了传统教学所受到的时空限制。这种新兴的教学方式对于现有的教学内容、教学手段和教学方法提出了前所未有的挑战，同时也为教育界转变教学观念、提高教学质量和全面推进素质教育带来了积极的影响。

1. 网络教学的特性

网络教学的兴起在教育领域引起了广泛的关注和讨论。它为学生的学习创设了广阔而自由的环境，并提供了丰富的资源，拓宽了教学时空的维度。以下将详细探讨网络教学的交互性、自主性和个性化特点，并阐述它们对教育的积极影响。

（1）网络教学的交互性是其重要特点之一。通过网络平台，教师和学生可以进行实时的互动和交流。教师可以通过在线讲解、演示和互动式课程设计，将知识以更生动和直观的方式呈现给学生。而学生可以通过网络平台提出问题、回答问题，与教师和其他学生进行交流和讨论。这种交互性促使学生更加主动参与学习过程，有利于深入理解和掌握知识。同时，教师可以根据学生的反馈和表现调整教学策略，提供个性化的指导和支持。

（2）网络教学强调学生的自主性。通过网络，学生可以根据自己的兴趣和学习需求选择学习资源，并自由地安排学习时间和节奏。网络平台提供了丰富多样的学习资源，包括教材、课件、在线视频、交互式学习工具等，学生可以根据自己的学习风格和节奏进行学习。这种自主学习的模式激发了学生的学习兴趣和自主性，培养了他们的学习动力和能力。网络教学还提供了在线测验和作业提交等功能，学生可以自主评估自己的学习情况，及时调整学习策略，并获得教师的个别化指导。

（3）网络教学注重个性化教育。通过网络平台，学生可以根据个人的学习需求和进度进行学习。网络教学提供了异步学习的机会，学生可以随时随地根据自己的时间安排进行学习，而不受传统教室和固定学习时间的限制。此外，网络教学还支持在线讨论和互动，学生可以在网络平台上与教师和其他学生进行交流，分享观点和经验。这种个性化的学习环境和教学方式，能够更好地满足学生的学习需求，激发他们的学习潜能，促进个性化教学和个体发展。

综上所述，网络教学的交互性、自主性和个性化特点为教育带来了积极的影响。它促使学生更加主动参与学习，培养了他们的自主学习能力和创新思维能力。同时，网络教学提供了丰富多样的学习资源和个性化指导，能够更好地满足学生的学习需求，促进个体发展。因此，教育界应积极探索和推广网络教学，为学生提供多样化、灵活性和个性化的学习体验，以推动教育的改革和进步。

2. 网络教学的模式

（1）网络教学的讲授型模式。利用互联网实现讲授型模式可以分为同步式和异步式两种：同步式讲授这种模式除了教师、学生不在同一地点上课之外，学生可在同一时间聆听教师教授以及师生间有一些简单的交互，这与传统教学模式是相同的，异步式讲授利用互联网的万维网服务及电子邮件服务进行教学，这种模式的特点在于教学活动可以全天 24 小时进行，每个学生都可以根据自己的实际情况确定学习的时间、内容和进度，可随时在网上下载学习内容或向教师请教，其主要不足是缺乏实时的交互性，对学生的学习自觉性和主动性要求较高。

（2）网络教学的探索式教学模式。探索式教学的基本出发点是认为学生在解决实际问题中的学习要比教师单纯教授知识要有效，思维的训练更加深刻，学习的结果更加广泛（不仅是知识，还包括解决问题的能力，独立思考的元认知技能等）。探索学习模式在互联网上涉及的范围很广，通过互联网向学生发布，要求学生解答，与此同时，提供大量的、与问题相关的信息资源供学生在解决问题过程中查阅。

第四节　基于问题驱动的线性代数教学模式

一、基于问题驱动的数学问题与教学模式

（一）基于问题驱动的数学问题设计

问题驱动离不开课堂问题这一重要的载体，问题在数学的学习中有着举足轻重的作用。

1. 基于问题驱动的数学问题情境创设与运用

关于问题情境，目前出现的理解较多，概括起来有两大类：问题—情境，情境—问题。问题—情境是指先有数学问题，然后是数学知识产生或应用的具体情境；情境—问题是指先有具体的情境，由情境提出数学问题，为了解决问题而建立数学。其实，两种理解没有截然的区别，核心都是通过问题情境提出问题，情境与问题融合在一起，问题是教学设计的核心。

从教学内容而言，问题情境主要可以分为实际背景、数学背景、文化背景等。实际背景包括现实生活的情境数学模型（概念、公式、法则），数学背景包括数学内部规律、数学内部矛盾；文化背景可以分解为上面两类。从呈现方式而言，问题情境包括叙述、活动、实物、问题、图形、游戏、欣赏等。从所处的教学环节而言，问题情境包括引入新课的情境、过程展开的情境、回顾反思的情境等。

（1）问题的情境创设。现在越来越多的高校教师开始重视问题情境的创设，在创设问题情境时可以利用数学的特点，如历史悠久、丰富内容、广泛应用、现实背景、方法精巧等。

第一，贴近生活，创设亲近型情境。可以从高校学生日常生活出发，运用学生熟悉的素材来创设情境。课前教师可以和学生一起交谈，了解他们的日常生活情况，如家庭趣事、熟人熟事、校园生活、班级情况等。这类情境最易引起学生的共鸣。

第二，巧妙举例，创设载体型情境。教师可以通过举例子的教学方法，给出具体和恰当的实例，化陌生为熟悉，化抽象为具体，让复杂的事物简单化、

浅显化，学生更易读懂，能快速进入状态。

第三，善用对比，创设引导型情境。我们可以先给出一个错误的结论，从而引入正确的知识；或者提供可类比的情境，达到知识迁移的目的；或者创设有矛盾的情境，引起学生的认知冲突。

第四，活动演示，创设游戏型情境。结合教学内容，利用游戏、竞赛或演示文稿（PPT）的方式，促进学生在游戏型情境中主动发展。

（2）问题的情境运用。

第一，灵活创设情境。课前导入时不仅需要创设情境，课中也需要创设情境。

第二，把握展示时间。情境的展示时间不宜过长，一般控制在 5 分钟之内比较适宜，否则会冲淡教学主题。

第三，适当重复使用。重复使用可以提高使用率，在不同阶段使用同一个问题情境，必要时可以适当改造一下，不失为一种经济的做法。

第四，提高教学实效。创设情境最终是为了提高教学质量，更好地开展教学。情境的使用应该符合教学的实际需要，不能牵强附会。

2. 基于问题驱动的数学问题串的使用

（1）问题串使用的价值。所谓问题串，是指在学教学中围绕具体知识目标。针对一个特定的教学情境或主题，按照一定的逻辑结构而设计的一连串问题。问题串也称问题链，是指满足三个条件的问题系列：①指向一个目标或围绕同一个主题，并成系列；②符合知识间内在的逻辑联系；③符合学生自主建构知识的条件。在课堂教学中，针对具体的教学内容和学生实际，设置恰时恰点且适度合理的问题串，不仅可以引导学生步步深入地分析问题、解决问题、建构知识、发展能力，而且能优化课堂结构，提高课堂效率。

（2）问题串使用的感悟。

第一，问题串的设计要符合学生实际。创设与运用问题串是一种教学策略，其目的是启发学生自主建构知识。学生是活动的主体，问题串的设计当然需要适合学生的学情。一方面要符合学生的认知规律；另一方面要立足于学生的数学基础，分情况采用不同的问题串。对于基础比较薄弱的学生，在设计问题串时不可起点过高、难度太大，可以选取答案较单一、步子慢些的问题串。针对不同层次的学校与班级，即使是同一个主题设计的问题串，侧重点也应有所区别。

第二，问题串的设计要符合教学原则：一是问题设计难度应适宜。如果问题太简单，学生不用思考就可以得出答案，那么学生就会觉得没有意思。如果问题太难，学生就会回答不上来，这样容易挫伤学生的学习积极性。问题的设计应符合最近发展区原则。二是设计的问题要具有层次的递进性。问题与问题之间应有一种层层递进的关系，由易到难，由浅入深，引导学生深入地思考。三是问题串的设计要有明确的意图。问题串的设立要有明确的目标，通过解出一系列的问题串便可让学生自我建构出相关的数学概念或原理。四是问题的设置具有自然性。设计的问题要自然，不能让学生感觉过于生硬，太过突兀，琢磨不透是怎么想到这个问题的。

第三，问题串的设计要把握好“度”的原则。首先，把握好子问题的梯度与密度。梯度过大或者密度过小，容易造成学生学习上的思维障碍，不利于教学的顺利推进；反之，梯度过小或者密度过大，产生的思维量过小，会损害思维的价值。其次，要把握好问题的启发与暗示度。过度启发，暗示太多，学生主动思考得便少；启发太少，暗示不够，学生就回答不出来，课堂便不够活跃，也会影响教学效果。最后，要把握好问题的开放与封闭度。如果问题过于开放，则答案就会五花八门，甚至答非所问，可能教师都无法判断对错，难以对教学起到有效的引导；但如果课堂的提问枯燥乏味，学生的创新思维就得不到应有的锻炼，甚至导致学生对学习失去兴趣。

例如，在高校在线性代数教学中，可以利用“问题串—概念图”的方法。高校线性代数这门课程概念多，并且各知识点密切联系，由于概念众多，又特别抽象，在教学过程中会遇到一些困难，如何才能将零散的知识点系统完整化，形成有序的网络结构是线性代数教学过程中不可或缺的一个重要环节。在教学中，以有效的问题为引导，以概念图为思维图示化的数学教学策略可以有效地提高学生学习数学的效果，培养学生的逻辑思维能力等，在教学过程中教师可以逐层引入特殊的有趣的例子，启发学生主探究，进而独立提出新的问题，以特殊推导出一般情况。学生在不断思考发问过程中，能够实现对前面所学知识的整合，而清晰的关系图能够简洁明了地展示出新知识和已学知识之间的联系和区别，并且有利于学生将新旧知识链接成网状，降低学生在学习新知识时的焦虑感，大幅度提高学习的学习态度。

3. 基于问题驱动的数学问题思维价值提升

（1）整合优化碎问。对一些零碎的问题进行恰当整合，将问题的共同属性提炼出来，尽量把多个性质相同或相似的问题整合成一个大问题，这就是优化碎问的策略。问题变、少变整了，提示语素减少了，可以发散学生的思维。

（2）适当添加缀问。高校数学教学提问方式有许多种，难题浅问、浅题深问是常用的提问策略。对经典的不便轻易改动的浅问，可以在其后缀上一问，提升思维含量。教师要经采用恰当合理的缀问，既要保证问题前后的关联性，又要能引导学生积极参与到思考与探究过程中。

（3）适时进行追问。追问是高校数学课堂教学有效性的实用方法之一，教学中为能突出问题的价值，教师可以在解决问题的过程中适时地加以追问，通过追问挖掘出问题本身的价值，适时追问，可以提高课堂的教学效率。

（4）升华处可置问。当课堂进行到可以对相关知识点进行合理升华的时候，教师要及时置问，塑造研讨的课堂氛围。因此，教师在备课时就要深入挖掘教材，认真研究与考虑，在哪些地方升华，何时发出置问，查缺补漏。

（二）基于问题驱动的数学问题解决

除了好的课堂问题，问题价值的体现还要看问题解决的过程能否将其充分发挥出来，所以问题的解决也是课堂教学的重要环节。

1. 问题探究要建立在充分体验的基础上

如何有效开展课堂的探究活动的确是困扰广大一线教师的实际问题。从学生长远发展的角度而言，要经常组织一些课堂探究活动，但这样做会影响正常的教学进度，因为探究活动组织得不好就会出现冷场的现象。

（1）找准合适的探究切入点。在高校数学教学过程中，教师应尽量设置一些探究活动，使学生的学习过程成为在教师引导下的“再创造”过程。但抽象的思考往往会使学生感到无从下手，所以课堂探究活动必须依赖于直观的载体作为探究的切入点。

（2）确定给力的探究着力点。学生是探究的主体，让绝大多数学生能参与进来的探究才是真正的探究。所以问题的设计要从保护学生的积极性与提升学生的信心着手，不能刚开始就打击学生的自信心。为此，教师需要确定好探究着力点。探究宜从体验开始，让学生在体验中找感觉，并逐步感悟到其中的道理。

（3）突出切题的探究核心点。学生的探究活动应围绕一节课的核心内容展开，即通过问题的引导，要让学生自己能够建构出相关的概念或结论。

（4）挖掘隐含的探究活力点。有时，一个容易被忽视的内容也能激发学生的探究热情，增强课堂的探究活力。所以，作为教师，一方面要更新自己的教学理念；另一方面也要善于挖掘这样的探究活力点。

总而言之，只有让学生先行体验，课堂探究活动才能得以顺利开展。另外，在实施问题探究时，我们既要相信学生，更要了解学生和顺应学生。

2. 教师在问题解决过程中的角色与作用

在问题驱动下的课堂教学中，教师的主导作用不是削弱了而是提高了，其角色与作用主要体现在以下方面：

（1）营造氛围。问题驱动下的课堂教学是以学生主动参与学习为前提的，这有赖于团结互助的学习环境。为此。教师要营造民主、宽松、和谐的课堂氛围，以有利于学生主体的活化与能动性的发挥。

（2）调控启发。在课堂教学中，教师不仅要运用各种途径和手段启发学生的思维，还要能接收从学生身上发出的反馈信息，并及时做出相应的控制调节。对于学生普遍感到有困难的问题，教师要给予恰当的启发。

（3）个性化辅导。由于学生个体之间存在差异，在自主学习的过程中，某些学生可能会遇到各种困难。在这种情况下，教师可以提供个性化辅导。个性化辅导的过程需要体现出教师的关心和真诚，这有助于促进师生之间的沟通交流，形成民主和谐的课堂氛围。这种做法常常能够产生出意想不到的教学效果。

（4）及时反馈与评价。高校教师应当对来自学生的反馈信息进行及时而准确的评价。恰到好处的表扬和赞许能够强化学生的思维活动。而适度的批评或否定也能够及时纠正学生的错误思维。通过教师的反馈与评价，学生可以更好地了解自己的学习情况，认识到自己的优势和不足，并有针对性地进行调整和提升。

3. 数学课堂问题解决的方式与途径

问题解决通常是指按照一定的目标，应用各种认知活动，经过一系列的思维操作，使问题得以解决的过程。用认知心理学的术语表述，问题解决就是在问题空间中进行搜索，以便从问题的初始状态达到目标状态的思维过程。所谓问题空间，是指问题解决者对所要解决的问题的初始状态和目标状态，以及如何从初始状态过渡到目标状态的认识。因此，基于问题驱动的课堂教学中的问题解决，是指当教师或学生提出问题后，学生（或师生共同参与）思考问题、探究问题。直至解决问题的过程，通常要得到明确的答案与结果。

所谓课堂问题解决的途径与方式，即指在课堂教学中，当问题明确后，教师如何引导学生进入思维状态，问题的答案与结果如何展示。教师的角色与作用又是怎样的，怎样做才能尽可能地发挥学生的主体作用，如何处理比较有效等。在高校数学课堂上，课堂问题解决的途径与方式主要有以下方面：

（1）学生自主解决。学生在教师明确问题后，不依赖任何提示或指导，通过独立思考、自主学习、自我演算和独自探究等方式解决问题。这种方式包括集体回答、个别回答、学生板演、学生展示和投影成果等形式。

（2）师生共同解决。在师生共同解决的方式中，教师在明确问题后，学生通过独立思考和教师的启发相结合，最终解决问题。这种方式包括师回答生呼应、师启发生回答、生回答师追问、生回答师板书、生回答师纠错和生回答师改进等互动形式。

（3）学生合作解决。学生在教师明确问题后，先进行一段时间的独立思考，然后在小组内合作交流，直到解决问题。这种方式包括生回答生补充、生回答生纠错和生板演生纠错等形式。

综上所述，学生的独立解决、师生共同解决和学生合作解决是不同的教学方式。这些方式都能促使学生主动参与学习，培养他们的思维能力、合作能力和解决问题的能力。在教学实践中，教师可以根据具体情况选择合适的解决方式，以激发学生的学习兴趣，提高他们的学习效果。

4. 数学课堂问题解决的注意事项

在课堂问题解决的过程中，通常要注意以下方面：

（1）迟现课题。在新教授的课程中，太早出现课题就会对学生产生提醒，进而会减弱问题的研究功能。因此，在授课时应等到有关原理、观点产生之后再将课题逐渐展示出来。如果需要做课件，在开头时也不应展示出课题。

（2）不要预习。如果是新授课程，因为学生进行课前预习，就会让学生在不恰当的时间说出新学的原理、观念，就会使知识的自然形成受到阻碍，并且学生还会在不动脑的情况下就会清楚问题的答案。故学生的预习不应被安排在新授课上。

（3）明确问题。如果需要取得探索的成效，则教师应吸引学生的注意，例如，“请思考问题……”或者“请同学们回答一下这个问题”等；同时，教师的问题应该显眼明了，表述时应简洁精炼，不重复，尽可能使用投影展现问题。

（4）充分思考。教师在给出问题之后，务必给学生充足的时间让其思考，通常来说，值得探索的问题一般思考时间都大于20秒钟。在学生进行思考时，应尽可能地不去提醒。免得约束学生的思想。如果是合作学习，那么应给学生单独思考的时间，然后再进行合作交流。

（5）及时评价。教师应及时对学生的答复作出评价。教师不仅需表明学生的回答是否正确，还需要深入地点评其思维状况。例如，学生的思想是否可行、是否恰当等。并且，教师应该从勉励的角度去肯定学生的想法。

（三）基于问题驱动的数学课堂教学实践

1. 基于问题驱动教学实践的注意事项

问题在数学中的重要作用是人尽皆知的。有了问题，思维才可以创新；有了问题，思维才拥有动力；有了问题，思维才有了方向。所以，教师在教学时，需要依照教学的内容、学生的认知规律去制造问题，充分发现问题的思维价值，运用问题激发潜能，使学生在问题中强化理解；运用问题促使知识增加，使学生在问中探索；运用问题展现思想，使学生在问中领悟。

（1）设计引导问题，加快知识生长。数学的概念多数较为抽象，入门者有时候会觉得内容较为费解、概念来得太过突然，知识是逐渐形成的，能力的不断提升与知识的不断累积过程是学习的过程，高校学生在原有的基础上才能学习新的知识，对于新知识的理解是渐渐从零碎至完整、从朦胧至清楚，并能汇入原有的知识体系中。建构主义认为学习是学生经验体系在特定环境中由内向外的形成，以学生原有知识经验为基础来完成知识的架构。因此，教师在日常的教学中，倘若注重发现知识的自然性，使新知识能够在以往的知识中显现出来，就显得非常自然、容易被学生理解了。

实际上，学生在理解新知识时，并不缺乏所必需的已有经验和知识，然而学生却不能积极主动地架构出新知识，这关键在于他们缺少所必需的问题去指引。故数学新授课的关键就在于教师需要设计出一系列适合的问题去指引学生来探究，推动新知识在学生原有的知识中自然形成。

（2）明确生成问题，激发智慧潜能。数学教育需培养学生主动解决问题、思考问题、提出问题的习惯，然而，探索问题经常比解决问题更关键，因此，新课程提倡的重要的教学理念就是问题的动态生成，这应是我们主动追求的境界。因此，有三个方面是教师在授课中必须去做的：①需确立“一帆风顺、风平浪静的课程不一定是好课”的理念；②积极主动地创造机会让学生提问，激发出学生的内在动力、质疑问题的勇气；③充分探究学生的疑问，并得出清晰的结论，使学生在问题中不断成长。

（3）提炼核心问题，显现研究思想。人类的思想是促进人类社会进步的动力源泉。同样思想的支撑、引领也能够推进数学的发展，该思想不仅指详细的数学思想，还指哲学思想、行动策略、研究策略等。唯有提取每堂课的关键问题才能够有效地显现这些主要思想，使学生能够在相关问题和问题的解决中体会其思想，这是可以大力推崇的做法。

2. 基于问题驱动教学实践的内容

（1）数学复习课的问题设置。

第一，设置递进性问题。一是运用递进性问题去总结知识的产生过程。高校部分学生对定理、法则、公式、概念等的了解不是非常深入，故教师在高校的数学复习课上，应设计出递进性的问题，展现出知识的产生原因，显现出他们的探索思想。二是运用递进性的问题固化常规的解题想法。多数学生在数学一轮复习中，对常规问题的解决还是十分费解的，这个时候就应设计递进性的问题，让学生固化常规的一些解题想法，形成有规律的解题思路。

第二，设置对应性问题。一是利用对应性问题促进学生对概念的理解。解题的出发点就是数学概念，高校数学教师在复习时，应设计相关的问题去推动学生对于这些概念的认识，并且这些问题应和知识相对应。二是运用对应性的问题推进体系方法的建立。教师在数学复习课上，对于解题方法较多的问题，应采用和每一种解法相应的题目逐一给出，进而架构出较完整的体系方法。

第三，设置回望性问题。教师在数学复习课上解答完问题之后，或是在课程的结束之后，可以用问题来指引学生去回忆课程，让其对相应的注意点、解题技巧、思想方法等进行总结概述、归纳等。

总而言之，教师在数学的复习课上运用问题驱动的方法具备增强师生互动、进行提炼总结、能明确思考方向、可显化教学目标等优势，可有效提升复习效果。

（2）数学课堂教学的提问环节。以高校数学数列极限这一节教学为例剖析高校数学课堂教学的提问环节。

第一，创设情境。在数学教学中，创设情境是一种有效的教学策略。教师可以通过使用具体的实例、图像、实物或实际应用来创造一个与学生生活经验相关的情境，以激发学生的兴趣和好奇心。例如，在教授几何知识时，教师可以使用实际建筑物的图片或模型，让学生在直观的情境中理解几何形状和关系。创设情境可以帮助学生建立起对数学概念的直观感受，并将抽象的数学知识转化为形象化的理解。

第二，确定任务，提出问题。问题在数学教学中具有重要的作用。教师应该根据教学目标明确提出与知识、技能和思维发展相关的问题，引导学生进行探究和解决问题的过程。问题的提出需要与学生的认知水平和学习需求相匹配，既能够挑战学生的思维，又能够激发学生的学习兴趣。通过提出问题，学生被激发主动思考和探索，从而积极参与到学习中来。

第三，自主学习、协作学习。在网络教学环境下，学生可以通过自主学习和协作学习来深化对数学知识的理解。自主学习强调学生的主动性和自主选择，学生可以根据自己的学习需求和兴趣，在网络中寻找适合自己的学习资源和学习路径。同时，协作学习也是重要的学习方式，学生可以通过网络工具与同学进行交流和合作，共同解决问题和探讨数学概念。教师在这个过程中充当着指导者和促进者的角色，提供必要的指导和支持。

第四，效果评价。对学习效果的评价是教学过程中不可或缺的一环。评价应该包括对学生当前任务完成情况的评价，以及对学生自主学习和协作学习能力的评价。教师可以通过观察学生的表现、收集学生的作品和解答、进行个别或小组讨论等方式来评价学生的学习效果。此外，学生之间也可以进行互评和自评，通过对彼此作品和解答的评价和反思，共同完善和提升学习成果。评价的目的是帮助学生发现自己的学习不足，促进其进一步的学习和发展。

总而言之，以上关键点强调了在数学教学中创设情境、提出问题，引导学生进行自主学习和协作学习，并进行有效的评价。这些教学策略和方法旨在促进学生的认知发展、培养学生的问题解决能力和合作能力，以及提升学生对数学知识的理解和应用能力。网络教学环境为实施这些教学策略提供了更广阔的平台和丰富的资源，有助于推动数学教学的创新和提高教学质量。

二、基于问题驱动的线性代数教学模式设计

线性代数作为一门重要的基础理论课程，被广泛应用于各个领域，包括自然科学、社会科学和管理科学等，对于高等工科院校本科各专业的学生来说，它是必不可少的基础知识。“线性代数是讨论线性关系经典理论的课程，主要培养学生的计算能力，抽象思维能力以及逻辑推理能力，并为学生学习后继课程打下必要的代数基础”[①]。在线性代数教学中，除了进行基础知识的传递外，还需要展现线性代数知识在实际问题中的应用，在提倡素质教育的今天，后者显得更为重要。

问题驱动下的教学模式是指基于一个实际问题，引出基本概念，然后进行推理分析，得出结论或公式，最后再用所学知识解决实际问题。以下结合线性代数课程内容的特点，给出两个具体的问题驱动下的教学片段设计。

（一）方阵的特征值和特征向量

在讲解方阵的特征值和特征向量的时候，首先可以提出以下实际问题：

设由二阶方阵 B_2 所确定的 2 输入 2 输出的线性系统：$Y = BX$，$B=\begin{pmatrix}3 & -1\\ -1 & 3\end{pmatrix}$ 当输入信号 $u=\begin{pmatrix}1\\1\end{pmatrix}$，此信号经过以上线性系统后输出的结果为 $Bu=\begin{pmatrix}2\\2\end{pmatrix}=2u$，显然信号被放大了两倍；但是，当输入另外一个信号 $v=\begin{pmatrix}1\\0\end{pmatrix}$，此信号经过以上线性系统后得到的结果为 $Bv=\begin{pmatrix}3\\-1\end{pmatrix}$，显然此信号并没有成比例地变化。

根据定义，显然实际问题中的信号 u 是二阶方阵 B_2 对应于特征值 2 的特征向量，而要求解的实际问题其本质就是求 B_2 的特征值和特征向量。但是，如何来求解特征值和特征向量呢，自然地，接下来根据定义推导出特征值和特征向量的求法。求方阵 A 的特征值就是求 A 的特征方程 $|A-\lambda E|=0$ 的根，求 A 的对应特征值 λ 的特征向量就是求齐次线性方程组 $(A-\lambda E)x=0$ 的非零解。最后，利用求解特征值和特征向量的方法来求解实际问题，即经过线性系统后会成比例变化的信号以及对应的比例数。

① 吴国丽．问题驱动下的线性代数教学模式研究［J］．教育现代化，2017，4（29）：127.

（二）矩阵的对角化

矩阵的对角化是在学习了方阵的特征值和特征向量之后学习的内容，所以可以在回顾完特征值和特征向量的知识后，提出以下实际问题：

为了定量分析工业发展与环境污染的关系，某地区提出如下增长模型：设 x_1 为该地区目前的污染损耗，y_0 为该地区目前的工业产值，以 4 年为一个发展周期，一个周期后的污染损耗和工业产值分别记为 x_1 和 y_1，它们之间有以下关系：

$x_1 = \frac{8}{3}x_0 - \frac{1}{3}y_0$，$y_1 = -\frac{2}{3}x_0 + \frac{7}{3}y_0$，其矩阵形式可写为：$\begin{pmatrix} x_1 \\ y_1 \end{pmatrix} = \begin{pmatrix} \frac{8}{3} & -\frac{1}{3} \\ -\frac{2}{3} & \frac{7}{3} \end{pmatrix}\begin{pmatrix} x_0 \\ y_0 \end{pmatrix}$，

又可记为 $\alpha_1 = B\alpha_0$，其中 $B = \begin{pmatrix} \frac{8}{3} & -\frac{1}{3} \\ -\frac{2}{3} & \frac{7}{3} \end{pmatrix}$，$\alpha_0 = \begin{pmatrix} x_0 \\ y_0 \end{pmatrix}$ 称为当前水平，$\alpha_1 = \begin{pmatrix} x_1 \\ y_1 \end{pmatrix}$ 称为一个周期后的水平。思考问题：第 k 个周期后的污染损耗和工业产值是多少？

问题分析：设 x_k 和 y_k 为第 k 个周期后的污染损耗和工业产值，令 $\alpha_k = \begin{pmatrix} x_k \\ y_k \end{pmatrix}$，则 $\alpha_k = B\alpha_{k-1}$，由于 $\alpha_k = B\alpha_{k-1} = B^2\alpha_{k-2} = \cdots\cdots = B^k\alpha_0$，由此可建立数学模型：$\alpha_k = B^k\alpha_0$。显然，问题的求解取决于 B_k 的计算，但是，如何能够简单地求出 B^k 呢？这就是这一小节要探讨的问题。

首先可以回忆易于计算 k 次幂的对角矩阵 $\ddot{E} = \begin{pmatrix} \ddot{e}_1 & & & \\ & \ddot{e}_2 & & \\ & & \ddots & \\ & & & \ddot{e}_n \end{pmatrix}$，易知，$\ddot{E}^k = \begin{pmatrix} \ddot{e}_1^{\,k} & & & \\ & \ddot{e}_2^{\,k} & & \\ & & \ddots & \\ & & & \ddot{e}_n^{\,k} \end{pmatrix}$；又由于若 $Q^{-1}AQ = \Lambda$，Q 为可逆矩阵，则可得 $A = Q\Lambda Q^{-1}$，再根据矩阵的乘法运算可得 $A^k = Q\Lambda^k Q^{-1}$。可见，如果存在可逆矩阵 Q，使得 $Q^{-1}AQ = \Lambda$，则求 A 的 k 次幂就可以转化为求 Λ 的 k 次幂，从

而使运算简化。那么满足 $Q^{-1}AQ=\Lambda$ 的 A 和 Λ 是什么关系呢，由此引出相似矩阵的概念：设 A、B 都是 n 阶方阵，若存在可逆矩阵 Q，使 $Q^{-1}AQ=B$，则称矩阵 A 和 B 相似，对 A 进行运算 $Q^{-1}AQ$ 称为对 A 进行相似变换，可逆矩阵 Q 称为相似变换矩阵。若 A 相似于对角阵 Λ，则称 A 能对角化。

但是，方阵 A 满足哪些条件才能对角化，可以根据定义可推出 A 能对角化的必要条件，然后利用反推法证明必要条件其实也即为充分条件，从而得到 n 阶方阵 A 能对角化的充分必要条件：A 有 n 个线性无关的特征向量。同时，从推导过程可总结出与 A 相似的对角矩阵 Λ 就是由 A 的 n 个特征值作为对角元素所形成的对角阵，而矩阵 Q 是由 n 个线性无关的特征向量作为各列形成的可逆矩阵。

在实际问题的驱动下，逐步展开教学内容，最后再以所学知识解决实际问题，这种问题驱动式教学模式不仅能够展现线性代数知识在实际问题中的具体应用，而且能够引起学生学习线性代数的兴趣，使学生在提高逻辑思维能力的同时，也增强了解决实际问题的能力。

第五节　基于数学文化观的高等数学教学模式

数学作为一门科学，不仅在人类社会的发展中扮演着重要的角色，而且具有深厚的文化价值。数学不仅仅是一种学科，更是一种思维方式和解决问题的工具。数学文化的渗透需要培养学生的应用能力、思维能力和创新能力，以综合提高他们的数学素养。在数学学习中，创设情境是非常重要的。通过教师创设与现实相似的情境，让学生在直观、形象的教学情境中进行学习，可以激发学生的联想和认知结构，使他们能够更好地理解和应用数学知识。另一方面，数学与其他文化领域有着密切的关联。数学不仅仅是研究数量关系的学科，它对人的思维和思想产生着潜移默化的影响。数学与科学技术、哲学、艺术以及日常生活相互渗透、相互依存、相互发展，与社会的发展密切相关。因此，数学教育需要关注数学与其他文化领域的交叉融合，培养学生对数学的综合理解和应用能力，使他们能够将数学知识与其他学科和生活实践相结合。

在新的时代背景下，教育者应树立数学文化观念，将其作为指导高等数学教学的理念，以推动数学教育的改革。这一观念强调数学学科的文化内涵和应用性，要求教师不仅仅传授数学知识，更重要的是培养学生的数学思维和创新能力。为此，需要改变传统的教学模式，构建以数学文化观为基础的新教学模式。这种模式包括创设情境、触动人文、氛围营造、数学化思考、深化应用和提升素养等环节，以激发学生对数学的兴趣和学习动力。同时，教师要注重对学习效果的评价，包括对学生当前任务的评价以及对学生自主学习和协作学习能力的评价，以便不断调整教学策略，促进学生的全面发展。

通过在高等数学教学中引入数学文化观念和新的教学模式，我们可以为学生提供更具有挑战性和启发性的学习环境，激发他们对数学的兴趣和学习动力，培养他们的数学思维和创新能力，为他们的终身学习打下坚实的基础。同时，数学文化的传承和发展也将得到有效的推动，为社会的进步和发展做出更大的贡献。

第一，数学作为人类社会发展中不可或缺的重要组成部分，具有极其重要的作用和文化价值。它不仅仅是一门单纯的科学，更是一种人们学习和生活必需的工具，代表着人类发展过程中形成的宝贵文化。为了将数学文化渗透到实际教学过程中，传授数学知识不再是唯一目标，还需要通过数学文化的熏陶，培养学生的应用能力、思维能力和创新能力，综合提高学生的数学素养。数学不仅研究现实中的各种数量关系，还对人的思想和思维等方面产生着潜移默化的影响。从这一角度来看，数学是一种文化，与其他各类文化一同构成了人类现代文明。数学与社会的发展密切相关，与科学技术、哲学、艺术以及人们的日常生活相互渗透、相互依存、相互发展。从技术和思维层面看，数学为人类社会的发展（包括文化和经济等方面）提供了技术和方法支持，促进整个人类社会的进步和发展。因此，在新时代背景下，教育者必须树立起数学文化观念，以此来指导高等数学教学。

第二，教学模式既是一种理论，也是一种教学方法。从理论角度出发，教学模式介于教学理论和教学实践之间，是对如何向受教育者传授知识的方式的思考和总结。在当前数学学习缺乏兴趣的现状下，数学教学改革势在必行。为推动高等数学教学改革，我们需要关注数学知识来源的剖析和数学知识的应用，改变原有的教学模式，构建一种以数学文化观为基础的新教学模式。这种新模式应当包括创设情境、触动人文、营造数学学习氛围、激发数学化思考、深化应用和提升数学素养等环节。通过创设情境和触动人文，引入问题和故事背景等情境创设，使学生能够亲身经历知识的发现过程，理解数学知识的来源和应用，从而体会数学的文化价值和对社会发展的重要推动作用。同时，在教学过程中营造良好的数学学习氛围，让学生积极参与和主动构建自己的认知，教师需要有目的地引导学生，提供各种情境，促使学生运用所学知识，增强数学思考能力，提升数学素养。

第三，除了创设情境和触动人文，新的教学模式还应注重深化应用和提升素养。学生需要将所学的数学知识应用于解决实际问题，培养数学意识、数学思想、实践意识和实践能力，从理论走向现实，提升学生的数学素养。教育者在教学过程中应注重讲解数学知识的来源和发展，培养学生的自主探究能力，引导学生形成数学思想和思维方式，使他们更好地接受数学文化的熏陶。通过以上关键点的实施，可以促进学生对数学的深入理解和应用，培养他们的创新能力和问题解决能力，以及与其他领域的交叉融合，为他们的终身学习和社会发展奠定坚实基础。新的教学模式将为高等数学教育注入新的活力，培养出更具有数学素养和创新精神的人才，推动数学教育的发展和社会进步。

第八章　数学文化融入高等数学课堂的构建策略

高等数学是一门逻辑性较强的公共基础课，其理论和方法被广泛应用于众多学科领域。数学文化融入课堂教学的策略，能够让学生在学习数学的过程中，不仅能够领略到数学文化色彩，还能细细品读到数学独特的文化品位，从而实现既培养了学生的数学素养，又提升了学生的文化素养。本章重点围绕数学文化融入高等数学课堂的意义、高等数学课堂教学效果的优化策略、高等数学课堂中渗透人文关怀的策略展开论述。

第一节　数学文化融入高等数学课堂的意义

高等数学是高等教育的基本课程，在高等教育中所发挥的理论和实际价值作用是突出的，高等数学课程教育具有不可替代性。

"高等数学课程价值和作用突出，但这门课程逻辑推理性强，相关内容设计很抽象，多数学生反应，学习高等数学困难较多。并且，在高等数学教育中，填鸭式的教育现象很普遍，教师只重视数学理论知识的讲解，不重视引导学生进行知识的应用"[①]。教学的重点通常是向学生讲解晦涩难懂的数学概念、定理等内容，然而这种教学方式往往会导致学生对数学课堂感到枯燥乏味，难以理解高深的数学教育内容，并未真正体会到数学的魅力。这种现象不仅影响了学生对数学学习兴趣的培养，也影响了学生数学素养的提升。

① 胡莉莉．数学文化渗入到高等数学课堂的策略研究［J］．才智，2018（14）：97.

在高等数学教育中，若能够融入数学文化，将更有利于激发学生的数学学习积极性。通过将数学文化渗透到教学中，学生能够感受到数学知识是有温度和情感的，从而真正领略到数学的内在美，促进对数学知识和技能的全面深入认识，有助于提升高等数学教学的质量。因此，在高等数学教育中，重视数学文化的传播是至关重要的。

在数学课堂中融入数学文化，能够使学生在学习数学知识和技能的过程中，受到文化的感染并产生共鸣。通过探索数学知识的奥妙，学生能够感受到数学的文化品位，认识到社会文化与数学文化之间的有效联系和相互促进的作用。将数学文化融入高等数学教育中，是数学教育发展的必然趋势，也是提升学生文化品位的需要。因此，如何更好地渗透数学文化成为高等数学课堂中的重要研究课题。

作为数学教育者，在实践过程中，应从数学文化的概念、特征和价值出发，积极探索数学概念的来源和背景，积极展示数学家的生活和思想。通过这种方式将数学文化融入教学，使学生能够体会到社会与数学文化之间的互动，产生文化上的共鸣，从而有效拓展学生的思维和认识，激发学生学习数学的内在激情。数学教育者在融入数学文化的过程中扮演着重要角色，他们应该引导学生走近数学的文化内涵，从而提升学生对数学的理解和兴趣，推动高等数学教育的发展。

第二节　高等数学课堂教学效果的优化策略

高等数学是大学教育体系中的重要构成，广泛应用于计算机、人工智能、经济学、天文学、力学、工程学等领域，是大学生知识和能力培养体系中的重要组成部分。“在高等数学教学中，不仅要完成知识的传授，更应该加强对学生数学思维的培养，有效提升了教学质量和教学效果”[①]，具体从以下方面着手：

第一，融入数学史的学习，可以为高等数学教学注入活力和趣味。数学

① 佟珊珊，陈森，路宽．高等数学教学效果优化策略研究［J］．黑龙江科学，2021，12(11)：13.

史是研究数学发展和规律的一门学科，通过介绍数学家的轶事和数学定理的发展历史，可以为课堂增添生动的元素，激发学生的学习兴趣。当学生了解到数学的发展不仅是一系列公式和定理的堆砌，而是众多数学家智慧的结晶和探索的历程时，他们对数学的认识将更加全面和深入。此外，通过学习数学史，学生还能够认识到数学来源于生活，是认识世界的重要工具。他们会明白数学不仅仅是为了应付考试或解决特定问题，而是一种思维方式和一种文化传承。通过融入数学史，学生能够感受到数学的丰富内涵和魅力，进而培养对数学的兴趣和热爱。

第二，结合问题驱动教学模式，可以激发学生的主动性和探索精神。问题驱动教学模式是一种以问题为导向的教学方法，通过设立一系列环环相扣的问题，引导学生主动分析问题、解决问题，并在这个过程中掌握新知识。在高等数学中，许多概念和定理的得出都是受到问题的驱动而展开的猜想、假设、推理和验证。因此，在教学过程中采用问题驱动的教学模式，有助于提高学生的学习热情和学习动力，培养学生自主学习的能力，善于探索和勇于实践。通过面对问题的挑战和解决问题的过程，学生能够主动思考、探索和发现，培养出批判性思维和创新能力，同时提高对数学知识的理解和运用能力。

第三，有效利用思维导图，可以帮助学生建立知识的整体框架，提高对高等数学的综合认识。在学习高等数学的过程中，学生往往能够掌握单一的知识点，但很难建立起各个章节之间知识点的联系。这导致在解题过程中，学生的思维可能局限于局部，缺乏灵活性和拓展性。为了解决这一问题，教师可以在复习总结时运用思维导图的工具，建立各章节知识点的框架，帮助学生建立一条能够贯穿各章节的知识线。通过思维导图，学生可以清晰地看到不同知识点之间的相互联系和依赖关系，加深对知识体系的理解和记忆。这种综合性的认识有助于学生在解决问题时能够灵活运用各个知识点，培养出更强的数学思维和解决问题的能力。

第四，注重理论与实际相结合，可以增强学生对高等数学的学习兴趣和应用能力。高等数学虽然具有一定的抽象性，但其来源于实际问题，是对实际问题探索的成果。因此，在教学过程中，教师应重视抽象理论知识在实际问题中的应用，并与实际问题进行结合，使学生能够更好地理解和应用所学的数学知识。除了进行理论知识的讲授，教师还可以引入实际问题，讨论并探究其中的数学原理和方法。通过与实际问题的联系，学生能够更加深入地理解抽象的数学概念和定理，并将其应用于实际场景中。这样的教学方法有助于培养学生解决实际问题的能力，拓展学生的数学思维，同时也增加了学生对数学的兴趣和动力。

综上所述，通过融入数学史的学习，结合问题驱动教学模式，有效利用思维导图，以及注重理论与实际相结合，可以促进学生对高等数学的深入学习和应用。这些措施不仅能增强学生的学习兴趣和动力，培养他们的自主学习和问题解决能力，还能加强数学知识的整合和综合运用能力。同时，与实际问题的联系可以拓展学生的数学思维，使他们更好地理解数学的实用性和重要性。这样的教学方式和方法将为学生的数学素养和终身学习奠定坚实的基础。

第三节　高等数学课堂中渗透人文关怀的策略

"高等数学教学除了重视知识技能的传授，还应注意融入数学文化，从人文关怀的角度培养大学生的数学素养，为提高大学生的综合素质奠定基础"①。在高等数学教学中体现人文关怀，强化文化育人可以采取以下策略：

一、从哲学层面揭示基本思维方法，提升学生思维层次

高等数学是一门描述和研究变量的科学，它通过研究运动变化和相互联系的对象，揭示了自然界中的数学规律和关系。哲学则致力于研究整个世界的普遍本质和规律，认为世界处于永恒运动和普遍联系之中。在高等数学和哲学之间存在着内在的联系和相互依存，为提升学生思维层次提供了重要途径。特别是微积分理论在高等数学中具有重要地位，体现了高等数学与中等数学思维和方法的区别，同时蕴含着深刻的哲学思想。在教学中，揭示微积分方法的哲学内涵对于培养学生的思维能力具有积极意义。微积分思想中蕴含着对立统一、质量互变和否定之否定等哲学原理的体现。通过教学，学生可以领悟到矛盾的辩证关系以及事物相互转化的规律。在对立统一、量变与

① 冯再勇，张珺，曹亚萍．高等数学课堂中渗透人文关怀的策略探讨［J］．淮北职业技术学院学报，2014，13（5）：49.

质变、否定之否定等概念中，思想交融、观念启发和方法借用成为教学中的重要策略。微积分思想不仅是高等数学的重要组成部分，也是认识自然界普遍规律的基础。通过微积分的学习和应用，学生可以深入理解自然界中的变化和相互关系，并通过数学方法加以描述和解决。这种思维方式培养了学生的分析、抽象和推理能力，使他们具备了理解和解决实际问题的能力。此外，微积分思想的应用不仅局限于数学领域，还广泛渗透到其他科学领域，如物理学、经济学等，进一步展示了数学与其他学科的紧密关联。

二、传承数学史与数学家精神，弘扬学生优秀品格

高等数学领域涉及的数学概念和定理背后蕴含着丰富的数学文化内涵，其中包括数学史、数学家的精神等。这些文化元素不仅传承了数学本身的文化价值，也展示了数学家们卓越的人格魅力。举例来说，洛尔定理是高等数学中基本的中值定理之一。然而，这个定理背后隐藏着一个富有意义的故事：最初，洛尔只是针对多项式函数提出了这个定理，而他本人却是微积分领域的反对者。然而，100多年后的1846年，尤斯托将这一定理推广到可微函数，并将其命名为洛尔定理，以对洛尔的贡献表示敬意。尤斯托的伟大之处在于他对公正的敬畏，这在将洛尔的名字永远与该定理联系在一起时得到了充分体现。此外，数学家们共同具备的品质，如善于发现的眼光和追求真理和美的情操，是多样化的，但彼此之间相互呼应。这些数学文化内涵与社会主义核心价值观相辅相成，成为提升学生品格和塑造健全人格的宝贵财富。

三、借鉴人文艺术，拓展学生的审美修养

在高等数学课堂中，我们不仅仅关注数学的知识和技能的传授，还应该注重拓展学生的审美修养。能否感知与欣赏美，反映出一个人的素养、情操、品位和境界的高低与否。因此，在教学过程中，我们可以借鉴人文艺术的精华，不失时机地引领学生去”发现”那些具有独特数学味道的人文艺术佳作，这对于大学生的精神和心灵将起到潜移默化的陶冶作用。例如，在文学方面，我们可以欣赏古诗《山村咏怀》中的一段描写：“一去二三里，烟村四五家，亭台六七座，八九十枝花。”这首由宋代邵雍创作的古诗非常巧妙地将数字融入诗歌之中，使作品增色不少。通过这样的引导，我们能够让学生在诗歌中感受到数学的美妙，同时培养他们对数学元素在艺术作品中的敏感度和欣

赏能力。

综上所述，数学不仅仅是一门科学，更是一种先进的文化形式。因此，在高等数学课堂中，我们有心地利用机会，创造条件来进行数学文化的渗透。通过人文关怀，让大学生能够感受到文化的熏陶，从而潜移默化地改变他们对数学的观念和态度。这样的教学方法可以帮助学生全面发展，不仅在学术上提升他们的数学思维和技能，同时也有助于培养他们的审美素养和人格修养。通过数学与人文艺术的结合，我们能够提高学生的思维能力和审美素养。这样的综合素质培养将有助于大学生的个人成长和职业发展。因为除了掌握专业知识和技能，一个人的素养、情操、品位和境界同样重要。通过高等数学课堂中的人文关怀和文化熏陶，我们能够帮助大学生更好地理解和欣赏数学的美妙之处，进一步提升他们的思维和审美素养，从而全面提高他们的综合素质。因此，传播数学文化不仅是提升学生素养的重要基础，同时也是培养大学生全面发展的必要手段之一。在高等数学课堂中，我们应该有意识地利用机会，创造条件进行数学文化的渗透，通过人文关怀和文化熏陶，让大学生感受到数学的美妙，从而潜移默化地改变他们对数学的观念和态度。这样的教学方法有助于健全学生的人格，提升他们的思维和审美素养，从而提高大学生的综合素质，使他们在未来的学习和生活中能够更好地应对各种挑战和机遇。

第九章　数学文化融入高等数学课堂的教学实践

数学文化融入高等数学教学是各高校比较关注的问题，将数学文化真正贯穿于实际教学中，优化教学方式，把握数学文化的融入度。本章重点围绕数学文化在高等数学课程教学中的应用、数学文化在文科高等数学课程中的整合、大学数学教学中融入数学文化的实践、基于数学文化修养的高等数学教学实践进行研究。

第一节　数学文化在高等数学课程教学中的应用

在高等数学课程教学中，巧妙地融入数学文化的内容可以极大地促进学生的学习效果和发展。首先，融入数学文化可以提高学生的逻辑分析能力。数学文化不仅仅是数学知识的传承和发展，更是一种思维方式和解决问题的工具。通过引入数学文化的元素，如数学史、数学家的轶事、数学思想的哲学内涵等，可以帮助学生更深入地理解和运用数学知识，培养他们的逻辑思维和问题解决能力。其次，融入数学文化可以提升学生的学习兴趣。数学文化作为一种文化形式，具有丰富多样的表达方式和应用领域。将数学文化与数学课程结合起来，可以使学习过程更加生动有趣，激发学生对数学的好奇心和兴趣，从而提高他们的学习主动性和积极性。然而，当前的高等数学课程教学中存在着对数学文化内容关注不足的问题。一些教师过分强调理论知识和解题技巧的传授，而忽视了数学文化的引入。同时，学生也往往过于注重专业技术能力的培养，而忽视了人文素养的发展。这种局面与培养全方面人才的要求不相符合。因此，在今后的高等数学课程教学中，我们应当有意识地融入数学文化。可以通过引入数学史、数学家的思想与生平事迹、数学与艺术的结合等方式，将数学课程与文化元素相融合。这样做可以促进学生对数学的综合认识，拓宽他们对数学的理解，提高他们的思维能力和审美素养。同时，也能够培养学生的创新意识和终身学习能力，使他们成为具备全面素养的人才。

一、数学文化在高等数学课程教学中应用的价值

传统的高等数学课程教学过于注重公式定理、逻辑思维和解题技巧，忽视了数学文化的经验性、实践性和创新性。这种单一的教学模式无法全面培养学生的数学素养，因此高等数学课程教学应该更加关注学生的数学文化素养。数学文化不仅反映了数学的演变和人类社会的进步，还可以激发学生的学习兴趣，培养学科核心素养，提升学生数学知识的实践应用能力。

第一，融入数学文化可以激发学生的学习兴趣。传统的数学教学往往注重理论推导和应用技巧，缺乏趣味性和情感共鸣。然而，数学文化融入教学可以通过引入数学名人的故事、数学现象的解释、数学哲理的思考等方式，丰富课程内容，使学习过程更加有趣。学生们可以通过了解数学家的生平事迹和思考过程，感受到数学知识的魅力和价值，从而激发他们的学习欲望，提高学习的主动性和积极性。

第二，融入数学文化可以培养学生的学科核心素养。传统的数学教学过于注重计算和应用，往往无法满足培养学生创造性、发散性思维和良好学习习惯的目标。而数学文化素材的应用可以反映生活和人生哲理，传达思想观念和价值观念，对学生的学习态度和核心素养具有深远影响。学生们可以通过探究数学背后的文化内涵，体验数学与人类社会、自然界的紧密联系，进一步理解数学知识的内在意义，从而提高他们的综合能力和核心素养。

第三，融入数学文化可以提升学生数学知识的实践应用能力。高等数学教学的最终目的是让学生能够运用所学的知识解决实际问题。数学文化提供了一个真实可靠的应用场景，让学生在其中反复练习和应用数学知识和技能，从而使他们能够将数学学习融会贯通，提高实践应用能力。通过与实际问题的联系，学生们可以培养解决问题的能力和创新思维，将抽象的数学理论转化为实际应用的工具。

综上所述，高等数学课程教学应该巧妙地融入数学文化，以提升学生的

数学文化素养。这样做不仅能够激发学生的学习兴趣，培养学科核心素养，还能提升他们数学知识的实践应用能力，使他们更好地掌握和运用数学知识解决实际问题。通过数学文化的引入，高等数学课程可以更加综合、全面地培养学生的数学素养，让他们在数学学习中获得更丰富的体验和成长。

二、数学文化在高等数学课程教学中应用的途径

高等数学课程教学一直以来注重传授公式定理、逻辑思维和解题技巧等方面的知识，而忽视了数学文化的经验性、实践性和创新性。然而，单一的知识传授和技巧训练不能满足学生全面发展的需求，也无法激发学生对数学的兴趣和热爱。因此，在高等数学课程教学中，我们应该转变教学方式，将数学文化纳入其中，以提高学生的学习兴趣和动力。

第一，教师在教学过程中应巧妙地融入数学文化知识。教师可以讲解数学家的故事和成就，介绍数学的历史发展和应用领域，展示数学在不同文化中的独特之处。通过这样的方式，学生可以了解数学知识的产生过程和背景，进一步认识到数学的重要性和应用价值，从而激发他们对数学的兴趣和好奇心。

第二，教学内容应丰富多样，拓展学生的知识面。传统的高等数学课程教学往往只关注抽象的理论知识，忽略了数学在实际生活中的应用。而通过引入数学文化知识，教师可以丰富教学内涵，拓展学生的知识面。例如，可以介绍数学在艺术、音乐、建筑等领域中的应用，让学生了解数学知识与其他学科的关联，培养他们跨学科的思维能力。同时，教师应注重培养学生的自主探究能力。在高等数学课程教学中，教师应以学生为中心，通过设计具有启发性的问题和案例，引导学生主动思考和探索。学生可以通过自主探究来归纳总结数学的规律和性质，培养他们发现问题、思考问题、解决问题、创造问题的思维模式。这种自主学习的方式不仅可以激发学生的学习兴趣，还能够培养他们的独立思考和解决问题的能力。

综上所述，高等数学课程教学应融入数学文化，以提升学生的学习兴趣和自主探究能力，丰富教学内涵，培养学生创新性数学思维和综合能力。数学文化作为一种具有深厚底蕴和重要价值的学科文化，对于数学教育具有积极的影响。通过引入数学文化，我们可以打破传统教学的束缚，激发学生的学习热情，培养他们的跨学科思维和解决实际问题的能力，为他们未来的学习和发展奠定坚实的基础。

第二节　数学文化在文科高等数学课程中的整合

数学文化不仅涵盖了数学科学的精神和思想方法，还包括与数学相关的人文成分，如数学家、数学史、数学美等。它是超越数学科学范畴的概念，包括数学的意识、心理、历史、事件、人物和数学传播的总和。“数学文化本身就是数学教学内容的一部分，它的融入有助于学生更好地理解所学的知识，更有助于培养学生的数学素质，从而终身受益”[①]。正因为数学文化的重要性，将其融入教学中是非常必要的，特别是在文科数学课程中更应该注重。通过在教学中渗透数学文化，可以丰富学生对数学的理解和认知，帮助他们深入领会数学的本质和应用。数学文化的融入不仅使学生对数学知识更有感受和共鸣，还能激发学生的学习兴趣和动力，培养他们的数学素质。

一、数学文化在文科高等数学课程中的整合内容

数学文化作为一种教学资源，具有丰富的内容和多样的形式，可以在高等数学课程的教学中通过多种方式渗透。首先，教师可以通过数学知识发展史的介绍，向学生展示数学的演变和发展过程，让学生了解数学的深厚历史背景。这样的教学方法可以让学生在学习数学知识的同时，感受到数学的持续进步和人类社会的发展。其次，教师还可以通过数学家的故事和趣话来渗透数学文化。通过讲述数学家们的故事，如阿基米德的发现、欧拉的奇妙证明，教师可以激发学生的兴趣和好奇心，让学生了解数学家们的创新精神和智慧。通过引入数学趣话，教师可以将数学知识与生活联系起来，增加学生对数学的亲近感和实际运用能力。除了以上方法，教师还可以通过学科渗透来融入数学文化。数学与其他学科之间存在着密切的联系，如数学与艺术、文学、哲学等。教师可以通过引入数学与艺术作品之间的关联、数学与文学中的数学元素、数学与哲学的思辨等，让学生发现不同学科之间的共通之处，拓展他们的知识面，培养他们的跨学科思维能力。

---

① 李红玲．数学文化在文科高等数学课程中的整合探究 [J]．西昌学院学报（自然科学版），2016，30（1）：142.

利用数学文化渗透的另一个重要方面是运用数学幽默来建构和谐的课堂氛围。数学幽默是一种特殊的表达方式，可以以轻松、风趣的方式让学生接触数学知识。教师可以选择与数学相关的笑话、谜语和材料，以幽默的方式呈现数学内容，增加课堂的趣味性和吸引力。这样的教学方法可以提升教师的教学艺术水平，让学生在欢笑中更好地理解和记忆数学知识。通过将数学文化与教学相结合，可以激发学生的学习兴趣和动力，丰富教学内容，培养学生的创新思维和综合能力。数学文化的渗透是一种教学策略，它不仅能够使学生对数学知识产生更深刻的理解，还能提升教学的趣味性和互动性，促进师生之间的良好关系。因此，教师在高等数学课程的教学中应积极探索数学文化的渗透方式。通过借助文学、幽默等手段，创造出活跃、和谐的课堂氛围，让学生在轻松愉快的氛围中学习数学。这样的教学方法能够激发学生的学习兴趣，促进他们对数学的深入思考和探索，提升他们的数学素质和创造力。数学文化的渗透具有深远的教育意义，它不仅能够培养学生的数学能力，还能够促进他们的全面发展，使他们成为具有创新精神和综合素养的人才。

二、数学文化在文科高等数学课程中的整合应用

在高等数学课程中，融入数学文化的内容对学生的学习效果和兴趣提升具有积极影响。以下是对关键点进行扩写的详细论述：

第一，位置合宜，事半功倍。数学文化的渗透应考虑合适的时间点。在教学过程中，可以选择在引入新知识、完成大段证明后或课程结束前，融入数学文化的内容。这样的安排能够让学生在理解数学知识的同时，通过数学文化的引入，更好地体会数学的历史渊源、应用领域和人文价值。合适的位置能够引起学生的兴趣和好奇心，提高学习的效果。

第二，长度控制，点到为止。在有限的教学时间内，应控制数学文化渗透的长度。尽管数学文化内容丰富多样，但教学时间有限，过多的数学文化渗透可能会占用过多的课堂时间，影响其他重要的知识点的教学。因此，教师在设计课堂时应把握好度，选择与教学内容相关且具有代表性的数学文化内容进行介绍，以点到为止的方式呈现。这样既能让学生领略到数学文化的魅力，又不会过分延长教学时间。

第三，技术结合，效果更佳。利用技术手段如 PPT 来呈现数学文化的内容可以增加课堂的多样性和吸引力。例如，当介绍数学家的故事时，可以配以相关的图片和音乐，使学生更加生动地了解数学家的成就和贡献。还可以

利用互联网资源，如在线视频、互动教学软件等，向学生展示数学文化的方方面面。技术手段的运用能够增强学生对数学文化内容的记忆和理解，并激发他们对数学的兴趣。

第四，寻找数学文化的途径。教师可以通过多种途径寻找数学文化的内容。首先，可以通过图书馆查阅数学史相关书籍，了解数学的发展历程和重要人物的故事。其次，可以关注高等数学的相关博客或论坛，与其他教师分享和交流数学文化的教学经验和资源。教师还可以查阅最新的学术文献或关注相关教育家的新书，以获取最新的数学文化内容。不断积累和更新数学文化知识，能够丰富课堂教学，为学生提供更多的学习资源和启发。

综上所述，数学文化的渗透在高等数学课程中具有重要意义。教师应注意选择合适的位置和适度的长度，结合技术手段进行数学文化内容的呈现。通过多种途径寻找数学文化的内容，可以丰富课堂教学，提升学生的兴趣和理解，从而推动学生在数学学习中取得更好的成果。

第三节　大学数学教学中融入数学文化的实践研究

一、大学数学教学中数学文化融入的概述

（一）大学数学教学中数学文化融入的必要性

数学是社会进步的产物，推动社会的发展。数学文化融入课堂改变传统的教学方式，结合学生在课堂中的实际情况引进新的教学方式，以便更好地激发学生的学习动机，充分发挥学生的主体作用，培养学生的逻辑思维。教师通过不断创新教学方式，提高课堂教学水平，确保教学质量。在大学数学课堂教学中充分融入数学文化，有助于教学理念的改革，不断提升学生对数学学习的热情和兴趣。

中国传统数学和古希腊数学都具有显著的差异，但都创造了重要的成就并具有巨大的价值。数学文化作为一种伴随孤立主义产生的现象，在其不断的发展过程中蕴含着丰富的内涵，成为人们生活中各种常识的一部分。然而，当数学文化被视为独立的部分时，其过度形式化可能会给人们留下错误的印

象，认为数学是天才想象的产物，其进步和发展与社会力量无关，数学所得出的真理无需实践验证。

在大学数学教学中，数学文化的作用非常重要，体现在两个方面。首先，数学教师可以通过融入数学文化，激发学生的学习热情和兴趣，从而提升课堂教学质量。通过采用多种教学方法，提高学生对学习的兴趣，可以借助多媒体呈现数学文化的视频和图片等内容，使课堂教学更加丰富活跃，易于引起学生的注意。教师应摆脱书本知识的束缚，通过实践活动培养学生的逻辑思维能力。其次，数学文化的融入有助于学生形成逻辑思维和创新能力。教师应与学生建立良好的关系，以平等为基础进行交流。大学阶段对学生形成逻辑思维能力至关重要，将数学文化融入数学课堂教学中可以促进大学生的逻辑思维和创新能力的发展。数学教师应设定明确的教学目标，并根据学生的实际情况制定个性化的教学方案，充分发挥数学文化的重要作用。

在教授课本内容时，大学数学教师应将数学文化融入其中，让学生了解数学的发展史，激发他们对数学学习的热情和兴趣。通过课堂学习，学生不仅可以掌握数学知识，还能对数学文化有一定的了解。例如，阿基米德是一位伟大的数学家，他在数学领域做出了杰出的贡献，他的手稿至今仍被保存着。许多数学家将阿基米德的原著手稿翻译成现代几何的形式。通过潜移默化地利用阿基米德的数学成就，可以让学生更好地认识数学，提高他们的数学知识。在设计实践活动时，数学教师应以学生的实际情况为基础。在开展课堂教学时，数学教师应融合数学文化，向学生介绍数学的发展史，并根据数学的发展进行考察、总结和评价。要将数学文化融入课堂，首先要向学生明确数学是一门应用推理和判断方法解决问题的学科。当前的教学改革更加注重学生的成绩和发展，要求教师注重自身教育水平的提升，不断创新课堂教学方法，使数学课堂教学理念更加有效。例如，学校可以组织各种形式的数学实践活动，如数独和填色游戏等，逐渐培养学生的逻辑思维能力，从而激发他们对数学学习的热情和兴趣。

在开展课堂教学时，高校数学教师可以增加关于数学历史的讲授，使数学文化更加丰富。例如，向学生们介绍各种数学知识，以中国人命名的数学研究成果、我国的各种数学成就、数学十大著名公式、有名的数学奖项等。在这样的教学方法的引导下，学生可以对数学的发展过程形成宏观的了解，通过对数学历史进一步地研究，他们深入了解和感知中外数学家取得的成就以及他们的人格魅力。学习数学发展史的重要意义在于，通过感知数学家的伟大思想，有助于学生学习数学发展的内在客观规律，指引数学进步的方向，预测数学未来的发展。

教师在课堂中要引导学生了解数学与其他学生存在的联系，可以在课堂中介绍物理学、天文学等重大发现都与数学息息相关。基于数学知识产生了牛顿力学、爱因斯坦相对论、量子力学等重大科研成果。基于数学技术的探索，形成许多现代的高新技术，如指纹存储技术、飞机模拟技术和金融财务风险分析等。如今，数学既可以依托其他学科开展科研，也可以将其直接应用到多个技术领域中。

总而言之，数学既可以当作文化语言，还可以当作思维工具。在大学数学课堂中融入数学文化，可以促进学生养成自主学习能力，学生通过自主学习掌握学习方法。教师适时开展课堂测试，这样可以发现和掌握学生当前的问题，从而指导学生进一步探究适合的学习策略。所以，数学教师应该持续不断地探索和发掘数学文化，大力发挥其在大学数学教学中的影响，促使越来越多的学生进行数学学习，不断提升数学文化价值。

（二）大学数学教学中数学文化知识的融入

1. 提升学生学习数学知识的积极性

开展高校数学学科的教学时宣贯数学文化，可以改变一言堂的教学模式，使大学生由被动学习知识变为主动学习，有助于他们更好地理解数学知识的内涵。大学生通过学习数学知识，在了解和掌握数学符号、图形的基础上，还要学会对数学知识点进行探索、剖析和思考，通过经验来理解数学知识。数学家们通过持之以恒的努力研究出数学的各种概念和公式，这些概念和公式凝结着数学家们智慧和毅力。教师在大学数学教学中普及数学文化，有助于大学生对数学的内涵进行更深入的探究，可以使大学生不断提高人文知识素养，增强其对数学知识的学习热情，有助于大学生的全面发展。

2. 加强学生知识运用的能力

在大学数学教学过程中普及数学文化，可以提高大学生的数学素养，提升大学生的数学思维技能。实际上，高校数学教学活动中宣贯数学文化，其最基本的教学目的是在教师的科学指导下，大学生在开展实践活动时可以更好地运用理论知识，提高他们运用数学知识的技能，使高校数学学科的教学质量不断提高。另外，数学文化在大学生进行数理化语英等学科知识学习时起到桥梁作用。所以，高校数学学科既是独立的，还与其他学科密不可分，在大学数学教学过程中普及数学文化，既能使大学生学会运用数学知识，还能提升大学生的综合能力和文化知识素养，有助于培养大学生健康的身心。

（三）大学数学教学中数学文化融入的路径

数学文化存在是以知识为载体的，呈现出逻辑化和抽象化特点，包含多种多样的数学思维方法，因此，大学生如果要学习与掌握数学知识，既需要对形式上的知识进行记忆，还需要领悟数学的思维模式、数学内在含义和数学的灵魂。所以，在高校数学学科教学过程中要普及数学文化，多讲解数学的内在含义、数学的历史和数学的发展过程，加强对抽象数学知识的讲解，培养和提高大学生的思维水平，使大学生提升运用数学知识的能力，达到高校数学教育的根本目的。例如，教师在教授数学概念时，首先应向大学生解释概念产生的背景，介绍概念的具体意义，其次向大学生提出具体的问题，引导他们进一步探索和分析知识，培养他们的思维能力，使他们领悟数学知识，真正地掌握所学的知识。

要想使高校数学教学彰显出普及数学文化的效果，首当其冲是使数学课程与其他学科课程加强联系，使大学生养成数学逻辑思维能力，使大学生应用数学的实践能力不断提高。事实上，数学课程并不是一门独立的学科，它与其他学科有着密不可分的联系，通过结合其他课程，可以不断提升大学生运用数学知识的技能。

第一，强化数学课程和科学知识之间的联系，自然科学与大学数学知识之间存在着联系，自然科学知识以数学知识为根基，对数学的研究不断深入，自然科学也随之不断丰富和发展，开展自然科学研究时最实用的工具是数学知识。在数学教学过程中，教师要以数学文化为抓手，指导大学生了解和感知数学知识赋予自然科学的力量，使学生们逐渐认识到数学知识与科学知识的联系，将数学知识与科学知识进行融合，促进大学生形成运用知识的技能。

第二，强化哲学知识与数学知识之间的联系，通过两者的结合，以数学文化为抓手，使大学生在感知数学知识的过程中，理解世界存在的各种客观规律，从而培养大学生的文化知识素养和综合素质。

总而言之，大学生应具备数学文化素养，在开展实践活动时能充分运用理论知识，在大学数学教学过程中融入数学文化，把数学教学过程归为文化范畴，通过指引大学生理解和感知数学文化内涵，强化他们对数学知识内容的理解，不断提高他们的逻辑思维能力，培养大学生形成数学思维，从而不断提高大学数学教学质量。

（四）大学数学教学中数学文化融入的策略

第一，将相关的数学史适时引入课堂，充分揭示数学的精神。数学精神实际上是指数学家在进行数学研究过程中所表现出的奋斗精神、求知精神、创新精神等。数学是一门相对抽象、复杂的学科，这也使数学的难度逐渐提升。例如，在日常教学中，部分学生对于数学已经产生了恐惧心理，尽管他们内心渴望学习数学，这就要求教师能够消除学生的顾虑，引导学生客观、正确地认识数学，通过对数学史的介绍，让学生感受到数学学习是一个曲折前进的过程，科学家也不例外，他们也是在一次次的成功与失败中，总结经验、不断前进，数学史能够激发学生学习数学的兴趣，充分调动学生学习的积极性与主动性，还能够培养学生的数学精神，对其今后的发展具有重要意义。大学数学更注重对问题的分析、理论的论证，让学生在实践中认识数学、学习数学，培养学生利用数学知识解决实际问题的能力，让学生在实践中提升自己、完善自我，树立积极向上的数学精神，敢于向权威挑战，不惧怕失败。解决问题的能力以及迎接困难的勇气对于大学生而言都显得尤为重要，数学课堂中既要传授专业知识，还要弘扬坚持不懈、勇敢拼搏等数学精神。

第二，重点传授数学思想，建立数学体系框架，学好数学、学懂数学的根本在于数学思想的应用，学生应当掌握基本的数学专业知识，养成良好的数学思维，不断提升自己利用数学解决实际问题的能力。数学中所涉及的任何一个概念都有其特定的产生背景，学生需要从背景出发，深入研究数学的奥妙。

第三，为学生呈现数学发展的全过程。教师讲述数学的产生、不断完善、改进，再到整体发展的过程，实际上是一个帮助学生理解数学的重要环节，在消除学生恐惧心理的同时，还能够让他们走进数学、感受数学的奥秘。数学是一门讲究逻辑思维、实践的学科，数学教学应当努力还原、再现这一发现过程，让学生经历知识产生、形成与发展的过程，对于充实他们的数学文化底蕴有着非常重要的现实意义。

第四，转变教学方式，丰富教学内容。由于受到传统教育的影响，绝大多数教师所采用的教学方式较为单一，而数学教学需要更加多元并且灵活的教学方式，教师可以按照不同的模块、专题对数学知识进行讲解，剖析知识内部的联系，建立整体框架，用丰富的教学方法来完成复杂的教学任务。

总而言之，大学数学教学活动一定要围绕数学史来展开，可以为学生营造良好的学习氛围，让学生能够在渴望、热爱的基础上学习和感悟数学，对数学产生全新的认识，进一步提升学生的数学素养以及逻辑思维能力，让数学精神得以传承，使学生可以更深入地了解数学史，更好地掌握所学知识。教师应当从全方位、多角度对数学课堂做出调整，让数学文化融入数学教学中。

二、大学数学教学中融入数学文化的应用实践

对于绝大多数理工科、经管类院校而言，大学数学均为学生的必修课程，可见大学数学的重要性。随着社会的不断发展，大学数学的应用也日益广泛，已经成为人类生产生活必不可少的组成部分，但由于高等数学的难度相对较大，研究内容更为抽象，这就为学生的学习增加了一定的难度。由于受传统教学的影响，高校数学教师更重视课本内容的讲授，而忽略了实践的重要性，实践在一定程度上能够帮助学生更好地理解理论，教师一味地讲解公式、定理，无疑会让学生感觉枯燥乏味，进而导致一部分学生失去学习数学的信心。随着课程的不断深化改革，教师需要做出全方位的调整，转变教学方式，让学生成为学习的主体，鼓励并倡导学生自主学习、敢于质疑，培养学生的实践能力和逻辑思维能力，烘托良好的数学氛围，这对于提升教学质量、提高教学效果具有重要意义。下面就大学数学教学中融入数学文化的应用实践进行系统论述。

（一）适当引入数学史的内容

为了适应大学数学教学的改革，教师可以适当引入数学史的相关知识，让学生在理解知识的过程中，弄清楚知识的来龙去脉，加深学生的印象，为类似问题的解决奠定基础。在开展大学数学教学活动之前，教师要对大学数学的整体框架展开论述，对比高等数学与初等数学所存在的差异，让学生意识到二者的不同，并引导学生掌握正确的学习方法，树立端正的学习态度。大学数学主要围绕级数、极限、微分学以及积分学展开，以积分学为例，教师可以先为学生介绍牛顿以及莱布尼茨，为之后所讲的莱布尼茨公式打下基础，让学生站在数学家的角度思考问题，不仅可以完善学生的知识框架，还能够锻炼学生的思维。

综上所述，为学生讲解数学的发展史，既能帮助学生更好地理解知识，

又能增长学生的见识，丰富学生的学识。故事的引入为枯燥乏味的数学课堂带来活力，可以激发学生的学习兴趣，教师也可以借助故事鼓励学生，帮助学生树立信心，培养其解决问题的能力。

（二）分析数学在专业领域中的应用

大学数学的功能相对完善，能够被应用于各个领域，在人们的生产实践中扮演着十分重要的角色。随着数学应用越来越广泛，大学数学教学环节就显得十分关键，这也对当代大学生提出了更高的要求，大学生不仅需要掌握基本的数学方法，还要用课本中的数学知识指导人们的生活，解决日常生活中所遇到的复杂问题。无论是教师，还是学生，都应当对大学数学予以足够的重视，由于大学数学所涉及的领域十分广泛，因此教师也需要对相关学科有所涉猎。通常情况下，数学与物理学、化学等学科密不可分，这就要求教师能够将这些知识融会贯通，进而拓宽学生的思维。

（三）科学运用现代化数学教学方式

大学数学不同于初等数学，更侧重于对定理的理解以及对公式的推导，要求学生能够把握数学的核心思想，具备发散性的思维，深入思考数学课堂中所涉及的一系列问题，这就造成大学数学课堂枯燥乏味，一部分学生并不理解教师所讲授的内容，甚至有一些学生对数学已经产生了畏惧心理。对于教师而言，运用现代化数字教学方式能够进一步改善目前大学数学教学所存在的问题，先进的教学设备和教学方法能够为教师提供更多的思路，使教学形式与教学内容逐步趋于多元化、专业化，这也能够有效地提升教师的教学效果。

总体而言，大学数学教学应当将数学文化与教学内容完美融合，使用现代化的数学教学方式，让学生深入到数学学习中，用心感受数学，从而对数学产生浓厚的兴趣，最终实现自主学习，这也有助于推动我国数学事业的发展，甚至对推动整个人类发展也具有重要意义。

第四节　基于数学文化修养的高等数学教学实践

高等数学作为高等本科理工科教育的重要基础课程，为学生提供了必不可少的数学基础知识与方法，培养了他们的数学思维和解决问题的能力，成为科学工作者必需的基本素养之一。然而，仅仅掌握数学的理论知识还不足以培养出全面发展的科学人才。因此，将数学文化融入高等数学教学模式中，注重学生思维品质和能力的发展，提高学生的数学文化修养，显得尤为重要。

在数学文化教学模式中，教师需要充分结合高等数学学习的基础和特点，以学生为主体，设计适合学生发展的教学方案。为此，教师可以通过课前推送数学文化相关的资料，激发学生的学习兴趣和好奇心；在课堂上进行师生互动，引导学生主动思考和解决问题；课后进行拓展提高，让学生深入了解数学知识与数学文化的联系。这样的教学模式能够构建起“知识－能力－素养”三位一体的教学体系，使学生在学习数学的同时，获得更广泛的数学文化修养。

为了更好地实施数学文化教学模式，可以充分利用超星学习平台等现代教育技术的优势，将线上学习与线下教学相结合。通过在线学习平台，教师可以提供丰富的数学文化资源，如数学家的传记、数学历史的讲解、数学趣题等，以激发学生的学习兴趣和好奇心。同时，在线互动平台也可以促进师生之间的交流和讨论，拓宽学生的数学文化视野。

除了教学模式的调整，还需要优化过程性评价的考核内容。传统的考试形式更偏向于对知识的检测，很难全面评价学生的数学文化修养。因此，教师应该深入挖掘与数学文化相关的教学案例，注重学生的学习兴趣、学习习惯、思维品质和创新能力的培养。通过开展课堂演讲、小组讨论、研究性学习等活动，引导学生深入思考和探索数学的文化背景和应用领域，培养学生的批判性思维和创新能力。

综上所述，将数学文化融入高等数学教学具有重要意义。教师在教学过程中应注重合理的教学安排和教学手段的选择，充分发挥线上学习平台的优势，引导学生深入理解数学的文化内涵。同时，要优化考核方式，注重培养学生的思维品质和创新能力。通过这些努力，将有助于拓宽学生的数学文化视野，提升学生的学习兴趣和数学文化修养，培养出更全面发展的科学人才。

结束语

本书属于数学文化研究与数学教学方面的著作，主要对数学文化与数学思想、高等数学教学课堂的主体建构、教学的设计与实施进行详细阐述。本书内容新颖、全面翔实、重点突出、深入浅出，理论与数学实践紧密结合，是一本具有较强的数学实用性和科学性的专著，可供从事数学研究的学者和一线工作者使用。

参考文献

[1] 白守英 . 高等数学有效性课堂教学的探讨 [J]. 数学学习与研究，2021（9）：2.

[2] 鲍红梅，徐新丽 . 数学文化研究与大学数学教学 [M]. 苏州：苏州大学出版社，2015.

[3] 曾京京 . 基于数学文化观的高等数学教学模式研究 [J]. 课程教育研究，2016（10）：146.

[4] 陈克胜 . 基于数学文化的数学课程再思考 [J]. 数学教育学报，2009，18（1）：3.

[5] 程丽萍，彭友花 . 数学教学知识与实践能力 [M]. 哈尔滨：哈尔滨工业大学出版社，2018.

[6] 董毅 . 数学思想与数学文化［M］合肥：安徽大学出版社，2012.

[7] 冯再勇，张珺，曹亚萍 . 高等数学课堂中渗透人文关怀的策略探讨 [J]. 淮北职业技术学院学报，2014，13（5）：49.

[8] 胡莉莉 . 数学文化渗入到高等数学课堂的策略研究 [J]. 才智，2018（14）：97.

[9] 胡伟文 . 数学与教育 [J]. 科技中国，2017（5）：99

[10] 金正静 . 生态学习观下的高等数学课堂文化的构建 [J]. 成功（教育），2012（24）：13.

[11] 李红玲 . 大学文科数学命题教学模式与方法 [J]. 内江师范学院学报，2016，31（8）：96.

[12] 李红玲 . 数学文化在文科高等数学课程中的整合探究 [J]. 西昌学院学报（自然科学版），2016，30（1）：142.

[13] 李秀展，刘建丰 . 基于数学文化修养培养的高等数学教学研究 [J]. 黑

龙江科学，2022，13（21）：93.

[14] 李子萍，费秀海 . 类比法在高等数学教学中的应用体会 [J]. 数学学习与研究，2021（29）：10.

[15] 欧阳正勇 . 高校数学教学与模式创新 [M]. 北京：九州出版社，2019.

[16] 任秋萍，张晓光，王佳秋，等 . 高等数学课堂教学中渗透数学文化的研究 [J]. 高师理科学刊，2014，34（6）：69-70+73.

[17] 任伟和，杜慧慧，李晓辉 . 数学建模方法在高等数学课堂中的引入 [J]. 数学大世界（上旬），2019（10）：63.

[18] 孙亚洲 . 大学数学教学中数学文化渗透的途径 [J]. 当代旅游，2019（12）：160.

[19] 田金玲 . 高等代数教学中数学归纳法的应用分析 [J]. 江西电力职业技术学院学报，2020，33（12）：45.

[20] 田应信 . 数学文化在高等数学课程教学中的应用 [J]. 教育信息化论坛，2021（1）：66.

[21] 佟珊珊，陈森，路宽 . 高等数学教学效果优化策略研究 [J]. 黑龙江科学，2021，12（11）：13.

[22] 王海华 . 现代教育技术在高校数学教学中的实践探究 [J]. 现代职业教育，2021（31）：192.

[23] 王素华，张宁，赵童娟，等 . 高等数学课堂教学中激发学生学习兴趣的策略探索 [J]. 产业与科技论坛，2016，15（17）：220-221.

[24] 王照生 . 高等数学生态课堂构建研究 [J]. 新校园（上旬），2015（10）：108-109.

[25] 魏杰，董珺 . 以兴趣为导向的高等数学课堂教学改革与实践 [J]. 兰州工业学院学报，2022，29（3）：133.

[26] 吴国丽 . 问题驱动下的线性代数教学模式研究 [J]. 教育现代化，2017，4（29）：127.

[27] 吴晓磊 . 数学与创新 [J]. 边疆经济与文化，2012（1）：69.

[28] 杨霞宏 . 浅谈数学文化 [J]. 科学咨询，2010（21）：74.